高等职业教育教材

信息技术教程

尹维伟　李春华　徐　阳　主编
宋德强　副主编

化学工业出版社

·北京·

内容简介

《信息技术教程》依据教育部发布的《高等职业教育专科信息技术课程标准（2023年版）》的要求编写，并参考《全国计算机等级考试一级计算机基础及WPS Office应用考试大纲（2023年版）》的相关要求。本书主要涵盖了计算机基础知识、计算机操作系统（Windows 7）、计算机网络、WPS（文字处理、电子表格、演示）软件和短视频制作与社交软件应用等方面的内容。全书图文并茂、内容丰富，各章中设置了实训项目与习题，讲练结合，理论和实操性兼备，旨在帮助读者全面学习和掌握计算机基础知识、办公软件的应用以及目前流行的短视频应用等。

本书可作为高等职业院校的学生学习信息技术的教材，也可供社会各界人士学习信息技术参考阅读。

图书在版编目（CIP）数据

信息技术教程/尹维伟，李春华，徐阳主编．—北京：化学工业出版社，2023.10
高等职业教育教材
ISBN 978-7-122-43642-9

Ⅰ.①信… Ⅱ.①尹…②李…③徐… Ⅲ.①电子计算机-高等职业教育-教材 Ⅳ.①TP3

中国国家版本馆CIP数据核字（2023）第107742号

责任编辑：满悦芝 郭宇婧　　　　　　　　装帧设计：张 辉
责任校对：张茜越

出版发行：化学工业出版社（北京市东城区青年湖南街13号　邮政编码100011）
印　　装：大厂聚鑫印刷有限责任公司
787mm×1092mm 1/16 印张21¼ 字数511千字 2023年10月北京第1版第1次印刷

购书咨询：010-64518888　　　　　　　　售后服务：010-64518899
网　　址：http://www.cip.com.cn

凡购买本书，如有缺损质量问题，本社销售中心负责调换。

定　　价：55.00元　　　　　　　　　　　　　　　　　　版权所有　违者必究

前言

信息技术的快速发展，正在持续推动科学技术的进步，促进社会的发展，提高人们的工作效率，提升百姓的生活质量，同时，也正在改变人们的思维方式和生活习惯。应该说，信息技术已经融入社会生活的方方面面，人类正在逐步进入信息化社会。信息化社会对人的全面发展提出了新的要求，社会经济发展变化需要培养复合型、智能型人才。信息时代要求人们具备一定的信息素养，即具备相当的信息意识、信息知识和信息能力，具有信息道德，这是人们适应信息化社会、满足工作和生活需要的基本要求，同时也是受教育者进行职业生涯规划、可持续发展的必要条件。因此，学习信息知识、掌握信息技能对当今社会个人的发展具有重要意义。

本书依据教育部发布的《高等职业教育专科信息技术课程标准（2023年版）》的要求进行编写，并参考《全国计算机等级考试一级计算机基础及WPS Office应用考试大纲（2023年版）》的相关要求。本书内容主要包括计算机基础知识、计算机操作系统（Windows 7）、计算机网络、WPS（文字处理、电子表格、演示）软件和短视频制作与社交软件应用等七个方面。本书旨在帮助读者全面学习和掌握计算机基础知识、办公软件的应用以及目前流行的短视频应用等。本书可作为高等职业院校学生学习信息技术的教材，也可供社会各界人士学习信息技术参考阅读。本书配套素材库、微课视频以及电子课件等数字资源，详情可发邮件至cipedu@163.com咨询，或者到化工教育网站（https://www.cipedu.com.cn/）免费下载。

本书由尹维伟、李春华、徐阳任主编，宋德强任副主编，刘莉莉、杜文静参编。尹维伟编写第一、二、七章，李春华编写第三、六章，宋德强编写第四章，徐阳编写第五章，刘莉莉、杜文静负责资源建设和资料整理工作。

由于编者水平有限，书中难免存在一些疏漏和不足之处，敬请各位读者批评指正！

编者
2023年8月

目录

第一章　计算机基础知识　001

1.1　计算机概述　002
1.1.1　人类计算工具的历史　002
1.1.2　电子计算机的发展历程　004
1.1.3　计算机的分类　005
1.1.4　计算机的特点　006
1.1.5　计算机的应用　007

1.2　计算机信息的表示与存储　008
1.2.1　数据与信息　008
1.2.2　数制及其转换　009
1.2.3　数据的单位　009
1.2.4　计算机中的信息编码　010

1.3　计算机系统的组成　012
1.3.1　计算机硬件系统的组成　013
1.3.2　计算机软件系统的组成　016
1.3.3　计算机病毒与防治　017
1.3.4　微型计算机的性能标准　018
1.3.5　微型计算机的常用外部设备　019
1.3.6　键盘及鼠标的相关操作　021
1.3.7　中文输入法　024

1.4　多媒体计算机　026
1.4.1　多媒体信息中的媒体元素　027
1.4.2　多媒体技术的应用　029

1.5　计算机的发展趋势　030

本章习题　031

第二章　计算机操作系统　　033

- 2.1　操作系统简介　　034
  - 2.1.1　操作系统的概念　　034
  - 2.1.2　操作系统的功能　　034
  - 2.1.3　操作系统的分类　　035
- 2.2　Windows 7 操作系统　　037
  - 2.2.1　Windows 7 简介　　037
  - 2.2.2　安装 Windows 7 需要的基本环境　　038
  - 2.2.3　Windows 7 系统的安装　　038
  - 2.2.4　Windows 7 的启动与退出　　039
  - 2.2.5　Windows 7 的桌面　　040
  - 2.2.6　任务栏　　041
  - 2.2.7　开始菜单　　043
  - 2.2.8　Windows 7 的系统设置　　043
- 2.3　Windows 7 的运用　　046
  - 2.3.1　Windows 7 的基本操作　　046
  - 2.3.2　Windows 7 系统的文件管理　　050
  - 2.3.3　文件和文件夹的操作　　055
  - 2.3.4　实训项目　　058
- 2.4　Windows 7 系统的维护与管理　　060
  - 2.4.1　系统和安全　　060
  - 2.4.2　用户账户　　062
  - 2.4.3　硬件和声音　　063
  - 2.4.4　程序　　063
- 2.5　Windows 7 系统的常用附件工具　　064

2.5.1　画图　064
2.5.2　记事本　065
2.5.3　截图工具　065
2.5.4　录音机　065
2.5.5　命令提示符　066
2.5.6　写字板　066
2.5.7　系统工具　066
本章习题　068

第三章　计算机网络　070

3.1　计算机网络及应用　071
3.1.1　计算机网络的发展历程　071
3.1.2　计算机网络的定义和功能　072
3.1.3　计算机网络的组成和分类　073
3.2　Internet 及其应用　079
3.2.1　Internet 概述　079
3.2.2　IP 地址及域名　080
3.2.3　Internet Explorer 浏览器使用　083
3.2.4　搜索引擎　086
3.2.5　电子邮件　087
3.2.6　实训项目　089
3.3　信息素养与社会责任　090
3.3.1　信息素养的概念　090
3.3.2　信息素养的要素　091
3.3.3　信息素养的外在表现　092
3.3.4　信息技术的发展史　092
3.4　新一代信息技术概述　093
3.5　网络信息安全与操作规范　094
3.5.1　计算机安全策略　094
3.5.2　上网安全与防范　095
本章习题　097

第四章 WPS文字处理软件 /098

- 4.1 WPS文字概述   099
  - 4.1.1 认识WPS文字   099
  - 4.1.2 WPS文字的突出功能   100
  - 4.1.3 WPS文字的启动和退出   101
  - 4.1.4 WPS文字的操作界面   102
- 4.2 制作文档   103
  - 4.2.1 文档的创建与保存   103
  - 4.2.2 页面设置   105
  - 4.2.3 在文档中输入文本   106
  - 4.2.4 关闭文档   109
  - 4.2.5 实训项目   110
- 4.3 编辑文档   112
  - 4.3.1 文本的选定   113
  - 4.3.2 文本的移动、复制与删除   113
  - 4.3.3 文本的查找与替换   115
  - 4.3.4 撤销与恢复   116
  - 4.3.5 字符格式化   116
  - 4.3.6 设置段落格式   122
  - 4.3.7 设置分栏排版   128
  - 4.3.8 设置首字下沉   129
  - 4.3.9 实训项目   130
- 4.4 表格处理   134
  - 4.4.1 插入表格   134
  - 4.4.2 编辑表格   136
  - 4.4.3 设置表格格式   139
  - 4.4.4 表格的预设样式   140
  - 4.4.5 表格中数据的计算与排序   141
  - 4.4.6 实训项目   142
- 4.5 美化文档   147
  - 4.5.1 绘制图形   147
  - 4.5.2 插入图片   150

4.5.3	编辑和设置图片格式	150
4.5.4	插入艺术字	153
4.5.5	插入文本框	154
4.5.6	复制、移动及删除图片	155
4.5.7	图文混排	155
4.5.8	实训项目	156
4.6	打印文档	160
4.6.1	页眉、页脚和页码的设置	160
4.6.2	设置分页与分节	162
4.6.3	预览与打印	162
4.6.4	主题和背景的设置	164
4.7	发送文档	166
4.7.1	邮件合并	166
4.7.2	宏	168
4.8	WPS文字的其他功能	169
4.8.1	文档的显示	169
4.8.2	快速格式化	170
4.8.3	编制目录和索引	172
4.8.4	文档的修订与批注	174
4.8.5	文档保护	175
4.8.6	实训项目	176
本章习题		180

第五章　WPS电子表格软件　　182

5.1	WPS表格概述	183
5.1.1	WPS表格的基本功能	183
5.1.2	WPS表格的启动与退出	183
5.1.3	WPS表格的界面简介	184
5.1.4	工作簿、工作表和单元格	186
5.1.5	实训项目	187
5.2	WPS表格的基本操作	190
5.2.1	工作簿基本操作	191

5.2.2	在单元格中输入数据	191
5.2.3	输入技巧	192
5.2.4	工作表的基本操作	199
5.2.5	单元格的基本操作	201
5.2.6	工作表格式化	205
5.2.7	实训项目	208
5.3	公式与函数	212
5.3.1	公式的概念及常用的运算符	213
5.3.2	输入公式	213
5.3.3	单元格引用	216
5.3.4	使用函数	218
5.3.5	常见出错信息及解决方法	223
5.3.6	实训项目	224
5.4	WPS 表格的图表	231
5.4.1	图表的构成	231
5.4.2	创建图表的基本方法	232
5.4.3	图表的编辑和格式化设置	234
5.4.4	实训项目	237
5.5	WPS 表格的数据处理	242
5.5.1	了解数据清单	243
5.5.2	数据排序	243
5.5.3	数据的分类汇总	244
5.5.4	数据的筛选	246
5.5.5	数据透视表	249
5.5.6	实训项目	252
本章习题		259

第六章　WPS 演示软件　　260

6.1	了解WPS 演示	261
6.1.1	WPS 演示的基本功能	261
6.1.2	WPS 演示的工作界面	262
6.1.3	WPS 演示的视图方式	264

6.2 演示文稿的管理   267
- 6.2.1 创建演示文稿   267
- 6.2.2 插入幻灯片   268
- 6.2.3 更改幻灯片版式   270
- 6.2.4 隐藏、显示幻灯片   270
- 6.2.5 复制、移动和删除幻灯片   272
- 6.2.6 实训项目   273

6.3 演示文稿的修饰   275
- 6.3.1 幻灯片的背景   275
- 6.3.2 幻灯片设计模板   277
- 6.3.3 幻灯片母版   279
- 6.3.4 实训项目   280

6.4 演示文稿的编辑   282
- 6.4.1 文本的输入   282
- 6.4.2 插入艺术字   283
- 6.4.3 插入图片   284
- 6.4.4 插入表格及图形   286
- 6.4.5 插入图表   289
- 6.4.6 插入音频与视频   290
- 6.4.7 实训项目   293

6.5 演示文稿的放映   302
- 6.5.1 超级链接   302
- 6.5.2 动画效果   304
- 6.5.3 切换效果   307
- 6.5.4 放映方式   308
- 6.5.5 实训项目   310

6.6 演示文稿的其他操作   316
- 6.6.1 WPS演示文稿输出为视频   316
- 6.6.2 WPS演示文稿输出为PDF   317
- 6.6.3 WPS演示文稿输出为图片   317
- 6.6.4 打印演示文稿   318
- 6.6.5 打包演示文稿   319
- 6.6.6 实训项目   320

第七章　短视频制作与社交软件应用　/ 322

7.1　认识短视频　323
7.1.1　短视频的概念和特点　323
7.1.2　熟悉几种热门短视频　323
7.1.3　熟悉热门短视频平台　324
7.2　短视频制作流程　324
7.2.1　熟悉抖音平台规则　325
7.2.2　策划拍摄内容　325
7.2.3　拍摄、剪辑并发布短视频　325

参考文献　/ 328

第一章

计算机基础知识

本章学习内容

- 计算机的发展历史
- 计算机的特点与应用
- 计算机的信息表示与数制转换
- 计算机病毒与防治
- 计算机的发展趋势

  计算机自 1946 年诞生以来，已走过了大半个世纪的发展历程。进入 21 世纪以来，随着信息技术和网络技术的飞速发展，计算机的应用已经从军事、航空航天等领域快速扩展到人类社会生活的各个方面；当今社会，以计算机为代表的信息技术、网络技术正在深刻地改变人们的工作与生活，在一定程度上给人类的发展带来了历史性的变化。

  学习掌握计算机的应用技术，已不是专业技术人员的专属，而是逐渐成为现代人们在工作和生活中必备的素养与能力。

1.1 计算机概述

1.1.1 人类计算工具的历史

人类计算工具的发展经历了漫长的历史阶段，在不同的阶段都有不同的计算方法和工具。

（1）中国历史上的计算工具——石子和结扣的绳

公元前 3000～前 2000 年，中国、古希腊、古埃及、古巴伦等就开始运用石子（或沙盘）的摆放作为记事和记数的方法。

我国古书《易经》当中有"结绳而治"的记载。这种记数方法在尚未掌握文字的民族中被广泛使用。在四千多年前的甲骨文中，有一个"数"字，左边形如一根绳上打了许多结，上下有被拴在主绳上的细绳，而右边是一只右手，这表示古人是通过结绳来记数的。

（2）中国历史上的计算工具——契刻的物体

当人类社会发展到一定时期，人们学会了运用石头、刀子等在树皮、兽皮、骨片、木片或竹片上刻痕，以此来表示数目的多少，逐渐形成数的概念和记数符号，这便形成了契刻记数这样一种方法。汉朝刘熙的《释名·释书契》中说："契，刻也，刻识其数也。"就是说明了契刻记数是一种古代先民通过在物体上遗留痕迹来反映客观经济活动及其数量关系的记录方式。

（3）中国历史上的计算工具——算筹

结绳记数和契刻记数的方法大约使用了几千年时间。到了周代，中国发明了当时最先进的一种计算工具，即"算筹"或"算子"。所谓算筹，就是人们采用竹子、木头、兽骨等制成的颜色各异的小棍，一般长度为 13～14cm，直径为 0.2～0.3cm（图 1-1）。人们在计算每道数学题时，通常会编出一套类似于歌诀形式的算法，一边计算，一边不间断地重新布棍。由于算筹采用十进位制且

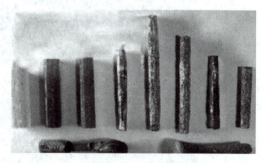

图 1-1　古代算筹

具有严密的记数规则，计算结果很准确且很容易让人掌握，因此春秋战国时期算筹的运用就已经非常广泛了，而且是后来的人们掌握和运用记数工具的重要基础。

比如中国南北朝时期的数学家祖冲之，就是利用算筹这一记数工具，推算出圆周率在 3.1415926 和 3.1415927 之间，这一结果要比西方早一千年左右。

在黄河、长江流域生活的人类的祖先，利用盛产的竹子制成竹签，称之为筹码，将其

按不同形式摆放来表示数字。我们现在的"算"字，在古代写成图1-2所示形状，这是很形象的用手摆弄算筹的象形，这个字形在公元前3世纪就已出现。

图1-2 古代的"算"字

（4）中国历史上的计算工具——算盘

人类的文明发展到一定阶段，就会不断有新的事物出现并影响人们此后的生活，反映在计算工具方面的一个重要标志就是算盘的出现，这可谓是人类古代计算工具发展史上一项伟大的发明。

算盘，是由古代的算筹演变而来的，最初大约出现于汉朝。算盘的正式名称最早出现于明代数学家吴敬著的《九章算法比类大全》，算法研究中影响最大、流传最广的是明代数学家程大位的《算法统宗》。明代的珠算盘与现代通行的珠算盘可以说几乎是完全相同的（图1-3）。算盘轻巧灵活、计算快捷、携带方便、简单实用，对中国历代经济的发展起到了非常有益的作用。不仅如此，在世界已进入电子计算机时代的今天，算盘仍然没有退出历史舞台，仍有很多人在继续学习和使用着算盘，算盘这个经历历史风雨洗礼的计算工具依然发挥着自己的重要作用。

图1-3 古代的算盘

（5）世界历史上的计算工具——计算尺

大约在17世纪初，英国人发明了计算尺。计算尺可以算是一种模拟计算机，通常由3个互相锁定的有刻度的长条和一个滑动窗口（称为游标）组成（图1-4），在20世纪70年代之前使用广泛。

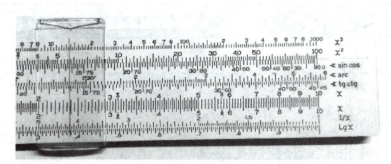

图1-4 计算尺

图1-5 帕斯卡加法器

（6）世界历史上的计算工具——机械计算器

17世纪中期，法国数学家帕斯卡发明了机械计算器——帕斯卡加法器（图1-5）。

（7）世界上第一台通用计算机诞生

1946年2月14日，在美国宾夕法尼亚大学诞生了世界上第一台通用计算机（图1-6），名字叫埃尼阿克（Electronic Numerical Integrator and Calculator，简称ENIAC）。它由17468个电子管、70000个电阻器、10000个电容器和6000个开关组成，重达30吨，占地167平方米，每次使用耗电量174千瓦，每秒可进行5000次加法运算。

图1-6 世界上第一台通用计算机

1.1.2 电子计算机的发展历程

"需要是发明之母"，第二次世界大战中解决弹道轨迹计算问题的需求，推动了第一台计算机的产生，由此，世界进入了计算机时代。在近一个世纪的发展过程中，计算机经历了不同的发展时期，依据组成计算机的基本元器件的不同，可以把计算机的发展分为如下四个阶段（表1-1）。

表1-1 计算机的发展阶段

发展阶段	时间/年	逻辑元件	编程语言	特点	运算速度/（次/s）	应用领域
第一代	1946～1957	电子管	汇编语言、机器语言	容量小、体积大、成本高、运算速度低	几千～几万	军事、科学计算
第二代	1958～1964	晶体管	开始使用高级语言	有了操作系统雏形	几万～几十万	科学计算、数据管理、工业控制
第三代	1965～1971	中小规模集成电路	高级语言	结构化、模块化程序设计，开始有分时操作系统	几十万～几百万	文字、图形、图像、数据处理
第四代	1972年至今	大规模、超大规模集成电路	高级语言	有微处理器，出现并行、流水线、高速缓存和虚拟存储器等概念	几百万～几千万亿	社会各领域

（1）第一代计算机：电子管时代，1946~1957年

第一代计算机的主要特点是使用了电子管器件，用穿孔卡片机作为数据和指令的输入设备，用机器语言编写程序，没有操作系统，用磁鼓作为外存储器。第一代计算机体积庞大，运算速度只有几千至几万次每秒，可靠性差，主要用于科学计算。

（2）第二代计算机：晶体管时代，1958~1964年

随着科学技术的进步，第二代计算机使用晶体管代替电子管，内存以磁芯存储器为主，运算速度达到了几十万次每秒，开始使用操作系统，出现了高级程序设计语言。计算机除用于科学计算外，也开始应用于数据管理和工业控制方面，应用领域被大大拓宽了。

（3）第三代计算机：中小规模集成电路时代，1965~1971年

主要特征是使用半导体集成电路（中小规模集成电路）作为电子元器件，开始用半导体存储器取代磁芯存储器，计算机的体积明显减小，耗电量显著降低，计算速度和存储容量提高较多，可靠性大大增强，计算机结构向标准化、模块化、通用化方向发展，面向用户的应用程序显著增加。

（4）第四代计算机：大规模、超大规模集成电路时代，1972年至今

现代计算机的主要特征是使用了大规模和超大规模集成电路，一方面，可以将运算器、控制器等元器件通过大规模集成电路集成在一个很小的单元内，减小了计算机体积，降低了能耗，由此制造出各类移动的计算机产品；另一方面，利用超大规模集成电路，制造出运算能力和存储能力巨大的巨型机，可以满足尖端科学研究的需要。

1.1.3 计算机的分类

计算机有多种分类方式，按用途可分为专用计算机和通用计算机。专用计算机是针对某一特定领域而专门设计的计算机，其功能单一，一般配以解决特定问题的软、硬件，能够高速、可靠地解决特定的问题，在工业生产上应用较多；通用计算机具有很强的综合处理能力，能够解决各种问题，可用于科学计算、数据处理、教育、娱乐、电子商务等。目前计算机的分类采用国际上沿用的方法，即根据美国电气电子工程师协会（IEEE）于1989年11月提出的标准来进行划分，一般把通用计算机划分为巨型机、小巨型机、大型机、小型机、工作站和微型机六类。

（1）巨型机

巨型机又称超级计算机（supercomputer），实际上是一个巨大的计算机系统，它是目前为止所有计算机中性能最高、功能最强、存储量巨大，同时也是价格最昂贵的一类计算机，其浮点运算速度目前已达千万亿次每秒。巨型机主要应用在科学研究领域，如航空航天、核物理、石油勘探、中长期天气预报等，我国研制的银河系列机均属此类。

（2）小巨型机

小巨型机（mini-supercomputer）指处理能力和价格低于同期巨型机，高于同期大型机的一类计算机。

（3）大型机

大型机是计算机中功能、速度、运算能力和存储量次于巨型机和小巨型机的一类计算机，习惯上将其称为主机（mainframe）。大型机具有很强的管理和处理数据的能力，一般应用在金融系统、高校、科研院所等，用于数据处理或用作服务器。

（4）小型机

小型机（minicomputer）是计算机中应用领域非常广泛的一类计算机，结构相对简单，使用和维护方便，价格便宜，其浮点运算速度可达几千万次每秒。小型机主要用于科学计算、数据处理和自动控制等。

（5）工作站

工作站（workstation）是介于个人计算机和小型机之间的一种高档微机，主要面向专业应用领域，通常配有大容量的内存，有较高的运算速度和较强的网络通信能力，具有多任务、多用户能力，是一种具备强大的数据运算与图形、图像处理能力的高性能计算机。工作站主要应用于工程设计、动画制作、科学研究、软件开发、金融管理、信息和模拟仿真等专业领域。

（6）微型机

微型机（简称为微机）又叫个人计算机（PC 机），它通用性好、软件丰富、价格较低，主要在办公室和家庭中使用，是目前发展最快、应用最广泛的一种计算机。现在微型计算机已经进入了千家万户，成为人们工作、生活的重要工具。

1.1.4 计算机的特点

（1）运算速度快

运算速度是衡量计算机性能的一个重要指标。当今计算机系统的运算速度已达到千万亿次每秒，微型计算机的运算速度也能达到亿次每秒以上，随着新技术的开发，计算机的运算速度还在迅速提高。

（2）存储容量大

计算机具有极强的数据存储能力，特别是通过增加外存储器，其存储容量可无限大。计算机的存储性是它区别于其他计算工具的重要特征。

（3）计算精度高

一般计算机可以有十几位甚至几十位（二进制）有效数字，计算精度可由千分之几到百万分之几，这是其他计算工具难以达到的。

（4）逻辑判断能力强

在相应程序的控制下，计算机具有判断"是"与"否"，并根据判断进行相应处理的能力。所以计算机不仅能解决数值计算问题，还能解决非数值计算问题，比如天气预报、图像识别等。

（5）可靠性高，通用性强

计算机采用了大规模和超大规模集成电路，具有非常高的可靠性。计算机不仅应用于数据计算，还广泛应用于工业控制、辅助设计、辅助制造和办公自动化等，具有很强的通用性。

（6）自动化程度高

计算机内部的操作运算是根据人们预先编制的程序自动控制执行的，整个过程无须人工干预。

1.1.5 计算机的应用

（1）科学计算

也称数值运算，是计算机应用最早也是最基本的领域之一，主要是指用计算机来解决科学研究和工程技术应用中提出的复杂数学问题。它与理论研究、科学实验一起成为当代科学研究的三种主要方法。科学计算主要应用于航天工程、气象、地震、核能技术、石油勘探和密码解译等涉及复杂数值计算的领域。

（2）信息管理

也称数据及事务处理，是指非数值形式的数据处理，泛指以计算机技术为基础，对大量数据进行加工处理，从而形成有用的信息的过程。信息管理广泛应用于办公自动化、事务处理、情报检索、企业管理和知识系统等领域，是计算机应用较广泛的领域。

（3）自动控制

又称实时控制、过程控制，指用计算机及时采集检测数据，按最佳值迅速地对控制对象进行自动控制或自动调节。目前自动控制已在冶金、石油、化工、纺织、水电、机械和航天等领域得到广泛应用。

（4）计算机辅助系统

指通过人机对话，使计算机辅助人们进行设计、加工、计划和学习等。如计算机辅助设计（CAD）、计算机辅助制造（CAM）、计算机辅助教育（CBE）、计算机辅助教学（CAI）、计算机辅助管理（CMI），另外还有计算机辅助测试（CAT）和计算机集成制造系统（CIMS）等。

（5）计算机网络与通信

利用通信技术，将不同地理位置的计算机互联，可以实现世界范围内的信息资源共享，并且人们能交互式地交流信息。目前，利用通信卫星和光导纤维构成的计算机网络已把全球大多数国家联系在一起，一定程度上改变了人类感知世界、人与人交流的方式。

（6）人工智能

人工智能（artificial intelligence，简称为AI）是指利用计算机来模拟人的某些智能活动，如判断、推理、证明、识别、感知、理解、设计、思考、规划、学习和问题求解等思维活动。人工智能是计算机当前和今后相当长一段时间内的重要研究领域。

此外，计算机的应用领域也遍及如娱乐、文化教育、产品艺术、造型设计和电子商务等方面。在中国计算机的应用越来越广泛，改革开放以后，中国计算机用户的数量不断增加，计算机应用水平不断提高，特别是在互联网、通信、多媒体等领域的应用取得了不错的成绩。

中国古人的智慧——珠算

珠算被联合国教科文组织评为人类非物质文化遗产，它的故乡在中国，被誉为中国第五大发明。

我国自古以来就是个数学大国，在 2002 年出土的里耶秦简中有包括分数运算的乘法口诀，这比西方足足早了 600 多年，而算盘（图 1-7）的发明更是助推了计算进程。明代程大位（字汝思）积二十年之功，在总结前人经验的基础上，撰写了一部珠算专著《算法统宗》，后来这部著作同算盘一起传入日本、东南亚和欧洲各国。明朝皇族朱载堉综合使用多把算盘，以开高次方的方法，第一次解决了音乐十二律自由旋宫转调的千古难题，令全世界的人为之惊叹。算盘有着非常强大的计算功能，直到 20 世纪 70 年代，我国小学中仍开设有珠算课程。

图 1-7　中国的算盘

1.2 计算机信息的表示与存储

计算机是用来进行数据处理的机器，从早期的数值计算到后来的数据管理，数据从数值数据扩展到非数值数据，已涵盖数字、文字、图像及音频信号等。用户要在计算机上进行数据处理，首先要明白数据在计算机内是如何表示和存储的。

1.2.1　数据与信息

数据是指能够输入到计算机中并被计算机程序处理的符号的总称，它可以是数字、文字、符号、声音以及图像等。

信息是对客观世界中各种事物的运动状态和变化的反映，是数据经过加工处理后体现出的客观事物之间相互联系和相互作用的表征，即数据经过加工处理后成为信息。

1.2.2 数制及其转换

（1）数制的概念

在日常生活中，人们最常接触到的数制是十进制，其特点是"逢十进一"，当然，也存在其他进制，如二进制、八进制、十六进制，这是符合社会发展规律与生活需求的。

在计算机内部，数据都是以二进制的形式进行存储和运算的，即"逢二进一"，数据都用"0"和"1"来表示，这是符合计算机的语言体系的。用高电平表示"1"，用低电平来表示"0"，不仅设计简单，可靠性高，在技术上也更容易实现。

在计算机知识领域，用户常接触的数制有二进制、八进制、十进制和十六进制；各种进制的后缀表示如下：

B 表示二进制；O 表示八进制；D 表示十进制；H 表示十六进制。

如：11101011B 表示该数据是一个二进制数。

（2）进制转换

为了掌握计算机数据处理的过程和程序设计原理，用户常常要进行各种进制的转换，最为常用的就是十进制与二进制之间的转换。

① 十进制数转换为二进制数：除二取余法。

$(121)_{10}$=(　　)$_2$ 的计算过程如下：

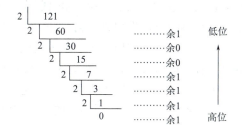

计算结果为 $(121)_{10}=(1111001)_2$。

② 二进制数转换为十进制数：指数法（按权展开相加求和）。

$(1111001)_2$=(　　)$_{10}$ 的计算如下：

$(1111001)_2=1\times2^6+1\times2^5+1\times2^4+1\times2^3+0\times2^2+0\times2^1+1\times2^0$
$\qquad\quad=64+32+16+8+0+0+1$
$\qquad\quad=(121)_{10}$。

1.2.3 数据的单位

（1）最小单位

"位"是计算机数据的最小单位，二进制数据中的位（binary digit，缩写为 bit，简写为 b）音译为比特，1 个二进制代码（0 或 1）称为 1 位。

（2）基本单位

"字节"是计算机数据存储最基本的单位，1 个字节用 8 位二进制代码表示，简写为 B。

常用的存储单位换算见表1-2。

表1-2 常用的存储单位换算

单位	名称	换算关系	单位	名称	换算关系
KB	千字节	1KB=1024B	GB	吉字节	1GB=1024MB
MB	兆字节	1MB=1024KB	TB	太字节	1TB=1024GB

（3）字长

字长是中央处理器（CPU）能够直接处理的二进制的数据位数，它直接关系到计算机的计算精度、功能和速度。字长越长，计算机处理能力就越强。计算机型号不同，其字长是不同的，常用的字长有16位、32位、64位和128位。

1.2.4 计算机中的信息编码

计算机内部只能识别二进制代码，但是在日常的信息处理过程中，相当大的一部分信息都是字符信息，所以需要对字符进行编码，建立字符与1和0的对应关系，以便计算机能识别、存储和处理信息。

（1）字符编码

目前采用的字符编码主要是美国信息交换标准代码（American standard code for information interchange，缩写为ASCII），它已被国际标准化组织（ISO）采纳，作为国际通用的信息交换标准代码，见表1-3。ASCII码是一种西文机内码，有7位ASCII码和8位ASCII码两种，7位ASCII码被称为标准ASCII码，8位ASCII码被称为扩展ASCII码。7位标准ASCII码用1个字节（8位）表示1个字符，并规定其最高位为0，但实际只用到7位，因此可表示128个不同字符。对于同1个字母的ASCII码值，小写字母比大写字母大32（20H）。

表1-3 ASCII码

十进制	字符	十进制	字符	十进制	字符	十进制	字符
0	NUL	13	CR	26	SUB	39	'
1	SOH	14	SO	27	ESC	40	(
2	STX	15	SI	28	FS	41	)
3	ETX	16	DLE	29	GS	42	*
4	EOT	17	DC1	30	RS	43	+
5	ENQ	18	DC2	31	US	44	,
6	ACK	19	DC3	32	（space）	45	-
7	BEL	20	DC4	33	!	46	.
8	BS	21	NAK	34	"	47	/
9	HT	22	SYN	35	#	48	0
10	LF	23	ETB	36	$	49	1
11	VT	24	CAN	37	%	50	2
12	FF	25	EM	38	&	51	3

续表

十进制	字符	十进制	字符	十进制	字符	十进制	字符
52	4	71	G	90	Z	109	m
53	5	72	H	91	[	110	n
54	6	73	I	92	\	111	o
55	7	74	J	93	]	112	p
56	8	75	K	94	^	113	q
57	9	76	L	95	_	114	r
58	:	77	M	96	`	115	s
59	;	78	N	97	a	116	t
60	<	79	O	98	b	117	u
61	=	80	P	99	c	118	v
62	>	81	Q	100	d	119	w
63	?	82	R	101	e	120	x
64	@	83	S	102	f	121	y
65	A	84	T	103	g	122	z
66	B	85	U	104	h	123	{
67	C	86	V	105	i	124	|
68	D	87	W	106	j	125	}
69	E	88	X	107	k	126	~
70	F	89	Y	108	l	127	DEL

（2）汉字编码

汉字编码，就是采用一种科学可行的办法，为每个汉字编一个唯一的代码，以便计算机辨认、识别。

① 汉字交换码

由于汉字数量极多，一般用连续的两个字节（16个二进制位）来表示1个汉字。1980年，我国颁布了第一个汉字编码字符集标准，即《信息交换用汉字编码字符集 基本集》（GB 2312—80），该标准编码简称国标码，通行于中国大陆，新加坡等地也采用此编码。GB 2312—80 收录了 6763 个汉字，以及 682 个非汉字图形字符，共 7445 个图形字符，奠定了中文信息处理的基础。

② 汉字机内码

国标码不能直接在计算机中使用，因为它没有考虑与国际通用的信息交换标准代码（ASCII 码）的冲突。比如："大"的国标码是 3473H，与字符组合"4s"的 ASCII 相同；"嘉"的国标码为 3C4EH，与 ASCII 码值为 3CH 和 4EH 的两个字符"<"和"N"混淆。为了能区分汉字与 ASCII 码，在计算机内部表示汉字时把交换码（国标码）两个字节的最高位改为1，称其为"机内码"。

当某字节的最高位是1时，必须和下一个最高位同样为1的字节合起来，代表一个汉字；而某字节的最高位是0时，就代表一个 ASCII 码字符。这样就和 ASCII 码区别开来，最多能表示 $2^7 \times 2^7$ 个汉字。

③ 汉字输入码

英文的输入码与机内码是一致的，而汉字输入码是指通过键盘输入的各种汉字输入法的编码，也称为汉字外码。

目前我国的汉字输入码编码方案已有数百种，但是在计算机中常用的只有几种。根据编码规则，这些汉字输入码可分为流水码、音码、形码和音形码4种。智能ABC、微软拼音、搜狗拼音和谷歌拼音等汉字输入法属于音码，五笔字型输入法属于形码。音码重码多、单字输入速度慢，但容易掌握；形码重码较少、单字输入速度较快，但是学习和掌握较困难。目前以智能ABC、微软拼音、搜狗输入法等音码输入法为主流汉字输入方法。

④ 汉字字形码

汉字字形码实际上就是将汉字显示到屏幕上或打印到纸上所需要的图形数据。

汉字字形码记录汉字的外形，是汉字的输出形式。记录汉字字形通常有两种方法，即点阵法和矢量法，它们分别对应两种字形编码，即点阵码和矢量码。所有不同字体、字号的汉字字形构成了汉字库。

点阵码是一种用点阵表示汉字字形的编码，它把汉字按字形排列成点阵，点阵越多，打印出的字形越好看，但汉字占用的存储空间也越大。1个16×16点阵的汉字要占用32个字节，1个32×32点阵的汉字要占用128字节，点阵缩放困难且容易失真。

1.3 计算机系统的组成

一个完整的计算机系统是由硬件系统和软件系统两部分组成的。硬件系统是构成计算机的物理实体，是能够收集、加工、处理数据及进行数据输出的设备和部件的总和。软件系统是指为运行、管理计算机所编制的各种程序、数据及有关资料的总和。计算机系统的组成结构如图1-8所示。

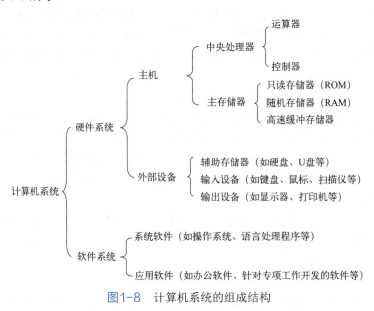

图1-8 计算机系统的组成结构

1.3.1 计算机硬件系统的组成

计算机硬件是指计算机系统中由电子、机械和光电元件等组成的各种计算机部件和计算机设备。这些部件和设备依据计算机系统结构的要求构成一个有机整体，被称为计算机硬件系统。

任何一台计算机的硬件系统都是由 5 大部分组成的，分别为运算器、控制器、存储器、输入设备和输出设备。

（1）运算器

运算器是计算机的功能部件，主要负责对信息进行加工处理。运算器不断地从存储器中得到要加工的数据，对其进行算术运算和逻辑运算，并将最后的结果送回存储器中，整个过程在控制器的指挥下有条不紊地进行。

20 世纪 30 年代中期，美国科学家冯·诺依曼大胆地提出：抛弃十进制，采用二进制作为数字计算机的数制基础。同时，他还提出预先编制计算程序，然后由计算机按照人们事前制定的计算顺序来执行数值计算任务。1945 年 6 月，冯·诺依曼提出了在数字计算机内部的存储器中存放程序的概念，这是所有现代电子计算机的模板，被称为"冯·诺依曼体系结构"，按这一结构设计的计算机被称为存储程序计算机（stored program computer），又被称为通用计算机。冯·诺依曼计算机主要由运算器、控制器、存储器、输入和输出设备组成，体系结构如图 1-9 所示，它的特点是：程序以二进制代码的形式存放在存储器中，所有的指令都由操作码和地址码组成，指令在存储器中按照顺序被执行，以运算器和控制器为计算机结构的中心等。冯·诺依曼计算机广泛应用于数据的处理和控制方面，但仍存在一定的局限性。

（2）控制器

控制器是整个计算机系统的控制中心，是计算机的指挥中枢。控制器从主存储器中按顺序取出指令、确定指令类型，并负责向其他部件发出控制信号，保证各部件协调一致地工作，使计算机按照预先制定的目标和步骤有条不紊地进行操作和处理。

运算器和控制器统称为中央处理单元（中央处理器），也就是人们通常所说的 CPU（图 1-10），也称为微处理器，它是计算机系统的核心部件。

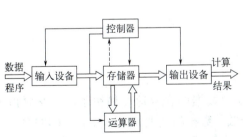

图1-9　冯·诺依曼计算机体系结构
⇒ 数据流　→ 控制流　---→ 指令流

图1-10　CPU 外观

（3）存储器

存储器是具有"记忆"功能的部件，主要用来存放输入设备送来的程序、数据，以及运算器送来的中间结果和最后结果，它由具有两种稳定状态的物理器件（也称之为记忆元件）来存储信息。记忆元件的两种稳定状态分别表示为"0"和"1"。存储器是由成千上万个存储单元构成的，每个存储单元存放一定位数（微机上为 8 位）的二进制数，且都有唯一的地址。存储单元是基本的存储单位，不同的存储单元是用不同的地址来区分的。

存储器分为主存储器和辅助存储器两类。

① 主存储器

主存储器简称主存，也被称为内存，它和计算机的运算器、控制器直接相连，是 CPU 可直接访问的存储器。主存储器和 CPU 一起构成了计算机的主机。

内存一般由半导体器件构成，存取速度快，容量相对较小，价格较贵，通常分为只读存储器（ROM）和随机存储器（RAM）以及高速缓冲存储器（cache）。

a. 只读存储器

ROM 中的数据或程序一般是在将 ROM 装入计算机前事先写好的，数据只能够被读出，不可改写或写入新的数据，断电后数据依然存在，能够长期保存。

ROM 的容量较小，一般存放系统的基本输入输出系统（BIOS）等。

b. 随机存储器

RAM 既可以写入数据，也可以读出数据，只是断电后数据不能保留。RAM 的容量要比 ROM 大得多，微机中的内存一般指 RAM。

RAM 分为两类，一是动态 RAM（DRAM）（图 1-11），二是静态 RAM（SRAM）。由于 SRAM 的读写速度远快于 DRAM，所以 SRAM 常作为计算机中的高速缓存，而 DRAM 用作普通内存和显示内存。

图1-11 内存（动态随机存储器）

c. 高速缓冲存储器

随着 CPU 主频的不断提高，CPU 对 RAM 中数据的存取速度加快了，而 RAM 的响应速度相对较低，导致 CPU 等待时间延长，降低了数据的处理速度，浪费了 CPU 的能力。为协调二者之间的速度差，在内存和 CPU 之间设置了一个与 CPU 速度接近的、高速的、容量相对较小的存储器，把正在执行的指令地址附近的一部分指令或数据从内存调入这个存储器，供 CPU 在一段时间内使用。这个介于内存和 CPU 之间的高速、小容量的存储器被称作高速缓冲存储器，简称缓存。

相比 ROM 和 RAM，高速缓冲存储器读取速度最快。

② 辅助存储器

辅助存储器也被称为外存储器，简称外存。由于内存的容量有限，ROM 中的信息难以更改，而 RAM 中的信息断电后会丢失，因此，外存是非常重要的主机外部的存储设备。

外存不能直接与 CPU 进行数据传递，存放在外存中的数据必须被调入内存中才能进行处理，CPU 中的数据也必须通过内存才能送入外存。外存存取数据的速度较内存慢得多，用来存储大量暂不参加运算或处理的数据或程序，一旦需要，可成批地与内存交换信息。

目前，外存分为磁介质型存储器（机械式硬盘）、半导体存储器（半导体硬盘）和光介质型存储器 3 种。

a. 机械式硬盘：主要部件由涂满磁性介质的盘片和磁头组成，盘片高速旋转，磁头进行数据读写。机械式硬盘的结构如图 1-12 所示。

图1-12　机械式硬盘结构　　　　　　　图1-13　固态硬盘

b. 半导体硬盘：也被称为固态硬盘（SSD）（图 1-13），它克服了机械式硬盘体积大、噪声大、发热多、怕振动和读写速度相对较慢的缺点，目前在主流电脑上得到了广泛应用。

c. 光介质型存储器：指利用光学方法从光存储介质上读取和存储数据的一种存储设备，一般使用半导体激光器为光源。光盘就是最典型的一种光介质型存储器，具有存储密度高、存储时间长、介质价格低廉等优点。

（4）输入设备

输入设备是指向计算机输入各种数据、程序及信息的设备。它由输入装置和输入接口两部分组成，主要功能是把原始数据和程序转换为计算机能够识别的二进制代码，通过输入接口输入到计算机的存储器中，供 CPU 调用和处理。

常用的输入设备有鼠标、键盘、扫描仪、数码摄像机、条形码阅读器等。

（5）输出设备

输出设备和输入设备正好相反，输出设备是从计算机输出各种结果和数据的设备。它由输出装置和输出接口两部分组成。

常见的输出设备有显示器、打印机、音箱、绘图仪以及各种数模转换器等。

1.3.2 计算机软件系统的组成

软件是计算机系统重要的组成部分。通常把没有安装任何软件的计算机称为裸机，裸机不能运行工作。一般根据软件的用途将其分为系统软件和应用软件。

（1）系统软件

系统软件是指管理、控制、维护计算机的软硬件资源以及开发应用的软件。它包括操作系统、各种语言处理程序、数据库管理系统、系统支持和服务性程序等方面的软件。

① 操作系统

操作系统（operating system，OS）是用户使用计算机的界面，是计算机软件的一组核心程序，它能对计算机系统中的软硬件资源进行有效的管理和控制，合理地组织计算机的工作流程，为用户提供一个使用计算机的工作环境，起到用户和计算机之间接口的作用。

操作系统通常是最靠近硬件的一个系统软件，它把只安装了硬件设备的计算机——裸机，改造成为一台功能相对完善的虚拟机，使得计算机系统的使用和管理更加方便、计算机资源的利用率更高。

常见的操作系统有 DOS、Windows、Linux、Unix 等。目前，被广泛使用的操作系统是 Windows 操作系统。

Windows 操作系统是微软公司为 PC 机开发的一种窗口操作系统，它为用户提供了友好的界面，通过鼠标的操作就可以指挥计算机工作。目前 Windows 的最新操作系统是 Windows 11。

② 语言处理程序

计算机和用户交流信息所使用的语言称为计算机语言或程序设计语言，是用于开发和编写用户软件的基本工具。程序设计语言一般分为机器语言、汇编语言和高级语言。

a. 机器语言

机器语言是最底层的计算机语言，是用二进制代码表示的计算机能直接识别和执行的一种机器指令的集合。机器语言是从属于硬件的，不同的计算机硬件，其机器语言是不同的。机器语言具有灵活、可直接执行和速度快等特点，但是编写难度比较大，容易出错，而且程序的直观性比较差，不容易"移植"。

b. 汇编语言

汇编语言是面向机器的程序设计语言。在汇编语言中，用助记符代替操作码，用地址符号或标记代替地址码。这种用符号代替机器语言的二进制码，把机器语言转换成了汇编语言，汇编语言和机器语言是一一对应的。汇编语言采用了助记符，它比机器语言更直观，并且容易被理解和记忆。用汇编语言编写的程序要依靠计算机的"翻译程序"（如汇编程序）被翻译成机器语言后方可被执行。汇编语言和机器语言都是面向机器的语言，一般称之为低级语言。

c. 高级语言

高级语言起始于 20 世纪 50 年代中期，它与人们日常熟悉的自然语言和数学语言更相近，可读性强，编程方便。高级语言的显著特点是独立于具体的计算机硬件，通用性和可

"移植"性好。

目前广泛应用的高级语言有十几种，常用的有 C、C++、Visual Basic、Delphi、Java 等，每一种高级语言都有其最适用的领域。必须指出，用任何一种高级语言编写的程序都要通过编译程序被翻译成机器语言后才能被计算机识别和执行。

（2）应用软件

应用软件是为了解决计算机各类应用问题而编写的软件，它是在硬件和系统软件的支持下，面向具体问题和具体用户的软件。随着计算机应用领域的不断拓展和计算机应用的广泛普及，各种各样的应用软件与日俱增，如办公类软件 Microsoft Office、WPS Office，图形处理软件 Photoshop，三维动画软件 3dmax、Maya 等，即时通信软件 QQ、微信，以及各种管理软件等。

应用软件依据应用范围可分为应用软件包和用户程序两种。

① 应用软件包

应用软件包是为了实现某种特殊功能或进行某种特殊计算而精心设计、开发的结构严密的独立系统，是一套满足许多同类应用的用户需要的软件。一般来讲，各个行业都有适合自己使用的应用软件包。目前常用的软件包有字处理软件、表处理软件、会计电算化软件、绘图软件等。

② 用户程序

用户程序是为了解决用户特定的具体问题而开发的软件。在应用软件包的支持下，充分利用计算机系统的种种现成软件，可以更加方便、有效地研制用户专用程序，如各种工资管理系统、人事档案管理系统和财务管理系统等。

1.3.3 计算机病毒与防治

计算机病毒是一类特殊的"应用"程序，是人为蓄意编写的破坏性程序，它一旦在计算机内运行，就会导致计算机资源大量消耗、数据丢失，甚至导致计算机损坏和网络瘫痪。

（1）计算机病毒的特征

① 传染性：计算机病毒可以通过 U 盘或网络像生物病毒一样进行传染，也能自身复制，具有传染性特征是判断某段程序为计算机病毒的首要条件。

② 隐蔽性：计算机病毒具有很强的隐蔽性，会隐藏其文件信息，通常不会被用户察觉。

③ 潜伏性：计算机病毒可依附于正常文件或媒介，潜伏到条件成熟才发作。

④ 触发性：计算机病毒的编写者都会为病毒程序设定一些触发条件，一旦条件满足，计算机病毒就会发作，使系统遭到破坏。

⑤ 破坏性：计算机病毒被触发后，会主动攻击计算机软硬件资源和设备，给系统造成一定程度的损坏。

（2）计算机病毒的防治

① 及时对操作系统进行升级，修补安全漏洞；优化软件设计，提高软件的安全性。

② 安装安全防护软件、杀毒软件，提高防护能力。
③ 及时查杀病毒，使用前对来历不明的 U 盘、网络下载的文件进行杀毒处理。
④ 定期对重要文件进行备份，以免损坏或丢失。

1.3.4 微型计算机的性能标准

判断一台微型计算机的性能好坏，应该从以下性能指标考虑。

（1）字长

字长是指计算机的运算部件能同时处理的二进制数据的位数。字长标志着计算机处理信息的精度。字长越长，计算机精度越高，运算速度也越快，但价格也越高。当前普通微机字长有 32 位、64 位，一些高端计算机的字长有 128 位。

（2）主频

主频即时钟频率，是指计算机 CPU 在单位时间内发出的脉冲数，它在很大程度上决定了计算机的运算速度。主频的单位是兆赫兹（MHz）或吉赫兹（GHz）。时钟频率越高，一定程度上表示电脑的性能越好。

（3）运算速度

运算速度是指计算机单位时间内执行的指令数，单位是次每秒或百万次每秒等。目前普通微机的运算速度已达千亿次每秒。

（4）内存容量

内存容量是指主存储器中能存储信息的总字节数。一般来说，内存容量越大，计算机的处理速度越快。随着更高性能的操作系统的推出，计算机的内存容量会继续增加。内存容量越大，一定程度上表示电脑的性能越好。

（5）内核数

CPU 内核数指 CPU 内执行指令的运算器和控制器的数量。多核心处理器就是在一块 CPU 基板上集成两个或两个以上的处理器核心，并通过并行总线将各处理器核心连接起来。多核心处理技术的推出，大大地提高了 CPU 的多任务处理性能，并已成为市场的主流。

（6）外部设备的配置

主机所配置的外部设备的多少与好坏，也是衡量计算机综合性能的重要指标。

（7）软件的配置

合理安装与使用丰富的软件可以充分发挥计算机的作用和提高效率，方便用户的使用。

（8）其他性能指标

包括机器的兼容性（数据和文件的兼容、程序兼容、系统兼容和设备兼容）、系统的可靠性（平均无故障工作时间，用 MTBF 表示）、系统的可维护性（平均修复时间，用

MTTR 表示）等，另外，性能价格比也是一项综合性的评价计算机性能的指标。

1.3.5 微型计算机的常用外部设备

目前个人计算机硬件系统的配置大多采用积木式的结构，在基本的配置基础上，用户可以根据需要进行扩充。一般微机的常用硬件设备组成有显示器、光盘驱动器（光驱）、键盘、鼠标、打印机、扫描仪、音箱、麦克风等。

（1）显示器

显示器由监视器和显示适配卡（也称为显卡）组成，是最常用的输出设备，如图1-14所示。

图1-14 显示器与显卡

显示器的性能是由分辨率、刷新率、显示内存及颜色的位数来决定的。

① 分辨率是计算机屏幕上显示的像素的个数。显示器的分辨率分成高、中、低三种，一般用整个屏幕光栅的列数与行数的乘积来表示。例如：1024×768、800×600 等。乘积越大，分辨率越高，显示效果越好。不同分辨率的显示器要求配置不同性能的显卡。

② 刷新率也叫垂直扫描率，是指每秒钟刷新显示器画面的次数，单位是赫兹（Hz）。刷新率越高，显示器上图像的闪烁感就越小，图像看起来就越稳定。一般显示器的刷新率在 75Hz 以上，人眼看屏幕才会舒服。

③ 显示内存，即显卡专用内存。它负责存储显示芯片需要处理的各种数据。显示内存容量的大小、性能的高低，直接影响着电脑的显示效果。

④ 显示器能显示多少种颜色，主要由表示颜色的位数来决定。表示颜色的位数越多，显示器显示的色彩越逼真。16 位基本看不到色彩的过渡边缘，24 位以上被称为真彩色。

（2）光盘驱动器

光盘驱动器是一种利用激光技术来读写信息的设备，其特点是容量大，抗干扰性强，存储的信息不易丢失。它除了可以读取数据之外，还可以读取声音、图像和动画等交互格式的多种信息，即多媒体信息。光驱是多媒体计算机的基本配置，如普通光驱（CD-ROM）、DVD 光驱、刻录光驱、BD（蓝光）-ROM 驱动器和 COMBO 光驱等，如图 1-15 所示。

图1-15 光盘驱动器

图1-16　键盘、鼠标

（3）键盘、鼠标、扫描仪

键盘、鼠标和扫描仪都是常用的计算机输入设备，其功能是将原始信息转化为计算机能接受的二进制数，以便计算机能够进行处理，如图1-16所示。

① 键盘

键盘是微机中最常用的输入设备之一，常见的键盘有104式键盘和107（或108）式键盘两种。每个键盘分为主键盘区、数字键区、功能键区和光标控制键区4个区域，一般由一根软电缆与主机相连。

② 鼠标

鼠标也是一种常用的计算机输入设备，主要用于程序的操作、菜单的选择、制图等。鼠标可以方便、准确地移动光标进行定位，是Windows系统界面中必不可少的一个输入设备。使用鼠标的明显优点是简单、直观、移动速度快。

根据其使用原理鼠标可以分为机械鼠标、光电鼠标和光学机械式鼠标；根据按键数可以分为两键鼠标、三键鼠标和多键鼠标，此外还有无线鼠标和轨迹球鼠标等。

目前使用较多的是光电鼠标，它具有精度高、寿命长等优点。

③ 扫描仪

扫描仪是计算机输入图片和文字所使用的设备，如图1-17所示，它可以把各种图片资料转换成计算机数字信息，并传给计算机，再由计算机进行处理，包括编辑、存储、打印输出或传送给其他设备。按色彩来划分，扫描仪可以分成单色和彩色两种；按操作方式来分，扫描仪可分为手持式和台式两种。扫描仪的主要技术指标有分辨率、灰度层次、扫描速度等。

图1-17　扫描仪

（4）打印机

打印机属于常见的计算机输出设备之一，它可以将信息输出到纸张上，便于阅读或长期保存。按打印原理不同，打印机可分为针式打印机（点阵式打印机），如图1-18所示；喷墨打印机，如图1-19所示；激光打印机，如图1-20所示。目前较广泛应用的是激光打印机。

图1-18　针式（点阵式）打印机

图1-19　喷墨打印机

图1-20　激光打印机

打印机与计算机的连接很简单，通过一根数据线与电脑主机的 USB 接口连接，再通过一根电源线连接电源插座。

在喷墨、激光和针式三类打印机中，针式打印机已逐渐退到少数专用领域；激光打印机因打印时噪声小、速度快、可以打印高质量的文字和图形，目前被广泛应用，特别是黑白激光打印机被广泛应用在办公领域。激光打印机属于非击打式打印机，其主要部件是感光鼓，感光鼓中装有墨粉，打印时，感光鼓接收激光束，产生电子，以吸引墨粉，再将其印到打印纸上。

喷墨打印机以其低廉的价格优势占据了家庭和部分办公市场的主导地位。不过，就彩色打印效果而言，喷墨打印机并不能够达到让专业人士非常满意的输出效果。

（5）音箱

音箱是多媒体计算机不可缺少的部件，如图 1-21 所示。音箱连接在声卡的音频输出接口上，二者连接，可以播放出声音。一对音质优良的音箱，是保证输出优美动听的声音的基础。

图1-21　电脑音箱

（6）麦克风

麦克风是将声音信号转换为电信号的能量转换器件，又称话筒、微音器。

1.3.6　键盘及鼠标的相关操作

（1）键盘布局

键盘分为主键盘区（基本键区）、功能键区、编辑控制键区（光标控制区）、辅助键区（数字小键盘区）等。

① 主键盘区（基本键区）

该区是键盘的主要部分，包括字符键区和控制键区。

a. 字符键区

字符键区的位置与一般打字机的位置布局相同，字符键包括"0～9"10 个数字键、26 个英文字母键和一些常用的标点符号键。

b. 控制键区

控制键区主要包括"Shift"键（换挡键）、"Tab"键（制表键）、"Backspace"键（退格键）、"Enter"键（回车键）等。这些控制键一般要与字符键配合使用。

"Shift"键（换挡键）：主键盘区下方左右各有一个，两个键作用相同，当不是处于大写锁定状态，且要输入双字符键上的上挡字符时，要按下该键后保持，再按相应的字符按键。

"Ctrl"键（控制键）：主键盘区下方左右各有一个，两个键作用相同，这个键总是与其他键同时使用，以实现各种功能。

"Alt"键（转换键）：主键盘区下方左右各有一个，两个键作用相同，这个键也总是与其他键同时使用，一般是快捷选取某个菜单、按钮或选项。比如当前窗口中有文件菜单的话，那一般"Alt+F"键就是打开文件菜单的快捷键。

"Caps Lock"键（大写锁定键）：这个键可将字母输入设置为大写状态。当处于大写锁定状态时，按住"Shift"键的同时再按字母键会变成临时输入一个小写字母。当设置为大写状态时，键盘右上角的 Caps Lock 指示灯会亮，灯灭表示当前是小写状态。

"Enter"键（回车键）：表示确认所要执行的命令。在编辑文档时，表示一个输入行的结束。

"Backspace"键（退格键）：用这个键可以删除当前光标位置左边的一个字符，并将光标左移一个字符位置。

"Tab"键（制表键）：每按一次，光标向右移动若干字符的位置，不同应用软件默认移动的字符数不同。

② 功能键区

对于标准键盘，功能键是"F1"～"F12"和"Esc"共 13 个键，"F1"～"F12"各个功能键的具体功能，由不同软件定义。"Esc"键被称为释放键或取消键，在不同应用软件中有不同的含义。

③ 编辑控制键区

光标移动键：包括"←""→""↑""↓"4 个键。在全屏编辑中，每按一次，光标按箭头方向移动 1 个字符或 1 行。

"Insert"键（"插入""改写"状态转换键）："插入"状态下，按一次该键，进入"改写"状态，所键入的字符将替换光标后面位置的字符；再按一次该键，则返回"插入"状态，此时键入的字符将插入当前光标所在位置。系统开机时，默认状态是"插入"状态。

"Delete"键（删除键）：按下该键，删除当前光标所在位置后面的字符。当同时按下"Ctrl+Alt+Del"3 个键时，计算机进入"任务管理器"界面。

"Home"键和"End"键（光标快速移动键）：在编辑 Word 文档时，按下"Home"键，光标移动到行首；按下"End"键，光标移动到行尾；按下"Ctrl+Home"组合键，光标移动到整个文档的开头位置；按下"Ctrl+End"组合键，光标移动到文档的末尾位置。

"Page Up""Page Down"键（页面光标移动键）：按下"Page Up"键向前翻一页，按下"Page Down"键向后翻一页。

④ 辅助键区（数字小键盘区）

当输入大量的数字时，数字小键盘的作用十分明显，尤其对于财会人员非常有用。

数字小键盘上的双字符键具有数字键和光标控制的双重功能。开机后系统默认状态是由 BIOS 设置的，按下数字锁定键即"Num Lock"键，右上角的 Num Lock 灯亮，即可锁定上挡数字键，然后输入数字。

⑤ 面板指示灯

键盘的右上角设置了 3 个指示灯，分别是：Num Lock（数字锁定）、Caps Lock（大写锁定）和 Scroll Lock（屏幕锁定）。当按下键盘的相应键时，各自的灯亮，便于用户操作。

（2）键盘操作

① 正确姿势

a. 身体坐直，手腕要平直，打字的全部动作都在手指上，上身其他部位最好不要接触工作台或键盘，座椅高度合适。

b. 手指要保持弯曲，手要呈勺状，两食指总保持在左手"F"键、右手"J"键处。

c. 敲击键盘时手指尖垂直向键位使用冲击力，力量要在瞬间发出，并立即反弹回去。

d. 敲击键盘要有节奏，击上排键时手指伸出，击下排键时手指缩回，击完后手指立即回至原始标准位置。

e. 敲击键盘的力度要适中，过轻无法保证速度，过重则容易疲劳。

f. 各个手指分工明确，最好不要到别的区域去敲键。

② 键盘指法

a. 手指定位

将左手小指、无名指、中指、食指依次放在"A""S""D""F"4 个基准键上；右手食指、中指、无名指、小指依次放在"J""K""L"";"4 个基准键上。左、右手大拇指轻放于空格键上，如图 1-22 所示。

注意："F"键与"J"键各有一个小凸出的标识，称之为定位键。

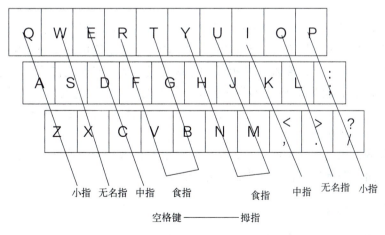

图 1-22　计算机键盘击键指法分区

b. 指法分工

在键盘操作中，各手指负责的键位都有相应的规定。严格按照指法分工进行训练，能够逐步提高打字速度。

（3）鼠标操作

计算机的基本操作是通过鼠标进行的，鼠标是操作计算机最常用的输入设备之一，因此，学习计算机的基本操作，要熟练掌握鼠标的基本操作（以两键式鼠标为例）。

两键式鼠标有左、右两键，左按键又被叫作主按键，大多数的鼠标操作是通过主按键的单击或双击完成的。右按键又被叫作辅按键，主要用于一些专用的快捷操作。

移动鼠标时，屏幕上会有一个小的图形在跟着移动，这个小的图形被称为鼠标指针，简称指针。鼠标的基本操作包括指向、单击、双击、拖动和右击。

① 指向：指移动鼠标，将鼠标指针移到操作对象上。

② 单击：指快速按下并释放鼠标左键。单击一般用于选定一个操作对象。

③ 双击：指连续两次快速按下并释放鼠标左键。双击一般用于打开窗口，启动应用程序。

④ 拖动：指按下鼠标左键，移动鼠标到指定位置，再释放按键。拖动一般用于复制或移动对象等。

⑤ 右击：指快速按下并释放鼠标右键。右击一般用于打开一个与操作相关的快捷菜单。

1.3.7　中文输入法

目前汉字编码方案已有数百种，在计算机上使用较多的主要可分为两类，一类是形码输入法，一类是音码输入法。

形码输入法，顾名思义，就是通过字根（类似于偏旁部首）的组合，来输入汉字。形码编码规则较复杂，但是重码少、准确率高、输入速度快，适合长期从事汉字录入的人员使用。形码输入法中比较有代表性的是五笔字型输入法，是王永民在1983年8月发明的一种汉字输入法。五笔字型自1983年诞生以来，先后推出3个版本：86五笔、98五笔和新世纪五笔。

音码输入法，就是基于读音的输入法。音码输入法包括全拼、双拼、智能ABC、百度拼音、微软拼音、搜狗拼音等。音码输入法的特点是使用简单，易于掌握，缺点是基于读音进行输入，重码率高，输入速度相对于形码要低很多，好在现在的音码输入法如智能ABC、搜狗输入法等能够实现词语联想输入，大大提高了输入速度。对于广大用户来说，没有最好的输入法，只有最适合的输入法，用户可以根据自身的工作特点和自己的爱好和习惯，选择一种中文输入方法。

搜狗拼音输入法是搜狗推出的一款基于搜索引擎技术、特别适合大众使用的新一代输入法产品。下面以搜狗拼音输入法为例进行介绍。

（1）输入法选择与切换

① 输入法选择

将鼠标光标移到要输入文本的地方，点一下鼠标左键，系统进入到输入状态，然后按"Ctrl+Shift"键切换输入法，切到搜狗拼音输入法出来即可。当系统仅有一个输入法或者搜狗拼音输入法为默认的输入法时，按下"Ctrl+空格"键即可切换到搜狗拼音输入法。

由于大多数人只用一种输入法，为了方便和高效，用户可以把不用的输入法删除，只保留一个最常用的输入法即可。用户可以右键点击系统的"语言栏",通过"设置"选项把自己不用的输入法删除(这里的删除并不是卸载,以后还可以通过"添加"选项添上)。

② 输入法切换

输入法默认按下"Shift"键就切换到英文输入状态,再按一下"Shift"键就会返回中文状态。用鼠标左键点击状态栏上面的"中"字图标也可以切换。

搜狗拼音输入法支持回车输入英文和 V 模式输入英文,在输入较短的英文时能省去切换到英文状态下的麻烦,具体使用方法如下。

回车输入英文:输入英文,直接敲回车键即可。

V 模式输入英文:先输入"V",然后再输入英文,可以包含"@""+""*""/""-"等符号,最后敲空格键即可。

(2)搜狗拼音输入法使用

① 简拼输入

搜狗拼音输入法现在支持的是声母简拼和声母的首字母简拼。例如:想输入"中国",用户只要输入"zg"或者"zhg"都可以完成。同时,搜狗拼音输入法支持简拼、全拼的混合输入,例如:输入"srf""sruf""shrfa"都是可以得到"输入法"的。

注意:这里声母的首字母简拼的作用和模糊音中的"z、s、c"相同。但是,这属于两回事,即使用户没有选择设置里的模糊音,同样可以用"stwm"输入"生态文明"。

有效地用声母的首字母简拼可以提高输入效率,减少误打。例如,用户要输入"指示精神"这几个字,如果输入传统的声母简拼"zhshjsh",需要输入的字母多而且多个"h"容易造成误打,而输入声母的首字母简拼"zsjs"能很快得到想要的词。

② 翻页选字

搜狗拼音输入法默认的翻页键是"逗号(,)""句号(。)",即输入拼音后,按"句号(。)"进行向下翻页选字,相当于"Page Down"键,找到所选的字后,按其相对应的数字键即可输入。推荐用户用这两个键翻页,因为用"逗号(,)""句号(。)"时手不用离开主键盘区,效率最高,也不容易出错。

输入法默认的翻页键还有"减号等号""左右方括号",用户可以通过"属性设置"→"高级"→"候选翻页"来进行设定。

③ 使用自定义短语

使用自定义短语是指通过特定字符串来输入自定义好的文本,可以通过输入框中拼音串上的"添加新定义",或者候选项中短语项的"编辑已有项"来进行短语的添加、编辑和删除。

自定义短语在"属性设置"选项的"高级"选项卡中,默认开启,点击"自定义短语设置"即可自行设置。

④ 快速输入人名——人名智能组词模式

输入人名的拼音,如果搜狗拼音输入法识别出是人名的可能性很大,候选项中会有带标记的候选词出现,这就是人名智能组词给出的其中一个人名。此外,输入框有"更多人名(分号+R)"的提示,如果提供的人名选项不是用户想要的,那么此时用户可以按单击提示进入人名组词模式,选择想要的人名。

搜狗拼音输入法的人名智能组词模式,并非搜集整个中国的人名库,而是用智能分析，计算出合适的人名从而得出结果，可组出的人名逾十亿。

⑤ 生僻字的输入——拆分输入

在进行汉字输入时遇到类似于"犇"这样的字，看似简单但是又很复杂，用户知道组成这个文字的部分，却不知道这个文字的读音，只能通过笔画输入。笔画输入较为烦琐，搜狗拼音输入法为用户提供了便捷的拆分输入，化繁为简，生僻的汉字可以通过直接输入其组成部分的拼音轻易输出。

⑥ 插入日期时间

插入当前日期时间的功能可以方便地输入当前的系统日期、时间、星期，并且还可以用插入函数自己构造动态的时间，例如在回信的模板中使用。此功能是用输入法内置的时间函数通过自定义短语功能来实现的。由于输入法的自定义短语默认不会覆盖用户已有的配置文件，所以用户要想使用该功能，需要恢复自定义短语的默认设置（如果输入了"rq"而没有输出系统日期，请点击打开"属性设置"→"高级"→"自定义短语设置"，点击"恢复默认设置"即可）。

注意： 恢复默认设置将丢失目前用户已有的配置，为避免上述情况，用户需要自行保存。

输入法内置的插入项如下。

a. 输入"rq"（日期的首字母），输出系统日期"2022 年 12 月 28 日"；

b. 输入"sj"（时间的首字母），输出系统时间"2022 年 12 月 28 日 19：19：04"；

c. 输入"xq"（星期的首字母），输出系统星期"2022 年 12 月 28 日 星期四"。

1.4 多媒体计算机

早期的计算机只能处理文字，然而信息的载体除了文字外，还有声音、图形、图像等。为了使计算机具有更强的处理能力，20 世纪 90 年代，人们研究出了能处理多媒体信息的计算机，称之为"多媒体计算机"。多媒体技术是 21 世纪信息技术研究的热点问题之一。媒体是信息标识和传输的载体，计算机领域的媒体可分为感觉媒体、表示媒体、表现媒体、存储媒体、传输媒体。多媒体计算机（multimedia computer）能够对声音、图像、动画等多媒体信息进行综合处理，一般指多媒体个人计算机（MPC）。

多媒体是指计算机领域中的感觉媒体，主要包括文字、声音、图形和图像、视频、动画等。多媒体系统强调三大特征：集成性、交互性和数字化。一般来说，MPC 的基本硬件结构可以归纳为七部分。

① 至少一个功能强大、速度快的中央处理器（CPU）；

② 可管理、控制各种接口与设备的配置；

③ 具有一定容量（尽可能大）的存储空间；

④ 高分辨率的显示接口与设备；

⑤ 可处理音频的接口与设备；
⑥ 可处理图像的接口与设备；
⑦ 可存放大量数据的配置等。

1.4.1 多媒体信息中的媒体元素

多媒体信息中的媒体元素是指多媒体应用中可显示给用户的媒体组成，目前主要包含文本、图形和图像、音频、动画和视频等。

（1）文本

文本是指各种文字，包括各种字体、大小、格式及颜色的文字。它是计算机文字处理的基础，也是多媒体应用程序的基础。文本的多样化主要是通过文字的属性，如格式、字体、对齐方式、大小、颜色以及它们的各种组合而表现出来的。

（2）图形和图像

图形是指从点、线、面到三维空间的黑白或彩色的几何图形，也称之为矢量图。它主要由直线和弧等线条实体组成，直线和弧比较容易用数学的方法来表示。

静止图像不像图形那样有明显规律的线条，因此在计算机中难以用矢量来表示，基本上只能用点阵来表示，其元素代表空间的一个点，称之为像素（pixel），这种图像也被称为位图。

① 分辨率

分辨率的高低影响图像的质量，分辨率包括两个方面的内容。

a. 屏幕分辨率：是指计算机显示器能显示图像的最大像素个数，以水平像素和垂直像素表示，普通 PC 机 VGA 模式的全屏幕显示共有 640 像素 / 行 ×480 行 =307200 像素。

b. 图像分辨率：是指数字化图像的大小，以水平和垂直像素表示。图像分辨率和屏幕分辨率是两个截然不同的概念。例如：在分辨率为 640×480 的屏幕上显示 320×240 的图像，320×240 即为图像分辨率。

② 图像灰度

图像灰度是指每个图像的最大颜色数。屏幕上每个像素都用 1 个或多个二进制位描述其颜色信息。如单色图像的灰度为 1 位二进制码，表示亮与暗；每个像素用 4 个二进制位编码时表示支持 16 色；8 个二进制位编码时表示支持 256 色。若采用 24 个二进制位编码表示一个彩色像素，则可以得到 $2^8 \times 2^8 \times 2^8$（约 1677.7 万）种颜色，该图像被称为真彩色图像。

③ 图像文件大小

图像文件的大小用字节数来表示，其描述方法为（水平像素 × 垂直像素 × 灰度位数）/8。

例如，一幅能在分辨率为 800×600 的显示屏上作全屏显示的真彩色图像，其所占用的存储空间为（800 像素 / 行 ×600 行 ×24 位 / 像素）÷8 位 / 字节 =1440000B≈1.37MB。

④ 图像文件类型

图像数字化后，可以以不同类型的文件保存在存储器上，最常用的图像文件类型有以下几种。

a. BMP：位图文件的格式，是图像文件的原始格式，包含的图像信息较丰富，占用磁盘空间较大。

  b. JPEG：按 JPEG 压缩标准压缩后的图像格式。
  c. GIF：适用于在网上传输的图像格式，应用比较普遍。
  d. TIFF：是一种作为工业标准的图像格式。
  e. WMF：是 Microsoft Windows 中常用的一种图像文件格式，它具有文件小、图案造型化的特点。整个图常由各个独立的组成部分拼接而成，往往较粗糙，并且只能在 Microsoft Office 中调用编辑。

  此外，还有 PCX、PCT、TGA、PSD 等许多图像文件格式。

（3）视频

  视频是一种活动影像，它与电影和电视的原理是一样的，都是利用人眼的视觉暂留现象，将足够多的画面连续播放，只要能达到 24 帧每秒以上，人的眼睛就察觉不出画面之间的不连续性。

  视频的每一帧，实际上就是一幅静态图像，所以视频所需存储容量极大，必须要经过压缩。视频压缩普遍采用 MPEG 的标准，压缩后视频的每幅图像之间的变化都不大。使用该标准中方法，在对每幅静态图像进行标准化压缩后，还采用移动补偿算法去掉时间方向上的冗余信息，使其达到较好的压缩效果。PC 机中视频文件的格式主要有以下三种。

  a. AVI：是 Windows 中使用的动态图像格式，数据量较大。
  b. MPG：利用 MPEG 的压缩标准所确定的文件格式，数据量较小。
  c. ASF：比较适合在网上进行连续播放的视频文件格式。

（4）音频

  音频包括音乐、语音和各种音响效果，能起到烘托气氛、增加活力的作用。声音通常用一种模拟的连续波形表示，可以用两个参数来描述，即振幅和频率。振幅的大小表示声音的强弱，频率的大小反映了音调的高低。

  声音是模拟量，需要经过采样将模拟信号数字化后才能放到计算机中对其进行相应处理。对声音进行数字化就是在捕捉声音时，要以固定的时间间隔对波形进行离散采样。这种采样将产生波形的振幅值，利用这些值可以重新还原原始波形。

  声音的数字化过程需要考虑三个参数：采样频率、量化精度和声道数。

  ① 采样频率：等于声音波形被等分的份数，份数越多，采样频率越高，声音质量越好。一般要求采样频率不低于 40kHz，最常用的标准采样频率是 44.1kHz。

  ② 量化精度：即每次采样的信息量，精度越高，采样的质量越好。声音采样时通常用模/数转换器（A/D）将每个波形垂直等分。若用 8 位 A/D，可将波形等分为 256 份；若用 16 位，可将波形等分为 65536 份。显然，所用 A/D 的位数直接影响着采样质量。

  ③ 声道数：是声音通道的个数，即声音产生的波形数，有单声道和多声道之分。声音的声道数越多，声音的效果越好。

  常用的声音文件有多种格式。

  a. WAV：波形音频文件，是 PC 机常用的声音文件，占用很大的存储空间。
  b. MID：数字音频文件，是 MIDI（音乐设备数字接口）协会设计的音乐文件标准。MIDI 标准文件中存放的是符号化的音乐。

c. CD-DA：光盘数字音频文件，无须硬盘存储声音文件，声音直接通过光盘由光驱处理后发出，音源质量较好。

d. MP3：压缩存储音频文件，是根据 MPEG-1 视频压缩标准中对立体声伴音进行第三层压缩的方法所得到的声音文件，在日常生活中和网上应用都非常普遍。

（5）动画

动画是一种活动影像，最典型的是卡通片。动画一般是指人工创作出来的连续播放的静态画面相互衔接所组成的动态影像。

动画可以是逐幅绘制出来的，也可以是实时计算出来的，可分为二维动画和三维动画两类。

1.4.2 多媒体技术的应用

多媒体技术融计算机、音频、文本、图像、动画、视频和通信等多种功能于一体，借助日益普及的高速信息网，可实现计算机的全球联网和信息资源共享，因此被广泛应用在咨询服务、图书、教育、通信、军事、金融、医疗等诸多行业，并正潜移默化地改变着人们的生活。

（1）电子出版技术

在图书行业中，图书尤其是百科全书等工具书的内容开始存储在计算机的磁盘上，相关工作人员在与之相连的计算机终端上进行输入、修改、排版并输出印刷；在杂志和报纸行业中，记者和编辑利用计算机和网络进行图文处理和传递，摄影师在微机上处理相片，美术师利用图形软件创作艺术作品和广告，设计师则用精密的生产系统整理出完美的版面。计算机系统和照相排版技术的应用简化了出版业生产流程，并大幅度地降低了生产成本。

（2）多媒体数据库技术

多媒体数据库是多媒体技术与数据库技术相结合产生的一种新型的数据库。数据库中的信息不仅涉及各种数字、字符等格式化的表达形式，而且还包括多媒体的非格式化的表达形式。

（3）多媒体通信技术

多媒体通信是指在一次呼叫过程中能同时提供多种信息（即声音、图像、图形、数据和文本等）的新型通信方式。它是通信技术和计算机技术相结合的产物。与电话、电报、传真、计算机通信等传统的单一媒体通信方式相比，多媒体通信技术不仅能使相隔万里的用户声像图文并茂地交流信息，而且可将分布在不同地点的多媒体信息协调为一个完整的信息同步呈现在用户面前。另外，用户对通信全过程具有完全的交互控制能力。

（4）多媒体网络技术

多媒体网络技术是由通信技术、计算机技术与多媒体技术相融合形成的，集计算机的交互性、多媒体的集成性及网络的分布性于一体，向人们提供了信息的综合服务。

（5）虚拟现实

虚拟现实，也称虚拟实境或灵境，是一种可以创建和体验虚拟世界的计算机系统。它利用计算机技术生成一个逼真的，具有视、听、触等多种感知的虚拟环境。它是让用户通过使用各种交互设备，同虚拟环境中的实体相互作用，产生身临其境感觉的交互式视景仿真和信息交流平台，是一种先进的数字化人机接口技术。虚拟现实在室内设计、房产开发、工业仿真、军事模拟和游戏等很多领域都有广泛的应用。

1.5 计算机的发展趋势

随着科学技术的发展，特别是电子技术、半导体技术及网络技术的进步，计算机的性能有了巨大的发展，社会生产和人们的生活也对计算机技术提出了更高的要求。进入 21 世纪以来，计算机在工作速度、存储容量以及网络技术等方面迭代更新时间更短，已突破了人们常说的"摩尔定律"，即当价格不变时，集成电路上可容纳的晶体管数量，约每隔 18 个月增加 1 倍，性能也提升 1 倍。未来的计算机发展，主要集中在以下四个方向。

（1）巨型化

巨型化并非指计算机的体积大，而是指计算机的运算速度快，存储容量大，其运算速度一般可达到上千万亿次每秒，主要应用于天文、气象、地质、航天飞机和卫星轨道计算等尖端科学技术领域。巨型计算机的技术水平是衡量一个国家技术和工业发展水平的重要标志之一。

（2）微型化

指计算机的体积更小，耗电量更低，发热更少，但功能性更强并适合移动使用。它的应用领域更广泛，是今后智能化设备的重要组成部分。

（3）网络化

互联网将世界各地的计算机连接在一起，世界从此进入了互联网时代。计算机网络很大程度上改变了人类世界，人们通过互联网进行交流，教育资源共享、信息查阅共享等，特别是无线网络的出现，极大地提高了人们使用网络的便捷性。

（4）智能化

计算机智能化是指计算机具有模拟人的感觉和思维过程的能力。智能化的研究包括模拟识别、物形分析、自然语言的生成和理解、博弈、定理自动证明、自动程序设计、专家系统、学习系统和智能机器人等。

> **知识拓展**
>
> 　　1997年6月19日，由国防科技大学研制的"银河-Ⅲ"巨型计算机（图1-23）在北京通过国家鉴定，标志着中国高性能巨型机研制技术取得新突破，运算速度达到百亿次每秒，中国高性能计算技术实现了从"跟跑"到"领跑"的历史跨越。
>
> 　　回顾历史，1983年12月，每秒运算1亿次以上的"银河-Ⅰ"巨型计算机研制成功。在"国家高技术研究发展计划"的助推下，"银河-Ⅲ""曙光-Ⅰ""神威-Ⅰ"等高性能计算机相继诞生，算力也迅速突破百万亿次大关，中国在高性能计算领域跨入世界先进行列。

图1-23　"银河-Ⅲ"巨型计算机

本章习题

1. 一个完整的计算机系统由_____组成。
   A. 计算机主机、键盘、显示器和软件　　B. 计算机硬件和应用软件
   C. 计算机硬件和系统软件　　　　　　　D. 计算机硬件和软件
2. 20GB的硬盘表示容量约为_____。
   A. 20亿个字节　　　　　　　　　　　　B. 20亿个二进制位
   C. 200亿个字节　　　　　　　　　　　D. 200亿个二进制位
3. 运算器的完整功能是进行_____。
   A. 逻辑运算　　　　　　　　　　　　　B. 算术运算和逻辑运算
   C. 算术运算　　　　　　　　　　　　　D. 逻辑运算和微积分运算
4. 构成CPU的主要部件是_____。
   A. 内存和控制器　　　　　　　　　　　B. 内存和运算器
   C. 控制器和运算器　　　　　　　　　　D. 内存、控制器和运算器
5. 能直接与CPU交换信息的存储器是_____。
   A. 硬盘存储器　　　　　　　　　　　　B. CD-ROM
   C. 主存储器　　　　　　　　　　　　　D. U盘存储器
6. 下列各组软件中，全部属于应用软件的是_____。
   A. 音频播放系统、语言编译系统、数据库管理系统
   B. 文字处理程序、军事指挥程序、Unix
   C. 导弹飞行系统、军事信息系统、航天信息系统
   D. Word 2010、Photoshop、Windows 7
7. 下列选项中，既可作为输入设备又可作为输出设备的是_____。
   A. 扫描仪　　　　B. 绘图仪　　　　C. 鼠标　　　　D. 磁盘驱动器
8. 在标准ASCII编码表中，数字码、小写英文字母和大写英文字母的前后次序

是_____。

  A. 数字、小写英文字母、大写英文字母

  B. 小写英文字母、大写英文字母、数字

  C. 数字、大写英文字母、小写英文字母

  D. 大写英文字母、小写英文字母、数字

9. 下列不能用作存储容量单位的是_____。

  A. Byte   B. GB   C. MIPS   D. KB

10. 十进制数 60 转换成无符号二进制整数是_____。

  A. 0111100   B. 0111010   C. 0111000   D. 0110110

11. 下列设备中，可以作为微机输入设备的是_____。

  A. 打印机   B. 显示器   C. 鼠标   D. 绘图仪

12. 计算机主要技术指标通常是指_____。

  A. 所配备的系统软件的版本

  B. CPU 的时钟频率、运算速度、字长和存储容量

  C. 扫描仪的分辨率、打印机的配置

  D. 硬盘容量的大小

13. "32 位微机"中的 32 位指的是_____。

  A. 微机型号   B. 内存容量   C. 存储单位   D. 机器字长

第二章

计算机操作系统

本章学习内容

- 操作系统的概念
- 操作系统的功能
- 操作系统的分类
- Windows 7操作系统

通过第一章的学习,我们知道,一个完整的计算机系统由硬件系统和软件系统组成,在软件系统中,最重要的一类软件就是操作系统软件,没有安装操作系统软件的计算机,是不能正常运行的。操作系统是用户与计算机的接口,也是计算机硬件与其他应用软件的接口,操作系统管理着计算机硬件和软件以及所有数据资源。

2.1 操作系统简介

2.1.1 操作系统的概念

（1）操作系统

操作系统是一组控制计算机操作和运行硬件、软件资源并且组织用户交互的相互关联的系统软件程序，用于管理计算机硬件、软件资源，合理地组织计算机的工作流程，协调计算机系统各部分之间、系统与用户之间、用户与用户之间的关系。从计算机用户的角度来说，计算机操作系统体现为其提供的各项服务，当计算机安装了操作系统以后，用户不再直接操作CPU等计算机硬件，而是利用操作系统所提供各种命令来操作和使用计算机，也就是说，任何应用软件都必须在操作系统的支持下才能够运行。

（2）进程

进程是一个具有一定独立功能的程序关于某个数据集合的一次运行活动。它是操作系统动态执行的基本单元。在操作系统中，进程既是基本的分配单元，也是基本的执行单元，即进程=程序+执行。

2.1.2 操作系统的功能

（1）处理器管理

处理器管理功能包括实施调度策略，给出适当的调度算法，具体进行CPU的分配，旨在解决处理器的调度、分配和回收等问题。

（2）存储器管理

存储器管理的主要任务包括存储分配、存储共享、存储保护和存储扩充。

（3）输入输出设备管理

输入输出设备管理的目标是为用户提供一个友好的接口，是最庞杂、琐碎的部分。

（4）文件管理

操作系统统一管理文件存储空间，实现存储空间的分配与回收，即在用户创建新文件时为其分配空闲区，在用户删除或修改某个文件时，回收和调整存储区。

（5）作业管理

用户要求计算机系统处理的一个问题被称为一个作业，比如一个程序、一组数据等。

作业实际上是用户与操作系统之间的交流渠道，用户可以通过它把自己的程序和数据交给系统，可以表达自己的执行计划。作业管理提供作业控制语言和与系统对话的命令语言，可以书写控制作业执行的说明书及请求系统服务。

2.1.3 操作系统的分类

目前的操作系统种类繁多，按应用领域划分主要有 3 种：桌面操作系统、服务器操作系统和嵌入式操作系统。

（1）桌面操作系统

主要用于通用计算机上。目前，个人计算机市场从硬件架构上来说主要分为两大类，PC 机与 Mac 机，从软件使用上可主要分为两大类，分别为 Windows 操作系统和 Mac OS 操作系统。

微软公司的 Windows 操作系统是依据 Windows 系统的底层架构开发的，适合安装在 x86 架构的处理器上使用，目前常见的台式机和笔记本电脑上能够运行 Windows 操作系统，绝大多数手机以及平板电脑，采用的是 ARM 架构，不是 x86 架构，因此传统的平板电脑和手机不能使用普通的 Windows 系统，只能使用专为 ARM 架构准备的 Windows 系统。

微软公司开发的 Windows 操作系统有 Windows 98、Windows XP、Windows Vista、Windows 7、Windows 8、Windows 10 等，最新版本是 Windows 11。

（2）服务器操作系统

服务器操作系统一般指的是安装在大型计算机上的操作系统，比如 Web 服务器、应用服务器和数据库服务器等。服务器操作系统主要有以下三大类。

① Unix 系统：SUN Solaris、IBM-AIX、HP-UX 等；

② Linux 系统：Red Hat Linux、Ubuntu Server 等；

③ Windows Server 系统：Windows NT Server、Windows Server 2003、Windows Server 2008 等。

（3）嵌入式操作系统

嵌入式操作系统是应用在嵌入式系统的操作系统。嵌入式系统广泛应用在生活的各个方面，涵盖范围从便携设备到大型固定设施，如数码相机、手机、平板电脑、家用电器和工厂控制设备等，越来越多嵌入式系统安装有操作系统。

嵌入式操作系统有嵌入式 Linux、Windows Embedded 等，智能手机或平板电脑等电子产品的操作系统有：Android、Windows Phone 和 BlackBerry OS 等。

操作系统按照用户数目可以分为单用户操作系统和多用户操作系统。

（1）单用户操作系统

单用户操作系统的主要特征是一次只能有一个用户的作业在运行，用户占用全部硬件、软件资源。这种操作系统功能简单，管理方便。大多数微机的操作系统都属于这种操作系统，主要代表有 Windows 9x 等。

（2）多用户操作系统

一套计算机系统同时由多个用户使用，这些用户共享计算机系统的硬、软件资源。该操作系统的主要特点是能够实现网络通信、资源共享和保护，提供网络服务和网络接口等。

按照功能和特性来分，操作系统可分为以下几类。

（1）批处理操作系统

批处理操作系统的工作方式是用户将作业交给系统操作员，系统操作员将许多用户的作业组成一批作业，之后输入到计算机中，在系统中形成一个自动转接的连续的作业流，然后启动操作系统，系统自动、依次执行每个作业，最后由操作员将作业结果交给用户。

（2）分时操作系统

分时操作系统的工作方式是一台主机连接了若干个终端，每个终端有一个用户在使用。用户交互式地向系统提出命令请求，系统接受每个用户的命令，采用时间片轮转方式处理服务请求，并通过交互方式在终端上向用户显示结果。用户根据上步结果发出下道命令。分时操作系统将 CPU 的时间划分成若干个片段，称为时间片。操作系统以时间片为单位，轮流为每个终端用户服务。每个用户轮流独立使用一个时间片，并不感到有其他用户存在。比较典型的分时操作系统有 Unix、Linux、Windows NT 等。

（3）网络操作系统

网络操作系统是基于计算机网络的，是在各种计算机操作系统上按网络体系结构协议标准开发的软件，包括网络管理、通信、安全、资源共享和各种网络应用，其目标是相互通信及资源共享。在网络操作系统的支持下，网络中的各台计算机能互相通信和共享资源。网络操作系统有微软公司的 Windows 2000 Server 等。

（4）实时操作系统

实时操作系统是指使计算机能及时响应外部事件的请求，在实时操作系统规定的严格时间内完成对该事件的处理，并控制所有实时设备和实时任务协调一致工作的操作系统。实时操作系统要追求的目标是对外部请求在严格时间范围内做出反应，有较高的可靠性和完整性。

实时操作系统的主要特点是资源的分配和调度，首先要考虑实时性，然后才是效率。此外，实时操作系统应有较强的容错能力。

（5）分布式操作系统

分布式操作系统是为分布式计算机系统配置的操作系统。大量的计算机通过网络被连在一起，可以获得极高的运算能力及广泛的数据共享。该操作系统在资源管理、通信控制和操作系统的结构等方面都与其他操作系统有较大的区别。由于分布式计算机系统的资源分布于系统的不同计算机上，操作系统对用户的资源需求不能像一般的操作系统那样采取等待有资源时直接分配的简单做法，而是要在系统的各台计算机上搜索，找到所需资源后才可进行分配。对于有些资源，如具有多个副本的文件，还必须考虑一致性。分布式操作系统的通信功能类似于网络操作系统。由于分布式计算机系统不像网络分布得很广，同时分布式操作系统还要支持并行处理，因此分布式操作系统提供的通信机制和网络操作系统提供的有所不同，它要求通信速度高。分布式操作系统的结构也不同于其他操作系统，它分布于系统的各台计算机上，能并行地处理用户的各种需求，有较强的容错能力。

2.2 Windows 7操作系统

Microsoft Windows 是美国微软公司以图形用户界面为基础研发的操作系统，主要运用于计算机设备。Windows 于 1983 年开始研发，最初的研发目标是在 MS-DOS 的基础上提供一个多任务的图形用户界面，后续版本则逐渐发展成为主要为个人电脑和服务器用户设计的操作系统。目前，Windows 在世界通用计算机操作系统领域，装机用户相较最多，处于领先地位。

本节主要介绍 Windows 7 系统，其基本操作与其他版本无明显差别。

2.2.1 Windows 7简介

2009 年 10 月 22 日微软于美国正式发布 Windows 7，2009 年 10 月 23 日微软于中国正式发布 Windows 7。Windows 7 操作系统分为 32 位与 64 位两个类型，其区别如下。

（1）要求配置不同

64 位操作系统只能安装在 64 位 CPU 的电脑上，同时需要安装 64 位常用软件以发挥 64 位系统的最佳性能。32 位操作系统可以安装在 32 位 CPU 或 64 位 CPU 的电脑上，32 位操作系统安装在 64 位 CPU 的电脑上，64 位 CPU 的电脑硬件效能就会大打折扣。

（2）设计初衷不同

64 位操作系统的设计初衷是满足机械设计和分析、三维动画、视频编辑和创作，以及科学计算和高性能计算应用程序等领域中需要大量内存和浮点性能的客户需求。32 位操作系统是为普通用户设计的。

（3）运算速度不同

电脑 CPU 运算使用的是二进制位，8 位组成 1 个字节，2 个字节组成 1 个标准汉字，处理的位数越高，表明其运算速度越快。通常人们说的 64 位和 32 位是指 CPU 一次能够并行处理的数据位数。操作系统设计者为了使操作系统同硬件相适应，分别设计出 32 位系统和 64 位系统。从理论上讲，64 位 CPU 使用 64 位系统比使用 32 位系统运算速度要快 1 倍。

（4）软硬件兼容

64 位操作系统，在 64 位硬件的基础上运行 64 位软件，才能发挥 64 位系统的优势。如果软硬件条件不能满足要求，装 64 位系统比装 32 位系统的电脑速度也不会有显著的加快。因此，软硬件兼容对操作系统的性能发挥也十分重要。

2.2.2　安装Windows 7需要的基本环境

（1）最低配置

① CPU：时钟频率 1GHz 及以上的 32 位或 64 位 CPU。

② 内存：1GB 内存（32 位），2GB 内存（64 位）。

③ 硬盘：16GB 以上可用空间。

（2）推荐配置

① CPU：时钟频率 2GHz 及以上的多核 32 位或 64 位 CPU。

② 内存：2GB 及以上。

③ 硬盘：20GB 以上可用空间。

2.2.3　Windows 7系统的安装

操作系统需要进行安装才能运行使用，目前一般有自动解压安装、光盘或 U 盘安装和系统升级三种方式。

（1）自动解压安装

对于购买的品牌电脑，厂家已经得到微软公司的 Windows 7 授权使用协议，在出厂时预置了 Windows 7 的压缩包，开机时自动解压安装，用户只要填写一些个人信息即可，安装全过程不需要用户进行相关操作。

（2）光盘或U盘安装

对于个人组装的电脑或重装电脑，一般采用光盘或 U 盘安装操作系统。

① 开机，进入系统 BIOS，调整系统从光盘或 U 盘启动，关闭电脑；

② 插入光盘或 U 盘，开机，电脑系统从光盘或 U 盘引导启动，装入 Windows 7 原版镜像文件，出现如图 2-1 的画面；

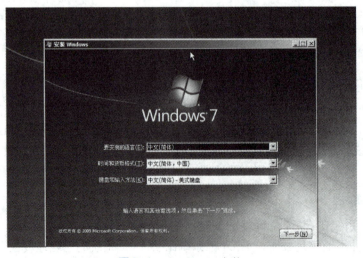

图2-1　Windows 7 安装

③ 按操作引导即可完成安装过程。

（3）系统升级

微软公司经常会针对 Windows 系统发布"补丁"，修复系统软件存在的一些缺陷和漏洞，使软件功能更加完善，用户可通过网络自行下载和更新 Windows 7。

① 运行 Windows 7 系统；
② 打开电脑，点击"开始"菜单，选择"控制面板"；
③ 依次打开"控制面板"→"系统和安全"，点击"Windows Update"；
④ 点击"检查更新"（图2-2）即可。

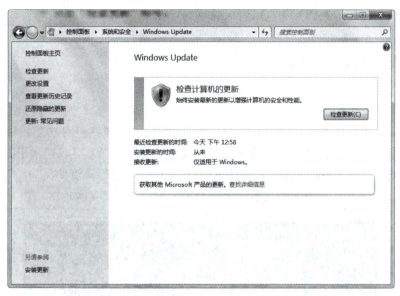

图2-2　Windows 7系统更新

2.2.4　Windows 7的启动与退出

（1）启动Windows 7

① 接通计算机电源，按下电脑主机开关（默认显示器处于电源接通状态），系统开始自检并正常引导启动。

② 当 Windows 7 启动后，如有多个用户和密码，会出现一个选择窗口，可以选择相应用户和密码，然后进入 Windows 7 系统界面，用户就可以正常进行操作了。

（2）退出Windows 7

在使用完计算机后，需要正常退出 Windows 7 系统，否则会造成数据的丢失，严重情况下还可能损坏电脑的软件和硬件。正常关机步骤如下。

① 点击"开始"菜单→"关机"，出现如图 2-3 所示关机窗口。单击"关机"按钮后，系统将停止所有进程，

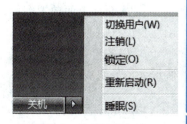

图2-3　关闭计算机窗口

保存设置并退出。

② 除了"关机"以外，系统还提供"切换用户""注销""锁定""重新启动"和"睡眠"选项。

a. 切换用户：当系统有多个用户时，执行该选项注销当前用户，进入用户选择界面，可选择其他用户进行登录。

b. 注销：系统关闭当前用户运行的所有程序，重新进行登录。

c. 锁定：当用户临时离开计算机而不希望其他人使用计算机时，可以执行该操作。

d. 重新启动：执行该项后，系统将关闭并重新启动。

e. 睡眠：为节能选项，使电脑处于"待机"状态，系统将关闭显示器和一些程序的运行，以达到减少能源消耗和延长电脑寿命的目的。

2.2.5 Windows 7的桌面

（1）桌面组成

在 Windows 中，"桌面"（desktop）是一个借用词，是计算机启动后，操作系统运行到正常状态时显示的主屏幕区域，就像实际办公桌的桌面一样，可以把常用的工具和文件全都放到桌面上。Windows 的桌面，是用户与计算机之间进行交流的窗口。Windows 7 操作系统的桌面由任务栏和图标两大部分组成，系统桌面如图2-4所示。

图2-4　Windows 7桌面

① 图标：代表各个程序、文件或文件夹，图标的名字可根据需要进行修改，图标的位置也可以在桌面上进行移动。

② 桌面：上面放置图标，也是程序运行显示的区域，其背景颜色和图案可根据喜好由用户进行更改。

③ 任务栏：在桌面的最下方，由"开始"菜单、快速启动区、应用程序区和状态控制区4部分组成。

（2）桌面主要图标

安装完成 Windows 7 后，桌面一般会显示几个重要的图标。

①"计算机"图标：用户通过该图标可以实现对计算机硬盘驱动器、文件夹和文件的管理，在其中用户可以访问连接到计算机的硬盘驱动器、照相机、扫描仪和其他硬件以及有关信息。

②"网络"图标：该项提供了访问网络上其他计算机上的文件夹和文件的有关信息，在双击展开的窗口中用户可以进行查看工作组中的计算机、查看网络位置以及添加网络位置等工作。

③"回收站"图标：在回收站中暂时存放着用户已经删除的文件或文件夹等信息，当用户未清空回收站时，可以从中还原删除的文件或文件夹。

④"Internet Explorer"图标：IE浏览器，用于浏览互联网（Internet）上的信息，通过双击该图标可以访问网络资源。

（3）添加快捷方式图标

在工作中经常需要使用一些特定的应用程序，每次在"开始"菜单中寻找、启动非常麻烦，为了使用起来更加方便，可以将这些应用程序的快捷方式图标添加到桌面上。

例如：在桌面上添加WPS Office应用程序的快捷方式图标，可以通过以下步骤完成。

① 单击"开始"菜单，选择"所有程序"→"WPS Office"菜单项，弹出"WPS Office"子菜单。

② 将光标移到"WPS Office"菜单项上单击鼠标右键，从弹出的快捷菜单中选择"发送到"→"桌面快捷方式"命令（或直接按住鼠标左键将其拖动到桌面），如图2-5所示。返回桌面后可以看到已经添加了一个名为"WPS Office"的快捷方式图标。

（4）桌面图标排列

桌面上的图标可以按用户的要求进行排列和调整。当需要对桌面上的图标进行位置调整时，可在桌面上空白处单击鼠标右键，在弹出的快捷菜单中选择"排序方式"命令，在子菜单项中包含了多种排序方式，具体操作如下。

① 在桌面空白处单击鼠标右键，弹出快捷菜单。

② 从弹出的快捷菜单中选择"排序方式"菜单项，弹出"排序方式"子菜单。

③ 在"排序方式"子菜单中列出了"名称""大小""项目类型""修改日期"4种排序方式。如果这里选择了"名称"菜单项，则以名称为标准排列桌面图标。

图2-5　桌面快捷方式设置

2.2.6　任务栏

在Windows 7中，任务栏是切换窗口、输入法和快速启动程序的重要区域，因此掌握任务栏的组成和管理是非常有必要的。

（1）任务栏的组成

一般情况下，任务栏在桌面的最下端，由"开始"菜单、快速启动区、应用程序区和状态控制区 4 部分组成。

① "开始"菜单：一个重要的操作入口，包括了 Windows 7 系统的主要功能，所有的程序和文件都可以从这里打开。

② 快速启动区：任务栏中的一个特殊部分，有的程序在安装后会在快速启动区域建立一个图标，用户只要单击这个图标就可以启动该程序。

③ 应用程序区：显示系统后台正在执行的任务或运行的程序。

④ 状态控制区：用于显示网络连接状态、输入法状态、电脑音量、当前日期时间等信息。

（2）任务栏的属性设置

在任务栏的空白处单击鼠标右键，在弹出的快捷菜单中选择"属性"，即可打开"任务栏和「开始」菜单属性"对话框。如图 2-6 所示，在"任务栏"选项卡中，用户可以通过对复选框的选择来设置任务栏的外观。

① 锁定任务栏。当锁定后，任务栏不能被随意移动或改变大小。

② 自动隐藏任务栏。当用户不对任务栏进行操作时，它将自动消失，当用户需要使用时，可以把鼠标指针放在任务栏位置，它会自动出现。

③ 设置任务栏在屏幕上的显示位置。可以选择底部、顶部、左侧、右侧。

（3）任务栏的移动

当任务栏的位置影响了用户的操作时，可以将任务栏拖动到桌面的任意边缘位置。具体操作步骤如下：

① 在任务栏快捷菜单中将"锁定任务栏（L）"前的"√"去掉（图 2-7）；

② 将鼠标指针放置在任务栏的空白位置，按住鼠标左键进行拖动，到所需要的桌面边缘处再松开，这样任务栏就会改变位置。

图2-6　任务栏和「开始」菜单属性对话框

图2-7　任务栏快捷菜单

（4）改变任务栏大小

任务栏在非锁定状态下时，将鼠标指针放在任务栏的上边缘，当出现双箭头指示时，按住鼠标左键拖动到合适位置，即可改变任务栏大小。当任务栏中所打开的窗口较多时，可以使用此方法。

同时，任务栏中的各组成部分所占比例也是可以调节的，当任务栏处于非锁定状态时，各区域的分界处将出现两竖排凹陷的小点，把鼠标指针移到上面，出现双向箭头后，按住鼠标左键拖动即可改变各区域的大小。

（5）添加工具栏

Windows 7 为用户定义了 4 个工具栏，即"地址"工具栏、"链接"工具栏、"语言栏"工具栏、"桌面"工具栏。用户可以根据需要添加或新建工具栏，操作步骤如下。

① 在任务栏空白处单击鼠标右键，在弹出的快捷菜单中指向"工具栏"，可以看到在其子菜单中列出的常用工具栏。

② 当需要显示某工具栏时，就把鼠标指针移至此工具栏处并单击，该工具栏前显示"√"标志即可；当不需要某个工具栏时，重复操作一次即可。

2.2.7 开始菜单

单击桌面左下角的 按钮，即可弹出"开始"菜单。"开始"菜单的设置如下。

在任务栏空白处单击鼠标右键，点击"属性"，打开"任务栏和「开始」菜单属性"对话框，在弹出窗口中选中"开始菜单"，单击"自定义"，弹出如图2-8所示的"自定义「开始」菜单"对话框，即可开始对"开始"菜单进行设置。

可选择程序显示图标的大小，设置"开始"菜单中显示程序的数目，设置"开始"菜单项目即"开始"菜单中显示的程序，也可以选择是否列出"最近打开的项目"。

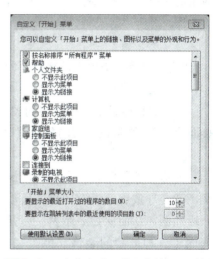

图2-8 "自定义「开始」菜单"对话框

2.2.8 Windows 7的系统设置

（1）控制面板设置

在 Windows 7 中，控制面板集硬件设置、添加/删除程序、用户设置等功能于一体，是控制计算机配置的一个重要窗口，也是进行 Windows 7 个性设置的场所。例如："声音、语音和音频设备"就将调整系统声音、更改声音方案和更改扬声器设置等功能综合起来，使用户在一个"地点"即可完成众多的功能设置。

单击"开始"→"控制面板"，即可启动控制面板窗口，如图2-9所示。如果显示的"控制面板"窗口不是经典视图，可单击窗口右上角"查看方式"旁的下拉按钮切换到"类别"视图选项。

（2）显示属性设置

单击"控制面板"中的"外观和个性化"按钮，或者在桌面空白处单击鼠标右键，从

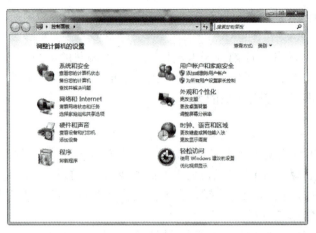

图2-9 "控制面板"窗口

弹出的快捷菜单中选择"个性化"命令,弹出"个性化"对话框。它可以进行显示适配器、监视器、分辨率等设置。

① 主题设置

"更改主题"是用来设置桌面的整体外观的,包括背景、声音及屏幕保护程序。

② 桌面背景设置

在计算机磁盘上选中需要的图片,单击鼠标右键,在弹出的快捷菜单中选择"设置为桌面背景",则可在上方的预览窗口中预览显示效果。

③ 屏幕保护程序设置

屏幕保护程序是一个动画,最初的设计目的是老式的显示器如果长时间显示一个图案,就会导致屏幕上有印痕,所以当电脑在一定时间内无人操作的时候,就会自动播放一段动画,从而保护显示器。但是现在屏幕保护程序已经没有当初设计的意义了,而是变成了一种屏幕的装饰功能。在 Windows 7 中进行屏幕保护程序的设置,其操作步骤如下:

a. 打开"控制面板"中"外观和个性化"命令;

b. 单击"屏幕保护程序"按钮,在"屏幕保护程序列表"中选择一种动画;

c. 设置屏幕保护的等待时间后,单击"确定"按钮保存设置。

④ 分辨率设置

分辨率的设置,可以使桌面获得更大的可视范围。其具体设置步骤如下:

a. 在"屏幕分辨率"窗口中,选择"分辨率"下拉列表调整分辨率大小,通常根据显示器选择分辨率;

b. 单击"确定"保存设置,即可完成显示器分辨率的设置。

(3) 鼠标设置

① 鼠标指针的形状及其含义

鼠标指针的形状通常是一个小箭头,但在一些情况下,鼠标指针的形状会发生改变,以提示系统正处于某种状态或用户可以进行某种操作。鼠标指针常见的形状及其含义见表2-1。

表2-1 鼠标指针常见的形状及其含义

形状	含义	形状	含义
↖	正常选择	⊘	不可用
↖?	帮助选择	↕	垂直调整
↖⌛	后台运行	↔	水平调整
⌛	系统忙	⤡	对角线调整1
+	精确定位	⤢	对角线调整2
I	选择文字	✥	移动

② 鼠标的个性化设置

Windows 7 操作系统提供了对鼠标属性进行设置的功能，用户可以根据需要对鼠标进行设置，设置方法如下。

从"控制面板"窗口中单击"硬件和声音"→"鼠标"，弹出"鼠标属性"对话框，如图 2-10 所示。

可以使用各个选项卡来设置自己想要的鼠标效果。如：可以在"鼠标键"选项卡中设置左右手习惯和鼠标的双击速度，并在测试区进行测试；可以在"指针"选项卡中设置各种鼠标状态的显示；可以在"指针选项"选项卡中设置鼠标指针的移动速度和轨迹等。设置后，单击"确定"按钮，即可完成设置。

（4）日期、时间和时区设置

选择"控制面板"窗口中的"时钟、语言和区域"，点击"设置时间和日期"，或者直接双击任务栏最右边显示的时间，会弹出一个"日期和时间"的对话框。对话框中有"日期和时间""附加时钟""Internet 时间"等设置功能。

调整和设置系统的年、月、日、时、分、秒都可以在"日期和时间"选项卡中进行。点击"更改日期和时间"按钮，弹出"日期和时间设置"对话框（图2-11），通过鼠标调整显示的日期及时间，单击"确定"按钮即可确认修改。

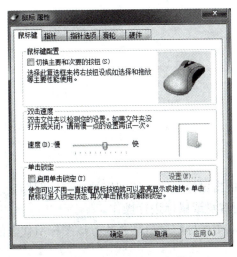

图2-10 "鼠标属性"对话框

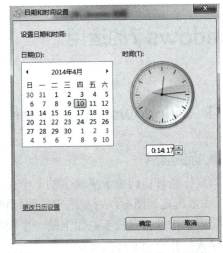

图2-11 "日期和时间设置"对话框

"更改时区"按钮用来改变当前时区,"Internet 时间"选项卡是指当计算机联网时,可通过更新来设置系统的时间与网络的时间同步。

(5) 字体设置

在 Windows 7 中自带了很多字体,但这些并不一定能满足用户的需要。用户可以根据实际需要来安装字体,字体文件可以从网络上下载,然后安装到计算机中。

① 安装字体

Windows 7 操作系统提供了一个集中的位置来存储安装到计算机中的字体,用户可以通过它十分方便地安装、删除和管理字体。

安装新字体的具体操作步骤如下。

a. 在"控制面板"窗口中,单击"外观和个性化",然后单击"字体",弹出的"字体"窗口中显示已经安装到计算机中的所有字体。如图 2-12 所示。

b. 将新字体文件复制粘贴到"字体"窗口中。

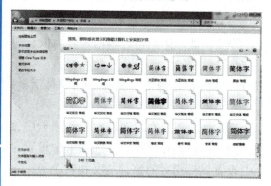

图 2-12 "字体"窗口

② 删除字体

安装到计算机中的字体全部存储在系统盘中,会占据一定的磁盘空间,导致系统运行缓慢。因此当用户长时间不需要某种字体时,可以将其删除。

删除字体的方法:在图 2-12 所示的"字体"窗口中选中要删除的字体,并单击鼠标右键,从弹出的快捷菜单中选择"删除"命令或者直接按下"Delete"键即可将选中的字体删除。

2.3 Windows 7的运用

2.3.1 Windows 7的基本操作

(1) 图标的操作

将鼠标指针指向位于桌面上的一个图标并单击鼠标左键,该图标被加亮(图标呈现白底),表示选定该图标,对被选定的图标可使用键盘或鼠标进行操作。

将鼠标指针指向位于桌面上的一个图标并双击鼠标,可启动并执行该图标所代表的应用程序或打开一个文件夹窗口。

将鼠标指针指向位于桌面上的一个图标并单击鼠标右键,会弹出一个快捷菜单,移动鼠标指针至菜单中的某个选项并单击，可对该图标本身进行相应的操作。

（2）窗口的组成与操作

Windows 7 是基于图形界面的操作系统，因此大部分操作都是通过窗口来完成的。当 Windows 7 运行一个应用程序时，会在屏幕上显示一个方框，称之为窗口。窗口是 Windows 7 最基本的操作对象，窗口的操作也是最基本的操作。窗口具有通用性，大多数窗口的基本元素都是相同的。

① 窗口的组成

Windows 7 中有许多窗口，其中大部分都包括了相同的组件。首先了解一下窗口的基本组成，以"计算机"窗口为例，如图 2-13 所示。

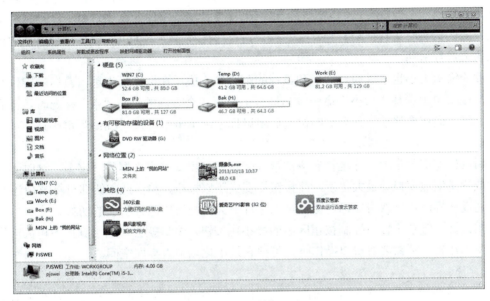

图 2-13 "计算机"窗口

在窗口的左上角，是"前进"与"后退"按钮，很像在浏览器中的设置；其旁边的向下箭头分别给出浏览的历史记录或可能的前进方向；其右边的路径框给出当前目录的位置，其中的各项均可点击，帮助用户直接定位到相应层次；窗口的右上角是搜索框，可以输入任何查询的搜索项。

地址栏：表示当前应用程序所在的具体位置和路径。

状态栏：在窗口的最下方，标明了当前有关操作对象的一些基本情况。

工作区域：在窗口中所占的比例最大，显示了应用程序界面或文件中的全部内容。

通过"组织"菜单中的"布局"命令还可以设置 Windows 7 系统下窗口的其他构成元素，例如：菜单栏、细节窗格、导航窗格、预览窗格，如图 2-14 所示。

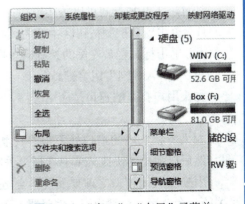

图 2-14 "窗口"-"布局"子菜单

② 窗口的操作

Windows 7 的窗口操作包括窗口的移动、大小改变、排列、切换和关闭等。

a. 移动窗口

将鼠标指针移动到窗口标题栏，然后按下鼠标左键移动鼠标，当移动到合适的位置时放开鼠标，窗口就会出现在这个位置了。如果需要精确地移动窗口，可以在标题栏上单击鼠标右键，在打开的快捷菜单中选择"移动"命令，当屏幕上出四个方向的箭头"✥"标志时，再通过键盘上的方向键来移动，到合适的位置后用鼠标单击或者按"Enter"键确认。

b. 改变窗口大小

窗口可以根据用户需要随意改变大小，调整至合适的尺寸。当用户只需要改变窗口的宽度时，可将鼠标指针移到窗口的垂直边框上，当鼠标指针变成双向的箭头时，可以任意拖动。如果只需要改变窗口的高度时，可将鼠标指针移到窗口的水平边框上，当鼠标指针变成双向的箭头时进行拖动。当需要对窗口进行等比缩放时，可以将鼠标指针移至边框的任意角上进行拖动。

改变窗口大小也可以通过键盘和鼠标的配合来完成。在标题栏上单击鼠标右键，在打开的快捷菜单中选择"大小"命令，当屏幕上出现 4 个方向的箭头"✥"标志时，再通过键盘上的方向键来移动，到合适的位置后用鼠标左键单击或者按"Enter"键确认。

c. 最大化、最小化和还原窗口

用鼠标左键单击窗口标题栏右侧的最大化按钮，窗口就会占据整个屏幕，这时不能再移动或者是缩放窗口。最大化后，此按钮将变成还原按钮，单击此按钮即可将窗口还原。

通过在标题栏上双击鼠标左键也可以进行最大化与还原两种状态的切换。

用鼠标左键单击窗口控制按钮区中的最小化按钮，窗口就会被缩小到任务栏的应用程序区中。在暂时不需要对窗口操作时，可把它最小化以节省桌面空间。

d. 切换窗口

当有多个应用程序同时工作时，只能有一个窗口位于其他窗口之前，即处于激活状态。当前状态下，称此窗口为当前窗口或者活动窗口，它在任务栏上按钮是深凹下去的，而其他非活动窗口的按钮是呈凸起状的。所以如果要在各个窗口之间进行切换时，一种方法是在任务栏上单击想要激活的窗口按钮；另一种方法是按住"Alt"键不放的同时不断地按"Tab"键，选中想要的窗口图标即可。

e. 关闭窗口

通过以下几种方式可以关闭窗口：

ⅰ. 单击窗口控制按钮区中的关闭按钮"✖"，窗口就会关闭；

ⅱ. 单击标题栏最左侧的控制菜单图标，选择"关闭"命令；

ⅲ. 按"Alt+F4"组合键。

如果用户打开的窗口是应用程序，可以在文件菜单中选择"退出"命令，同样也能关闭窗口。

如果所要关闭的窗口处于最小化状态，可以在任务栏上用鼠标右键单击该窗口的按钮，然后在弹出的快捷菜单中选择"关闭窗口"命令。

用户在关闭窗口之前要保存所创建的文档或者所做的修改，如果忘记保存而执行了"关闭"命令后，会弹出一个对话框，询问是否要保存所做的修改，选择"是"，保存并关闭，选择"否"，不保存且关闭，选择"取消"则不关闭窗口，继续使用。

f. 窗口的排列

当用户打开了多个窗口，而且需要全部处于显示状态时，这就涉及排列的问题。在 Windows 7 中为用户提供了三种可供选择的排列方案。当用户打开多个窗口时，用鼠标右键单击任务栏空白区，弹出一个快捷菜单可见以下三种窗口排列方式。

ⅰ. 层叠窗口：把窗口按先后顺序依次排列在桌面上，其中每个窗口标题栏和左侧边缘是可见的，用户可以任意切换各窗口之间的顺序。

ⅱ. 并排显示窗口：各窗口并排显示，在保证每个窗口大小相当的情况下，使得窗口尽可能往水平方向伸展。

ⅲ. 堆叠显示窗口：在排列的过程中，使窗口在保证每个窗口都显示的情况下，尽可能往垂直方向伸展。

在选择了某项排列方式后，在任务栏快捷菜单中会出现相应的撤销该选项的命令。例如，用户执行了"层叠窗口"命令后，任务栏的快捷菜单会增加一项"撤销层叠"命令，当用户执行此命令后，窗口恢复原状。

（3）对话框操作

对话框是窗口的一种特殊形式，其大小不像普通窗口那样可以调整，一般是固定的，主要是进行人机之间的信息对话，提供一些可供用户进行设置的参数。它和一般窗口的最大区别是：窗口一般都包含菜单，而对话框没有。对话框最突出的特点是包含各种控件，通过它们可以完成特定的任务或命令，通常对话框有许多种形式，复杂程度也不同。

① 命令按钮：命令按钮用于对交互信息的选择、确认、取消等操作。

② 列表框：若交互信息有多个可供选择的项目时，常将这些项目内容置于列表框内。单击列表框右侧的"▼"按钮，会出现垂直滚动条，用户可以方便地查看置于列表框内的全部项目内容，并可使用单击予以选定。

③ 文本框：文本框是专门用于实现文字、数字信息交互的矩形框。单击文本框后会在该框内出现代表光标并有规则地闪烁的一条竖线。

④ 复选框：复选框是供用户对多个信息状态进行复选操作的一种安排。进行选择操作时只要单击所需要的选择框即可。被选定的选择框会出现一个"√"。对已选定的选择框单击则表示取消对状态的选定，此时"√"也会自然消失。

⑤ 单选按钮：单选按钮是供用户对互斥类交互信息状态（如男、女等）进行选择操作的一种专用按钮。通常两个以上的选项按钮聚合为一组，进行选择操作时只能选择其中的一个。被选定的选项按钮圆内会呈现出一个黑点。

（4）菜单操作

菜单是一张命令列表，它是应用程序与用户交互的主要表现形式，一般情况下，应用程序窗口都有自己的菜单，通常位于窗口标题栏的下方和工具栏的上方，包含了若干相关的命令操作。在 Windows 7 中，按照打开方式的不同可分为开始菜单、控制菜单、下拉菜单和快捷菜单四种形式。图 2-14 是典型的下拉菜单。虽然各种菜单风格不同，但其功能和构成却是类似的。以下介绍菜单的构成及功能。

① 菜单的标记

菜单中会出现一些特殊的符号标记，每一个都代表特定的含义。

a. 灰色的菜单选项代表此项暂时不可用。

b. 菜单的命令选项后面带有"…"表示选择此项时，会弹出一个对话框。

c. 菜单的命令选项前带有"●"表示该项已经选用。

d. 菜单的命令选项前带有"√"也是表示该选项已经选择过，与"●"不同的是，它可以同时选择多个命令。

e. 菜单的选项后标有"▶"表示该选项存在下一级的级联菜单。

f. 菜单的选项后面有组合键表示不通过打开菜单而直接按组合键，也可以执行该命令。

g. 菜单的选项后面有括号，其内有字母加下划线"_"，表示该字母是热键，通过"Alt"键加此字母即可执行该命令。

h. 向下的双箭头"≫"表示折叠的菜单，点击它便可将菜单里的内容完全展开。

② 菜单的打开和关闭

将鼠标指针移到菜单栏中的某个菜单选项，单击鼠标左键或按"Alt"键+相应的字母热键即可打开菜单。在菜单以外的任何区域单击鼠标左键或按"Esc"键，便可以关闭该菜单。

（5）获得帮助

当用户在学习和使用 Windows 7 的过程中遇到困难，而手边既没有合适的参考书籍，身旁又没有专家时，正确使用系统提供的帮助功能，将有效地解决所遇到的许多实际问题。Windows 7 操作系统的在线帮助功能是按照主题方式编排的，用户可通过与其交互操作查出所需要的问题解答。

2.3.2　Windows 7系统的文件管理

计算机中所有的程序、数据等都是以文件的形式存放在计算机中的。在 Windows 7 操作系统中，"计算机管理"具有强大的文件管理功能，可以实现对系统资源的管理。

（1）文件管理的基本概念

① 文件的含义

文件是操作系统用来存储和管理信息的基本单位。在文件中可以保存各种信息，它是具有名称的一组相关信息的集合。编制的程序、编辑的文档以及用计算机处理的图像、声音信息等，都要以文件的形式存放在磁盘中。

每个文件都必须有一个确定的名称，这样才能完成对文件按名存取的操作。通常文件名称由文件名和扩展名两部分组成，而文件名称（包括扩展名）最多可由 255 个字符组成。

② 文件的类型

计算机中所有的信息都是以文件的形式进行存储的，如程序、文档、图像、声音信息等。由于不同类型的信息有不同的存储格式与要求，相应地就会有多种不同的文件类型，这些不同的文件类型一般通过扩展名来标明。表 2-2 列出了常见的扩展名及其含义。

表2-2 常见文件扩展名及其含义

文件扩展名	含义	可用程序
.txt	文本文件	记事本、写字板、Word、WPS 文字等
.docx	Word 文档	Word、WPS 文字等
.xlsx	Excel 文档	Excel、WPS 表格等
.pptx	PowerPoint 文档	PowerPoint、WPS 演示等
.jpg	静态图像文件	画图、Photoshop 等
.gif	压缩位图文件	画图、Photoshop 等
.wav	音频文件	音频播放软件
.wma	音频文件	音频播放软件
.mp3	音频文件	音频播放软件
.zip	ZIP 格式的压缩文件	ZIP、RAR 等压缩软件
.rar	RAR 格式的压缩文件	ZIP、RAR 等压缩软件
.html	网页文件	IE、谷歌、360 等浏览器

在 Windows 7 中文件的显示如图 2-15 所示。

图2-15 文件的显示

③ 文件属性

文件属性用于反映该文件的一些特征信息。常见的文件属性一般分为以下 3 类。

a. 时间属性

ⅰ. 文件的创建时间：该属性记录了文件被创建的时间。

ⅱ. 文件的修改时间：文件可能经常被修改，文件修改时间属性会记录下文件最近一次被修改的时间。

ⅲ. 文件的访问时间：文件会经常被访问，文件访问时间属性则记录了文件最近一次被访问的时间。

b. 空间属性

ⅰ. 文件的位置：文件所在位置，一般包含盘符、文件夹。

ⅱ. 文件的大小：文件实际大小。

ⅲ. 文件所占磁盘空间：文件实际所占用的磁盘空间。由于文件存储是以磁盘簇为单位的，因此文件的实际大小与文件所占磁盘空间，在很多情况下是不同的。

c. 操作属性

ⅰ. 文件的只读属性：为防止文件被意外修改，可以将文件属性设为只读，只读属性的文件可以被弹出，但除非将文件另存为新的文件，否则不能将修改的内容保存下来。

ⅱ. 文件的隐藏属性：对重要文件可以将其设为隐藏属性，一般情况下隐藏属性的文件是不显示的，这样可以防止文件被误删除、破坏等。

ⅲ. 文件的系统属性：操作系统文件或操作系统所需要的文件具有系统属性。具有系统属性的文件一般存放在磁盘的固定位置。

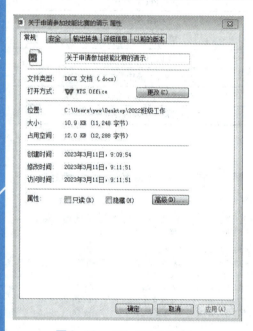

图2-16　文件"属性"窗口

ⅳ. 文件的存档属性：当建立一个新文件或修改旧的文件时，系统会把存档属性赋予这个文件，当备份程序备份文件时，会取消存档属性，这时，如果又修改了这个文件，则它又获得了存档属性。所以备份文件程序可以通过文件的存档属性，识别出来该文件是否备份过或做过了修改。

文件属性的窗口见图2-16。

④ 文件通配符

在文件操作中，有时需要一次处理多个文件，当需要成批处理文件时，有两个特殊的符号非常有用，它们就是文件通配符"*"和"?"。

a. "*"在文件操作中能代表任意位个字符。如："*.txt"代表所有文本文件。

b. "?"在文件操作中使用代表任意一位字符。如："ab?.jpg"代表文件名前两位是"ab"且第三位字符为任意字符的图像文件，"ab??.jpg"代表文件名前两位是"ab"而后两位为任意字符的图像文件。

在文件搜索等操作中，通过灵活使用通配符，可以很快匹配出含有某些特征的多个文件。

⑤ 文件目录与文件夹

为了便于对文件的管理，Windows操作系统采用了类似图书馆管理图书的方法，即按照一定的层次目录结构对文件进行管理，称之为树形目录结构。

在Windows 7中，把子目录称为文件夹，文件夹用于存放文件和子文件夹。可以根据需要，把文件分成不同的组并存放在不同的文件夹中。在Windows 7的文件夹中，不仅能存放文件和子文件夹，还可以存放其他内容，如某一程序的快捷方式。

在对文件夹中的文件进行操作时，系统知道这个文件的位置，即它在哪个磁盘的哪个文件夹中。把对文件位置的描述称为路径，如"D:\班级管理\2022计算机\开学典礼.doc"就指明了"开学典礼.doc"文件的位置在D盘的"班级管理"文件夹下的"2022计算机"子文件夹中。

在Windows 7系统中，文件夹通常用一个黄色的文件夹图标来显示。

（2）文件和文件夹的管理

在Windows 7中，有两种方式可以管理文件和文件夹。

① 利用"计算机"窗口进行操作

双击"计算机"图标，打开"计算机"窗口，如图 2-17 所示。可以看见"硬盘（5）"，它表示硬盘有 5 个分区。硬盘是外存储器，容量都比较大，将硬盘分成几个区，有利于用户对文件和文件夹进行管理和使用，分区分别用盘符"C:""D:""E:"……来表示。

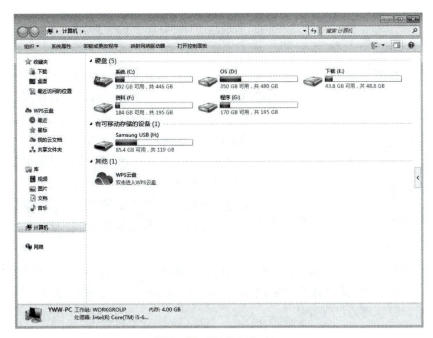

图2-17 "计算机"窗口

双击某一盘符即可打开一个分区，查看和操作该分区的文件和文件夹，如图 2-18 所示。

图2-18 磁盘内的文件夹和文件

在文件夹窗口中，Windows 7 提供了多种方式来显示文件或子文件夹的内容。此外，还可以通过设置，排序显示文件或子文件夹的内容。

文件夹内容的显示方式有以下几种。

a. 平铺：这种方式以较大的图标平铺在窗口中，比较醒目。

图2-19 "更多视图选项"下拉菜单

b. 图标：这种方式以较小的图标显示，可以在不扩大窗口的情况下看到更多的文件和子文件夹，图标以水平方式顺序排列。

c. 列表：这种方式是 Windows 7 的默认显示方式，与图标方式类似，只是文件图标是垂直排列的。

d. 详细信息：除显示文件和子文件夹名称、类型、建立或编辑的日期和时间外，还显示文件的大小等信息。

e. 内容：对于文件，该种方式可以缩略地显示文件信息及图像文件的预览效果。

上述几种显示方式可以在"计算机"窗口中的右上角工具栏中点击"更多视图选项"图标，单击选择相应命令来设置，如图 2-19 所示。

说明： 平铺、图标、列表、详细信息和内容几条命令是任选其一的，即当选择某一种显示方式时，以前的显示方式自动取消。

② 使用资源管理器进行操作

将鼠标指针指向"开始"按钮" "，点击右键，弹出快捷菜单，选择"打开 Windows 资源管理器"，在窗口左边区域选择相应盘符，在右边区域进行文件和文件夹的操作。

（3）设置文件夹窗口中的显示内容

① 显示所有文件

在文件夹窗口下看到的可能并不是全部的内容，有些内容当前可能没有显示出来，这是因为 Windows 7 在默认情况下，会将某些文件（如隐藏文件）隐藏起来不显示。为了能够显示所有文件，可进行设置。具体操作步骤如下：

a. 选择"组织"→"文件夹和搜索选项"命令，弹出"文件夹选项"对话框。

b. 选择"查看"选项卡。

c. 在"隐藏文件和文件夹"的两个单选按钮中选中"显示隐藏的文件、文件夹和驱动器"单选按钮。

说明： 上述设置是对整个系统而言的，即如果在任何一个文件夹窗口中进行了上述设置，在其他所有文件夹窗口下都能看到所有文件。

② 显示文件的扩展名

通常情况下，在文件夹窗口中看到的大部分文件只显示了文件名的信息，而其扩展名并没有显示。这是因为默认情况下，Windows 7 对于已在注册表中登记的文件，只显示文件名，而不显示扩展名。也就是说，Windows 7 是通过文件的图标来区分不同类型的文件的，只有那些未被登记的文件才能在文件夹窗口中显示其扩展名。

如果想看到所有文件的扩展名，可以选择"组织"→"文件夹和搜索选项"命令，弹出"文件夹选项"对话框，然后在"查看"选项卡中取消"隐藏已知文件类型的扩展名"复选框的勾选。

> 说明：该项设置也是对整个系统而言的，而不是仅仅对当前文件夹窗口。

2.3.3 文件和文件夹的操作

文件和文件夹的操作包括文件和文件夹的弹出、复制、移动和删除等，是日常工作中经常进行的操作。

（1）选定文件和文件夹

在 Windows 7 中进行操作，通常都遵循这样一个原则，先选定对象，再对选定的对象进行操作。因此，进行文件和文件夹的操作之前，首先要选定操作的对象。下面介绍选定对象的操作。

① 选定单个对象的操作

a. 单击文件或文件夹图标，则选定被单击的对象。

b. 依次输入要选定文件的前几个字母，此时，具有这一特征的某些文件被选定，继续按"↓"键直至找到欲选定的文件。

② 同时选定多个对象的操作

a. 按住"Ctrl"键后，依次单击要选定的文件图标，则这些文件均被选定。

b. 用鼠标左键拖动形成矩形区域，区域内文件或文件夹均被选定。

c. 如果选定的文件连续排列，先单击第一个文件，然后按住"Shift"键的同时单击最后一个文件，则从第一个文件到最后一个文件之间的所有文件均被选定。

d. 选择"编辑"→"全部选定"命令或按"Ctrl+A"组合键，则当前窗口中的文件全部被选定。

（2）创建文件夹

用鼠标右键单击想要创建文件夹的窗口或桌面空白处，在弹出的快捷菜单中选择"新建"→"文件夹"命令，或是单击窗口工具栏上的"新建文件夹"按钮，则弹出文件夹图标并允许为新建文件夹命名（系统默认文件名为"新建文件夹"）。

（3）移动或复制文件和文件夹

有多种方法可以完成移动或复制文件和文件夹的操作：鼠标右键或左键的拖动以及利用 Windows 的剪贴板。

① 鼠标右键操作

首先选定要移动或复制的文件夹和文件，然后单击鼠标右键并拖动，释放按键后，会弹出快捷菜单："复制到当前位置""移动到当前位置""在当前位置创建快捷方式"和"取消"。根据要做的操作，选择其一即可。

② 鼠标左键操作

首先选定要移动或复制的文件夹或文件，然后按住鼠标左键直接拖动至目的位置即可。左键拖动不会出现菜单，但根据不同的情况，所做的操作可能是移动、复制文件或复制快捷方式。

　　a. 对于多个对象或单个非程序文件，如果在同一盘区拖动，如从 F 盘的一个文件夹拖到 F 盘的另一个文件夹，则为移动；如果在不同盘区拖动，如从 F 盘的一个文件夹拖到 E 盘的一个文件夹，则为复制。

　　b. 在拖动的同时按住"Ctrl"键，则一定为复制；在拖动的同时按住"Shift"键，则一定为移动。

　　c. 如果将一个程序文件从一个文件夹拖动至另一个文件夹或桌面上，Windows 7 会把源文件留在原文件夹中，而在目标文件夹建立该程序的快捷方式。

③ 利用 Windows 剪贴板操作

　　为了在应用程序之间交换信息，Windows 提供了剪贴板的机制。剪贴板是内存中一个临时数据存储区，在进行剪贴板的操作时，总是通过"复制"或"剪切"命令将选定的对象送入剪贴板，然后在需要接收信息的窗口内通过"粘贴"命令从剪贴板中取出信息。

　　虽然"复制"和"剪切"命令都是将选定的对象送入剪贴板，但这两个命令是有区别的。"复制"命令是将选定的对象复制到剪贴板，因此执行完"复制"命令后，原来的信息仍然保留，同时剪贴板中也具有该信息；"剪切"命令是将选定的对象移动到剪贴板，执行完"剪切"命令后，剪贴板中具有信息，而原来的信息将被删除。

　　如果进行多次的"复制"或"剪切"操作，剪贴板总是保留最后一次操作时送入的内容。一旦向剪贴板中送入了信息之后，在下一次"复制"或"剪切"操作之前，剪贴板中的内容将保持不变。这也意味着可以反复使用"粘贴"命令，将剪贴板中的信息送至不同的程序或同一程序的不同地方。

　　由剪贴板的上述特性，可以得出利用剪贴板进行文件移动或复制的常规操作步骤。

　　a. 选定要移动或复制的文件和文件夹；

　　b. 如果是复制，则选择"组织"→"复制"命令，如果是移动，则选择"组织"→"剪切"命令；

　　c. 选定接收文件的位置，即弹出目标位置的文件夹窗口；

　　d. 选择"组织"→"粘贴"命令。

（4）文件或文件夹重命名

　　有时需要更改文件或文件夹的名字，可以按照下述方法之一进行操作。

　　① 选定要重命名的对象，然后单击对象的名字。

　　② 用鼠标右键单击要重命名的对象，在弹出的快捷菜单中选择"重命名"命令。

　　③ 选定要重命名的对象，然后选择"文件"→"重命名"命令。

　　④ 选定要重命名的对象，然后按"F2"键。

　　说明：文件的后缀名一般是默认的，如 Word 的后缀名是".docx"，当用户在更改文件名时，只需更改它的文件名即可，不需要再改后缀名。如："root.docx"改为"根.docx"，只需将"root"改为"根"即可。

（5）撤销操作

　　在执行了如移动、复制、重命名等操作后，如果又改变了主意，可选择"组织"→"撤销"命令，还可以按组合键"Ctrl+Z"，这样就可以取消刚才的操作。

（6）删除文件或文件夹

删除文件最快的方法就是用"Delete"键。先选定要删除的对象，然后按该键即可。此外还可以用其他方法删除。

① 用鼠标右键单击要删除的对象，在弹出的快捷菜单中选择"删除"命令。

② 选定要删除的对象，然后直接拖动至回收站。

不论采用哪种方法，在进行删除前，系统会给出提示信息让用户确认，确认后，系统才将文件删除。需要说明的是，在一般情况下，Windows 并不真正地删除文件，而是将被删除的项目暂时放在回收站中。实际上回收站是硬盘上的一块区域，被删除的文件会被暂时存放在这里，如果发现删除有误，可以通过回收站恢复。

在删除文件时，如果是按住"Shift"键的同时按"Delete"键删除，则被删除的文件不进入回收站，而是真的从物理上被删除了。执行这个操作时请一定要慎重。

（7）恢复删除的文件夹、文件和快捷方式

如果删除后立即改变了主意，可执行"撤销"命令来恢复删除。但是对于已经删除一段时间的文件和文件夹，需要到回收站查找并进行恢复。

① 回收站的操作

双击"回收站"图标，打开"回收站"窗口，在其中会显示最近删除的项目名称、原位置、修改日期、类型和大小等信息。选定需要恢复的对象，此时窗口左侧会出现"还原"按钮，单击该"还原"按钮，或选择"文件"→"还原"命令，即可将文件恢复至原来的位置。如果在恢复过程中，原来的文件夹已不存在，Windows 7 会要求重新创建文件夹。

需要说明的是，从软盘或网络服务器中删除的项目不保存在回收站中。此外，当回收站的内容过多时，最先进入回收站的项目将被真正地从硬盘删除。因此，回收站中只能保存最近删除的项目。

② 清空回收站

如果回收站中的文件过多，也会占用磁盘空间。因此，如果文件确实不需要了，应该将其从回收站清除（真正的删除），这样就可以释放一些磁盘空间。

在"回收站"窗口中选定需要删除的文件，按"Delete"键，在回答了确认信息后便可真正删除。如果要清空回收站，单击窗口左侧的"清空回收站"按钮即可。

（8）Windows 7 的任务管理器

打开 Windows 7 任务管理器最常见的方法是按"Ctrl+Alt+Delete"组合键。需要说明的是，如果连续按了两次键，可能会导致 Windows 系统重新启动，假如此时还未保存数据，就会造成数据的丢失。

还可以用鼠标右键单击任务栏的空白处，在弹出的快捷菜单中选择"启动任务管理器"命令，或按"Ctrl+Shift+Esc"组合键也可以打开"Windows 任务管理器"窗口。"Windows 任务管理器"窗口如图 2-20 所示，任务管理器对应的程序文件是 taskmgr.exe，一般可以在 \Windows\System32 文件夹中找到。可以在桌面上为该程序建立一个快捷方式，这样启动任务管理器较为方便。

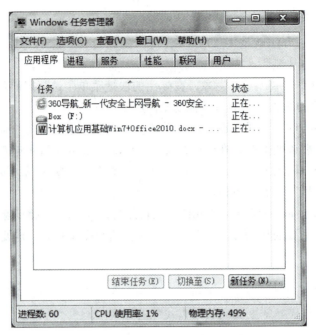

图2-20 "Windows任务管理器"窗口

（9）搜索文件和文件夹

当计算机中保存有很多文件时，有可能会忘记某个文件所存放的位置，这时如果逐个文件夹去查找就太麻烦了。Windows 7 提供了多种查找文件的方法，即便只知道某一文件的部分信息，也可以快速、方便地将其找到。

Windows 7 系统对搜索功能进行了改进，不仅在开始菜单可以快速搜索，而且还对硬盘文件搜索推出了索引功能。利用 Windows 7 搜索功能可以快速高效地查找需要的文件。

Windows 7 开始菜单设计了一个搜索框，可用来查找存储在计算机上的文件资源。操作方法如下：在搜索框中键入关键词（例如"QQ"）后，可自动开始搜索，搜索结果会即时显示在搜索框上方的开始菜单中，并按照项目种类分门别类；并且，搜索结果还可根据键入关键词的变化而变化，例如将关键词改成"文件"时，搜索结果会即刻改变，很智能化。

当搜索结果充满开始菜单空间时，还可以点击"查看更多结果"，即可在资源管理器中看到更多的搜索结果，以及总共搜索到的对象数量。在 Windows 7 中还设计了再次搜索功能，即在经过首次搜索后，搜索结果太多时，可以进行再次搜索，可以选择系统提示的搜索范围，如库、家庭组、计算机、网络、文件内容等，也可以自定义搜索范围。

2.3.4 实训项目

文件与文件夹的操作

【实训目的】

（1）掌握文件与文件夹的选定；

（2）掌握文件与文件夹的复制、移动和删除；

（3）掌握文件的属性设置；

（4）掌握文件的搜索方法。

【实训要求】

（1）在桌面上建立以自己姓名命名的文件夹。

（2）在姓名文件夹下建立 4 个子文件夹，1 个是"日常生活"，1 个是"学习心得"，1 个是"游戏"，1 个是"临时"。

（3）通过计算机的搜索功能，在 C: 盘内查找任意 5 个文本文件（.txt），复制到"临时"文件夹内；查找 4 个图像文件（.jpg），复制到"临时"文件夹内；查找 3 个可执行文件（.exe），复制到"临时"文件夹内。

（4）将"临时"文件夹内任意不连续的 4 个文本文件复制到"学习心得"文件夹；将临时文件夹内连续的 3 个图像文件移动到"游戏"文件夹；将 1 个可执行文件移动到"日常生活"文件夹；最后删除"临时"文件夹。

（5）将"学习心得"文件夹内 1 个文本文件设置为"只读"属性，1 个设置为"隐藏"属性，1 个设置为"存档"属性。

【实训指导】

（1）鼠标指针指向桌面，点击鼠标右键→"新建"→"文件夹"，然后输入姓名。

（2）点击进入姓名文件夹，同（1）操作，依次建立 4 个子文件夹。

（3）在"我的电脑"窗口右上角搜索栏内输入"*.txt"，回车开始搜索，在搜索结果中选定 5 个文件，点击鼠标右键→"复制"，进入"临时"文件夹，点击"粘贴"，完成复制。依次完成其他搜索和复制。

（4）鼠标选定 4 个不连续的文本文件（用"Ctrl"键），点击鼠标右键打开快捷菜单→"复制"→"粘贴"，将文件复制到"学习心得"文件夹；选定连续的 3 个图像文件（用"Shift"键），点击鼠标右键打开快捷菜单→"剪切"→"粘贴"，移动到"游戏"文件夹；单击可执行文件，点击鼠标右键打开快捷菜单→"剪切"→"粘贴"，移动到"日常生活"文件夹；选定"临时"文件夹，点击鼠标右键打开快捷菜单→"删除"，删除"临时"文件夹。

（5）单击文本文件，点击鼠标右键→"属性"，在打开的窗口内勾选"只读"属性，同理，分别设置其他文本文件为"隐藏"和"存档"属性。

【学习项目】

（1）在电脑 C: 盘建立 1 个"班级工作"文件夹，其下建立两个子文件夹："学习委员"和"生活委员"。

（2）在"学习委员"文件夹内建立 1 个文本文件，文件名为"请假名单"，并将该文件设置为"只读"。

（3）通过搜索，复制两个文本文件到"学习委员"文件夹，复制两个图像文件到"生活委员"文件夹。

（4）将"学习委员"内的两个文件和"生活委员"内的两个文件移动到"班级工作"文件夹内，然后将两个子文件夹删除。

2.4
Windows 7系统的维护与管理

2.4.1 系统和安全

Windows 7 系统在控制面板中设置了系统和安全选项，主要涉及计算机操作安全、访问安全、系统更新、使用的电源管理、备份还原以及磁盘管理等系统设置。在系统操作中常用的选项有 Windows 防火墙、系统（设备管理器）、电源选项等，本小节就从常规的设置操作中对系统和安全选项作如下介绍，"系统和安全"面板如图 2-21 所示。

图 2-21 "系统和安全"面板

（1）Windows 7 防火墙

防火墙能保护电脑免受网络上的黑客攻击，Windows 7 系统中的防火墙功能已经足够强大，可以保护电脑免受危害。可是各种不慎的操作或者下载的杀毒软件有时会关闭系统自带的防火墙，那么用户怎么打开或者关闭它呢？

通过控制面板中的"系统和安全"选项，打开其中的"Windows 防火墙"，如图 2-22 所示，选择窗口左侧的"更改通知设置"按钮，可以通过该窗口中的选项，对计算机网络的访问及应用做出设置，用户可根据自己的应用需求选择"启用"或"关闭"防火墙。

（2）系统

① 查看该计算机的名称

点击图 2-21 所示窗口中"查看该计算机的名称"选项按钮，弹出如图 2-23 所示"系统"窗口。该窗口显示的信息包含 Windows 系统的版本，计算机系统信息（处理器型号、性能、内存及操作系统类型等），计算机名称和计算机工作组名称等。

图 2-22 "Windows 防火墙"窗口

图 2-23 "系统"窗口

计算机名称不仅是计算机本身的名字，而且还是计算机在局域网络中的标识。

② 设备管理器

在"设备管理器"窗口中能够查看计算机中各硬件设备的信息，通过该窗口可浏览硬件设备、安装 / 卸载各硬件设备驱动程序等，如图 2-24 所示。

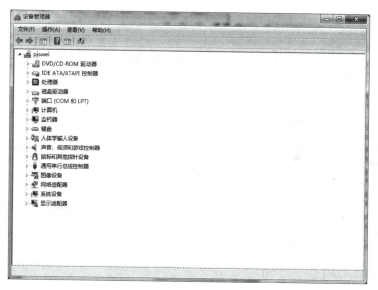

图2-24 "设备管理器"窗口

2.4.2 用户账户

Windows 7 操作系统是一个可以实现多用户管理的操作系统平台，在控制面板的"用户账户和家庭安全"选项按钮弹出的窗口中，选择"用户账户"选项按钮并弹出窗口，如图 2-25 所示。在该窗口中可以进行个性化账户设置、添加账户、设置账户密码等操作。创建账户后，使用计算机的操作员可以通过不同的账户登录计算机。

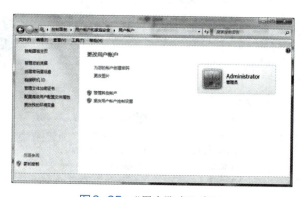

图2-25 "用户账户"窗口

设置用户账户之前需要先弄清楚 Windows 7 有几种账户类型。一般来说，Windows 7 的用户账户有以下 3 种类型。

（1）管理员账户

通常系统默认管理员账户的用户名为 Administrator。计算机的管理员账户拥有对全系统的控制权，能改变系统设置，可以安装和删除程序，能访问计算机上所有的文件。除此之外，它还拥有控制其他用户的权限。Windows 7 中至少要有一个计算机管理员账户。在只有一个计算机管理员账户的情况下，该账户不能将自己改成受限制账户。

（2）标准用户账户

标准用户账户是受到一定限制的账户，在系统中可以创建多个此类账户，也可以改变其账户类型。该账户可以访问已经安装在计算机上的程序，可以设置自己账户的图片、密码等，但无权更改计算机大多数的设置。

（3）来宾账户

来宾账户是给那些在计算机上没有用户账户的人使用的，只是一个临时账户，主要适用于远程登录的网上用户访问计算机系统。来宾账户仅有最低的权限，没有密码，无法对系统做任何修改，只能查看计算机中的资料。

2.4.3 硬件和声音

Windows 7 系统在控制面板中保留了硬件和声音的管理功能，在"控制面板"窗口中选择"硬件和声音"选项按钮。在"硬件和声音"窗口中除包含前文叙述中的部分功能管理外，还包含了"声音"管理，其中涉及调控系统音量、更改系统声音和管理音频设备 3 项功能。根据用户需求，用户可以在该选项下对系统运行的音频系统方案进行调整，对音频系统出现的故障进行检查维修。

2.4.4 程序

打开控制面板，单击"程序"选项，然后再单击"程序和功能"选项按钮，就可以弹出对应窗口，如图 2-26 所示，打开 Windows 7 的应用程序管理器（一个用来管理程序的程序）。在这个类似于 Windows 资源管理器的界面中，不仅可以使用不同的视图对已安装的程序进行排列，还可以在窗口底部的详细信息面板中看到被选中程序的详细信息。

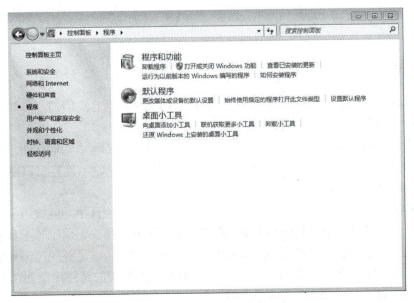

图 2-26 控制面板中"程序"窗口

随着选中程序的不同，在该窗口的工具栏上会显示出不同的功能按钮。例如选中一个专门针对 Windows 7 开发的程序后，可以看到如下不同功能的按钮。

① 组织：用于调整文件夹的显示内容，例如是否显示详细信息面板等。
② 视图：位于工具栏的右侧，用于调整应用程序项目的显示方式。
③ 卸载：用于卸载不再需要的程序。
④ 更改：用于更改已安装程序的选项。例如已安装了 Microsoft Office 2010，如果最初安装时只选择了安装 Word，而后来又需要 Excel，那么就可以使用更改功能添加程序的组件。
⑤ 修复：用于修复 Windows 7 系统已下载安装的程序。如果程序因为某种原因被损坏，或者无法正常工作，使用修复功能进行修复后很有可能就会恢复正常。

需要注意的是，并不是选中每个程序后都会看到"卸载""更改"和"修复"这 3 个按钮，这主要取决于程序的安装方式以及开发人员的设置。例如，选中某个程序之后可能只有一个"卸载"按钮，而选中另一个程序后可能只出现一个"更改"按钮。因此用户的实际情况与本小节介绍的有所不同是正常的。

2.5
Windows 7系统的常用附件工具

Windows7 系统中有一些非常有用的附件，有些用户忽略了这些小工具，而从网上搜索一些软件使用。其实在使用系统的过程中，熟练掌握这些工具对用户会非常有帮助。在附件中常用的工具有画图、计算器、记事本、截图工具、录音机、命令提示符、写字板、远程桌面连接和系统工具。

2.5.1 画图

Windows7 自带的画图工具是一款相当美观、功能简单而且实用的小工具。画图工具可以进行图片查看及图片编辑两大操作。

图片查看功能主要是指画图窗口中的"查看"选项卡功能区中功能按钮所实现的操作功能，包含查看图片的显示比例（放大、缩小、原尺寸 100%），设置窗口网格线、标尺以及图片的全屏显示功能。

图片编辑功能主要是指画图窗口中的"主页"选项卡功能区中功能按钮所实现的操作功能，包含通过各种绘制工具绘制图案或编辑文字，形状、填充、刷子等工具能绘制各种图案。通过工具中的放大镜可以局部放大图片，方便查看图片。另外画图工具很重要的功能是进行图片的裁剪操作，在计算机对图片的编辑中更重要的是使用画图工具与键盘的"PrtScn"印屏键一起对图片进行编辑裁剪。

2.5.2 记事本

记事本，如图 2-27 所示，是 Windows 操作系统中自带的文本编辑工具，其编辑对象只能是文字、数字、字母所组成的文本。记事本文件扩展名为".txt"。

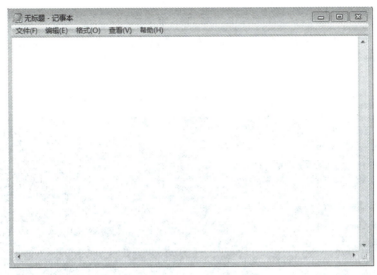

图2-27　记事本

2.5.3 截图工具

Windows 7 操作系统也为用户准备了截图工具。通过截图工具窗口中"新建"下拉列表中的功能选项可以截取屏幕中的显示图像，如图 2-28 所示。

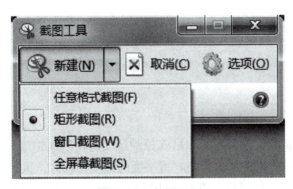

图2-28　截图工具

2.5.4 录音机

Windows 7 自带的录音机非常好用，只要计算机接好耳机和麦克风即可使用。通过麦克风连接录音机，可以将声音录制到计算机中，并保存成文件，其扩展名为".wma"。

2.5.5 命令提示符

"运行"是 Windows 的重要组成部分,是一个快速调用应用程序的组件。通过"运行"窗口,可以调用 Windows 中任何应用程序甚至 DOS 命令。"运行"在系统维护中使用较多,必须掌握。在 Windows 7 操作系统之前的版本中"开始"菜单中有"运行"命令,但在 Windows 7 操作系统的菜单中没有了"运行"命令选项,用户可以通过"搜索"框输入"cmd"命令,弹出"命令提示符"窗口,如图 2-29 所示,或是在"开始"菜单"附件"中选择"命令提示符"命令。

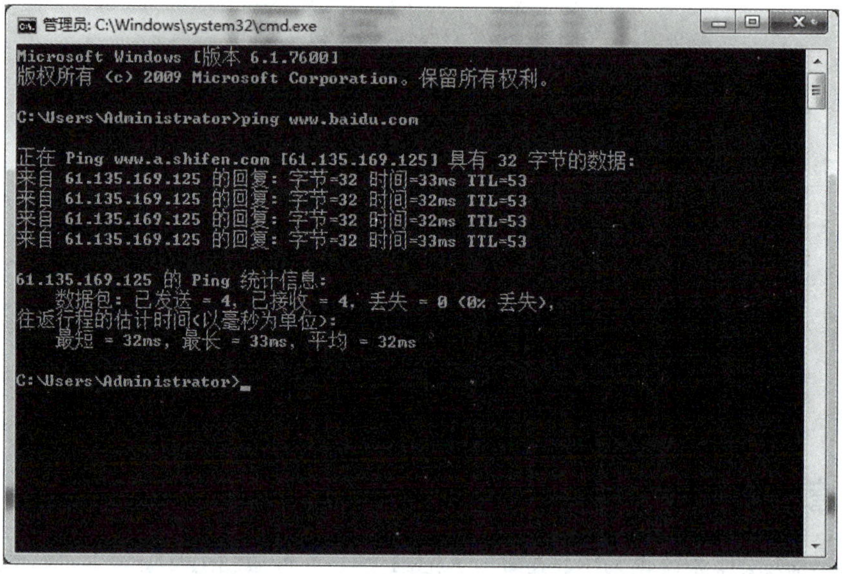

图2-29 "命令提示符"窗口

在"命令提示符"窗口中可以实时运行 DOS 命令,其中较为常用的是网络连通的测试命令,输入"ping 网站域名"回车,即可看到连接情况,例如测试与化学工业出版社网站的连通,其命令格式为:ping www.cip.com.cn。

2.5.6 写字板

写字板具有 Word 最初的形态,有格式控制等功能,默认扩展名为".rtf",还可以保存的文件格式有 Word 文档和文本文档。写字板的容量比较大,大点的文件,记事本打开比较慢或者打不开时,可以用写字板程序打开。同时,写字板支持多种字体格式。在写字板中,用户不但可以编辑普通的文本,还可以在文档中插入图像。

2.5.7 系统工具

Windows 自身携带负责系统优化、管理等作用的系统工具,包括:磁盘清理、磁盘碎片整理程序、系统还原等选项。

（1）磁盘清理

清理磁盘主要的目的是释放空间。进行磁盘清理的具体操作步骤如下。

① 单击"开始"按钮，在"开始"菜单中选择"所有程序"→"附件"→"系统工具"→"磁盘清理"命令，如图2-30所示。弹出"选择驱动器"对话框，选择想要清理的磁盘分区，单击"确定"按钮，程序开始扫描并计算经过清理后可以释放多少磁盘空间。也可以点击磁盘属性对话框（图2-31）中的"磁盘清理"命令按钮完成清理。

② 清理完成后，弹出"WIN 7（C:)的磁盘清理"对话框，在这里可查看可删除的文件以及能够释放的磁盘空间，如图2-32所示。

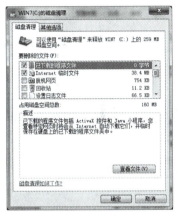

图2-30　"系统工具"菜单　　图2-31　磁盘属性对话框　　图2-32　"WIN 7 (C:)的磁盘清理"对话框

③ 在"要删除的文件"列表中选择某个选项，在此选择"临时文件"选项，然后单击"查看文件"按钮打开显示有可以清理的临时文件的窗口。

④ 于图2-32对话框中，在列表框中选中想要清理的文件选项，然后单击"确定"按钮，弹出"磁盘清理"提示对话框，询问是否确定执行删除操作，单击"删除文件"按钮，弹出"磁盘清理"对话框，并开始清理操作。

（2）磁盘碎片整理程序

磁盘上的文件经常需要进行反复写入和删除等操作，致使磁盘中的空闲扇区分散到不同的物理位置。这样，即使同一个文件也可能被支离破碎地存储在磁盘上的不同位置，从而使磁头在不连续的区域读取数据，这样不但会缩短磁盘的使用寿命，而且会降低磁盘的访问速度。通过系统自带的磁盘碎片整理程序，可以重新安排磁盘上的已用空间，尽量将同一个文件重新存放到相邻的磁盘位置，从而提高磁盘读写效率，提升系统的速度和性能。

进行磁盘碎片整理的具体操作步骤如下：

单击"开始"按钮，在"开始"菜单中选择"所有程序"→"附件"→"系统工具"→"磁盘碎片整理程序"命令，打开"磁盘碎片整理程序"窗口，如图2-33所示。在窗口的列表框中选择需要整理磁盘碎片的磁盘分区，待分析磁盘后，可对磁盘碎片进行整理。

图2-33 "磁盘碎片整理程序"窗口

本章习题

1. 下列软件中，不是操作系统的是_____。
   A. Linux　　　　　　B. Unix　　　　　　C. MS-DOS　　　　　　D. MS-Office
2. 操作系统是_____。
   A. 主机与外设的接口　　　　　　　　B. 用户与计算机的接口
   C. 系统软件与应用软件的接口　　　　D. 高级语言与汇编语言的接口
3. 以".jpg"为扩展名的文件通常是_____。
   A. 文本文件　　　　B. 音频信号文件　　　C. 图像文件　　　　D. 视频信号文件
4. 操作系统的作用是_____。
   A. 用户操作规范　　　　　　　　　　B. 管理计算机硬件系统
   C. 管理计算机软件系统　　　　　　　D. 管理计算机系统的所有资源
5. 下列关于操作系统的描述，正确的是_____。
   A. 操作系统中只有程序没有数据
   B. 操作系统提供的人机交互接口其他软件无法使用
   C. 操作系统是一种最重要的应用软件
   D. 一台计算机可以安装多个操作系统
6. 以".wav"为扩展名的文件通常是_____。
   A. 文本文件　　　　B. 音频信号文件　　　C. 图像文件　　　　D. 视频信号文件
7. 以".txt"为扩展名的文件通常是_____。
   A. 文本文件　　　　B. 音频信号文件　　　C. 图像文件　　　　D. 视频信号文件
8. 操作系统管理用户数据的单位是_____。

A. 扇区　　　　　　B. 文件　　　　　　C. 磁道　　　　　　D. 文件夹
9. 下列各项中两个软件均属于系统软件的是_____。
   A. MIS 和 Unix　　B. WPS 和 Unix　　C. DOS 和 Unix　　D. MIS 和 WPS
10. 下列选项中，完整描述计算机操作系统作用的是_____。
    A. 它是用户与计算机的界面
    B. 它对用户存储的文件进行管理，方便用户使用
    C. 它执行用户键入的各类命令
    D. 它管理计算机系统的全部软、硬件资源，合理组织计算机的工作流程，以达到充分发挥计算机资源的效果，为用户提供使用计算机的友好界面
11. 以 .avi 为扩展名的文件通常是_____。
    A. 文本文件　　　B. 音频信号文件　　C. 图像文件　　　D. 视频信号文件
12. JPEG 是一个用于数字信号压缩的国际标准，其压缩对象是_____。
    A. 文本　　　　　B. 音频信号　　　　C. 静态图像　　　D. 视频信号
13. 按操作系统的分类，Unix 操作系统是_____。
    A. 批处理操作系统　　　　　　　　　B. 实时操作系统
    C. 分时操作系统　　　　　　　　　　D. 单用户操作系统
14. 微机上广泛使用的 Windows 是_____。
    A. 多任务操作系统　　　　　　　　　B. 单任务操作系统
    C. 实时操作系统　　　　　　　　　　D. 批处理操作系统
15. 操作系统对磁盘进行读/写操作的物理单位是_____。
    A. 磁道　　　　　B. 字节　　　　　　C. 扇区　　　　　D. 文件
16. 要关闭正在运行的程序窗口，可以按_____。
    A. Alt+Ctrl　　　B. Alt+F3　　　　　C. Ctrl+F4　　　　D. Alt+F4
17. 若文件名用"a?.*"的形式替代，则可表示下列_____文件的名字。
    A. f1.c　　　　　B. a2.c　　　　　　C. a2a.c　　　　　D. f2.doc
18. 在 Windows 中，可以由用户设置的文件属性为_____。
    A. 存档、系统和隐藏　　　　　　　　B. 只读、系统和隐藏
    C. 只读、存档和隐藏　　　　　　　　D. 系统、只读和存档
19. 在资源管理器左部窗口中，若文件夹前带有加号，意味着该文件夹_____。
    A. 含有下级文件夹　　　　　　　　　B. 仅含有文件
    C. 是空文件夹　　　　　　　　　　　D. 不含下级文件夹
20. 想选定不处在一个连续区域内的多个文件时，应先按住_____键，再逐个单击选定。
    A. Ctrl　　　　　B. Alt　　　　　　C. Shift　　　　　D. Del

第三章

计算机网络

本章学习内容

- 计算机网络简介
- 计算机网络基础知识
- 浏览器及电子邮件的应用
- 信息素养与社会责任
- 网络信息安全与操作规范

  计算机网络技术是当前计算机科学中发展得最为迅速的技术之一。计算机网络是信息技术与通信技术相结合的产物,它的产生和发展,对人类社会的变革具有重大的影响。计算机网络的发展,不断推动经济、文化和人们生活方式的改变,成为现代社会发展进步不可或缺的重要组成部分。

  学习计算机网络知识、掌握计算机网络技术,对于我们的学习、工作和生活都是必不可少的。

3.1 计算机网络及应用

21世纪是一个数字化、网络化与信息化的时代，支持信息化社会发展的重要基础就是强大的计算机网络；计算机网络技术是计算机技术与通信技术相结合的产物，是当今计算机学科中发展最为迅速的技术之一，也是计算机应用中一个空前活跃的领域。网络正以超乎寻常的速度渗透到社会生活的各个层面，改变着人们的工作方式、生活方式。计算机网络技术的发展与应用已成为影响一个国家与地区政治、经济、军事、科学与文化发展的重要因素之一。

3.1.1 计算机网络的发展历程

1950年，美国在其北部和加拿大境内建立了一个半自动地面防空系统，简称赛其（SAGE）系统。它是人类历史上第一次将计算机与通信设备结合起来的系统，可以看作是计算机网络的雏形。由此可见，也是军事建设的需要催生了计算机网络。赛其系统还不能算是真正的计算机网络，因为由通信线路所连接的，一端是计算机，另一端只是一个数据输入输出设备（或称终端设备），人们将这种系统称为联机终端系统，简称联机系统。

随后的半个世纪是计算机网络得以快速发展的时期，计算机网络的发展大致可以分为四个阶段。

（1）20世纪50年代

以单机为中心的通信系统，构成面向终端的计算机通信网，该通信系统被称为第一代计算机网络。这样的系统中除了一台中心计算机，其余终端不具备自主处理功能。

（2）20世纪60年代

多个具备自主功能的主机通过通信线路互相连接，形成资源共享的计算机网络。20世纪60年代末出现了多个计算机互相连接的计算机网络，这种网络将分散在不同地点的计算机经通信线路互相连接，主机之间没有主从关系，网络中的多个用户可以共享计算机网络中的软、硬件资源，故这种计算机网络也被称为共享系统资源的计算机网络。其典型代表是20世纪60年代美国国防部高级研究计划局建立的网络ARPANET。

（3）20世纪70年代

形成具有统一的网络体系结构、遵循国际标准化协议的计算机网络，国际标准化的计算机网络属于第三代计算机网络，它具有统一的网络体系结构。标准化的目的是使不同计算机及计算机网络能方便地互相连接起来。

（4）20世纪80年代开始

计算机网络向互联、高速、智能化方向发展。

3.1.2 计算机网络的定义和功能

（1）计算机网络的定义

什么是计算机网络呢？概括地说，就是指将地理位置不同的具有独立功能的多台计算机及其外部设备，通过通信线路连接起来，在网络操作系统、网络管理软件及网络通信协议的管理和协调下，实现资源共享和信息传递的计算机系统。

从计算机网络的组成上看，计算机网络包含了网络硬件和网络软件两部分；从用户使用的角度看，计算机网络是一个透明的资源传输系统，用户不必考虑具体的传输细节，也不必考虑资源所处的实际地理位置。网络构成如图3-1所示。

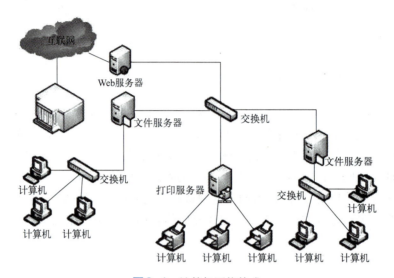

图3-1 计算机网络构成

（2）计算机网络的功能

计算机网络已经广泛应用于人们生产生活的方方面面。人们通过计算机网络了解全球资讯，通过计算机网络实现远程视频会议，通过计算机网络实现实时管理和监控，通过计算机网络实现远程购物等。总的来说，计算机网络的基本功能可简单概括如下。

① 数据通信

数据通信是计算机网络最主要的功能之一。它可实现计算机和计算机、计算机和终端以及终端与终端之间的数据信息传递。当今社会是一个信息社会，人们需要的信息量不断增加，信息更新的速度不断加快，利用计算机网络传递信息已经成为一种全新的通信方式。

② 资源共享

资源共享是计算机网络最基本的功能之一，也是早期构建计算机网络的主要目的之一。在计算机网络中，资源包括软件资源、硬件资源以及要传输和处理的数据资源。硬件资源的共享可以提高设备的利用率，避免设备的重复投资。硬件资源是指服务器、存储器、打印机、绘图仪等设备，如利用计算机网络建立网络打印机。软件资源和数据资源的共享可以使网络用户充分利用已有的信息资源，减少软件开发过程中的劳动，避免大型数据库的重复建设。以授权的技术方法访问数据库中的数据，或者通过视频播放软件播放网络上的视频等，都是数据资源共享的实例。

③ 提高系统可靠性

在一个单机系统中，主机的某个部件或主机上运行的软件发生故障时，系统可能会停止工作，这在某些应用场合可能会给用户造成很大的损失。有了计算机网络后，由于计算机及各种设备之间相互连接，当一台机器出现故障时，可以通过网络寻找其他机器来代替，而且这个过程可以是自动的，对用户来说是透明的。

④ 实现分布式处理

在计算机网络中，可以将某些大型的处理任务分解为多个小型任务，然后分配给网络中的多台计算机分别处理，最后再把处理结果合成。例如，某些计算量巨大的科学计算，如果仅仅使用一台计算机进行操作，所需的时间将是不可接受的。此时，可以对这个计算进行分解，然后让互联网上不计其数的计算机共同执行该任务，则可以很快得到运算结果。因此，分布式处理实际上是把许多处理能力有限的小型机或微机连接成具有大型机处理能力的高性能计算机系统，使其具有解决复杂问题的能力。

通过分布式处理，还可以实现负载均衡的功能，使各种资源得到合理的调整。如果某一个节点的负载太重了，影响了整个系统的总体性能，系统软件可以自动把该节点的某些任务迁移到其他节点进行。还有，在一个服务器集群中，系统可以自动挑选负载较轻的服务器为用户提供服务。

在以上功能中，计算机网络的最主要功能是资源共享和数据通信。

3.1.3 计算机网络的组成和分类

（1）计算机网络的基本组成

与计算机系统的组成相似，计算机网络的组成也包括硬件部分和软件部分。硬件部分包括传输媒体和网络设备，软件部分包括计算机网络协议、网络操作系统、网络应用软件等。

① 硬件部分

传输媒体指的是数据传输系统中在发送器和接收器之间的物理通路。传输媒体通常包括两类：有线的传输媒体和无线的传输媒体。有线的传输媒体通常包括双绞线、同轴电缆和光纤三种；无线的传输媒体通常包括微波、通信卫星等。网络设备包含网卡、交换机和路由器，等等。

a. 传输媒体

ⅰ．双绞线

双绞线是一种使用铜线作为传输介质，用 4 对线路相互绞缠，外覆绝缘材料的传输媒介。双绞线互相缠绕的结构，除了可以减低其他电子装置噪声的干扰之外，还能减缓传输信号的衰减。双绞线的有效传输距离最大为 100 米。

双绞线可分为屏蔽式双绞线（STP）及非屏蔽式双绞线（UTP）。两者相比 STP 的抗干扰性较佳，但价格较高，一般的局域网以 UTP 为主，如图 3-2 所示。

ⅱ．同轴电缆

同轴电缆的最高传输速率为 10Mb/s，其可传输的频率范围较大。通常情况下，大部分有线电视信号的传输就采用同轴电缆，如图 3-3 所示，其有效传输距离为 200～500m。

图3-2　UTP

图3-3　同轴电缆

同轴电缆因为有双重保护（金属铜网和绝缘外皮），具有不易受外界干扰，而且寿命长的优点。缺点是与双绞线相比，价格较昂贵，传输速率低。

ⅲ. 光纤

光纤是一条玻璃或塑料纤维，可作为一种信息传输媒介。光纤的直径比人的发丝还要细。光纤通常被扎成束，外面有外壳保护。纤芯通常是由石英玻璃制成的横截面积很小的双层同心圆柱体，它质地脆，易断裂，因此需要外加一个保护层。

由于光纤细如发丝，为了架设的需要，一般将数十条光纤包裹在一起，就称为光缆。光纤的传输速度为100Mb/s至10Gb/s，是目前传输速度最快的传输媒介，如图3-4所示。

图3-4　光纤

光纤具有抗张强度好、质量小、频带宽、损耗低、抗干扰能力强、工作可靠等很多独特的优点，与铜缆相比光纤的成本优势也逐渐体现出来。当今光纤传输占绝对优势，已成为各种网络的主要传输手段。

ⅳ. 微波

微波是以直线行进方式进行通信的一种传输媒体。因受到视线距离的限制，传送距离过长信号会衰减，因此每隔30公里至50公里就要架设一个中继站。微波具有传输速度快、架设方便快捷、成本低的优点，所以常被用来提供长途通信服务如手机通信、家庭办公无线（Wi-Fi）网络，图3-5所示为微波站。

ⅴ. 通信卫星

通信卫星传输信号的基本装置是地面通信站。地面通信站主要用于传输和接收信号，而通信卫星部分则作为收发站。通信卫星从地面通信站接收信号，加强信号，改变信号频率，然后再将信号传输到另一个地面通信站。

图3-5　微波站

通信卫星一般被发射至离地面 36000 公里的太空轨道上,当通信卫星绕行地球一圈的时间与地球自转周期相同时,称之为同步通信卫星。同步通信卫星覆盖的通信范围非常广,只要有 3 颗同步通信卫星就可以覆盖整个地球,形成全球通信网络。

除了传输媒体外,还需要各种网络连接设备才能将独立工作的计算机连接起来,构成计算机网络。在计算机网络中,常用的网络连接设备有网卡、集线器、交换机等。另外,如果希望把复杂的局域网互联起来,或者要把局域网连入 Internet,还需要路由器等。以下将简单介绍网卡、交换机等网络设备的功能及特点。

b. 网络设备

ⅰ. 网卡

网卡也被称为网络接口卡或网络适配器,是计算机网络中最重要的连接设备之一,其外形如图 3-6 所示。网卡安装在计算机内部并直接与计算机相连,计算机只有通过网卡才能接入局域网。网卡的作用是双重的,一方面它负责接收网络上传过来的数据,并将数据直接通过总线传输给计算机;另一方面它也将计算机上的数据封装成数据帧,再转换成比特流后送入网络。

图3-6　网卡

ⅱ. 交换机

计算机网络的应用越来越广泛,人们对网速的要求也越来越高,在这样的背景下,网络交换技术开始出现并很快得到了广泛的应用。交换机也被称为交换式集线器,如图 3-7 所示。

图3-7　交换机

ⅲ.路由器

路由器是一种连接多个网络或网段的网络设备，如图3-8所示为企业级路由器。路由器可以"翻译"不同网络或网段之间的数据信息，以便它们之间能够互相"读"懂对方的数据，从而构成一个更大的网络。路由器一般用于把局域网连入Internet等广域网，或者用于不同结构子网之间的互相连接。这些子网本身可能就是局域网，但它们之间的距离很远，需要租用专线并通过路由器互相连接。

图3-8　企业级路由器

② 软件部分

a. 计算机网络协议

计算机网络通信协议是为了确保网络中数据有序通信而建立的一组规则、标准或约定。它的主要作用是：支持计算机与相应的局域网相连，支持网络节点间正确有序地进行通信。协议通常由三部分组成：语义部分、语法部分和变换规则。

ⅰ.OSI/RM 模型简介

为使不同计算机厂家生产的计算机能相互通信，以便在更大范围内建立计算机网络，国际标准化组织（ISO）在1979年提出"开放系统互连参考模型"，即著名的 OSI/RM。

所谓"开放"，是强调对 OSI 标准的遵从。一个系统是开放的，是指它可与世界上任何地方的遵守相同标准的其他任何系统进行通信。

OSI/RM 网络结构模型将计算机网络体系结构的通信协议规定为物理层、数据链路层、网络层、传输层、会话层、表示层、应用层共七层，如表3-1所示。对于每一层，OSI 至少制定两个标准：服务定义和协议规范。

ⅱ.TCP/IP 协议

TCP/IP 是一种网际互联通信协议，其目的在于通过它实现网际间各种异构网络和异种计算机的互联通信。

TCP/IP 协议的核心思想：对于 OSI 七层协议，把千差万别的两底层协议（物理层和数据链路层）的有关部分称为物理网络，而在传输层和网络层之间建立一个统一的虚拟逻辑网络，以这样的方法来屏蔽或隔离所有物理网络的硬件差异，包括异构型的物理网络和异种计算机在互联网上的差异，从而实现普遍的联通性。

TCP/IP 实际上是一组协议，它包括上百个各种功能的协议。

TCP/IP 协议族把整个协议分成四个层次，如表3-1所示。

表 3-1　开放系统互连参考模型

体系结构	OSI 参考模型	网络功能	TCP/IP 协议
第七层	应用层	提供应用程序间通信	应用层
第六层	表示层	处理数据格式、数据加密等	
第五层	会话层	建立、维护和管理会话	
第四层	传输层	建立主机端到端连接	传输层
第三层	网络层	寻址和路由选择	网络层
第二层	数据链路层	提供介质访问、链路管理等	网络接口层
第一层	物理层	比特流传输	

应用层：是 TCP/IP 协议的最高层，与 OSI 模型的最高三层的功能类似。因特网在该层的协议主要有文件传输协议 FTP、远程终端协议（Telnet）、简单邮件传输协议（SMTP）和域名系统（DNS）等。

传输层：提供应用程序之间端到端的通信。因特网在该层的协议主要有传输控制协议（TCP）、用户数据报协议（UDP）等。

网络层：解决了计算机之间的通信问题。因特网在该层的协议主要有网际互连协议（IP）、互联网控制报文协议（ICMP）、地址解析协议（ARP）等。

网络接口层：负责接收 IP 数据报，并把该数据报发送到相应的网络上。从理论上讲，该层不是 TCP/IP 协议的组成部分，但它是 TCP/IP 协议的基础，是各种网络与 TCP/IP 协议的接口。

b. 网络操作系统

网络操作系统不仅要具有普通操作系统的功能，还要具备网络通信、共享资源管理、提供网络服务、网络管理、互操作、提供网络接口功能。

c. 网络应用软件

网络应用软件是建构在局域网操作系统之上的应用程序，它扩展了网络操作系统的功能。常用的网络应用软件有很多种，如电子商务类的天猫、京东；社交软件类的抖音、快手；即时通信类的 QQ、微信和浏览器 Internet Explorer、360 等。

（2）计算机网络的分类

计算机网络的分类标准有很多，可以从覆盖范围、拓扑结构、交换方式、传输介质、通信方式等方面进行分类。

① 根据网络的覆盖范围分类

根据网络的覆盖范围进行分类，计算机网络可以分为三种基本类型：局域网（LAN）、城域网（MAN）和广域网（WAN）。这种分类方法也是目前比较流行的一种方法。

a. 局域网（LAN）

局域网也被称为局部网，是指在有限的地理范围内构成的规模相对较小的计算机网络。它具有很高的传输速率，其覆盖范围一般不超过 10 千米，通常将一座大楼或一个校园内分散的计算机连接起来构成局域网。它的特点是分布距离近、传输速度快、连接费用低、数据传输可靠、误码率低。

b. 城域网（MAN）

城域网也被称为市域网，它是在一个城市内部组建的计算机网络，提供全市的信息服务。城域网是介于广域网与局域网之间的一种高速网络，其覆盖范围可达数百千米，通常是将一个地区或一座城市内的局域网连接起来构成城域网。城域网一般具有以下几个特点：采用的传输介质相对复杂；数据传输速率次于局域网；数据传输距离相对局域网要长，信号容易受到干扰；组网比较复杂、成本较高。

c. 广域网（WAN）

广域网也被称为远程网，它的联网设备分布范围很广，一般从几十千米到几千千米。它所涉及的地理范围可以是市、地区、省、国家，乃至世界。广域网是通过卫星、微波、无线电、电话线、光纤等传输介质连接的国家网络和国际网络，它是全球计算机网络的主干网络。广域网一般具有以下几个特点：地理范围没有限制；传输介质复杂；由于长距离的传输，数据的传输速率较低，且容易出现错误，采用的技术比较复杂；是一个公共的网络，不属于任何一个机构或国家。

② 根据网络的拓扑结构分类

拓扑（topology）这个名词是从几何学中借用来的。网络拓扑结构是指用传输媒体互连各种设备的物理布局，就是用什么方式把网络中的计算机等设备连接起来。网络拓扑图给出网络服务器、工作站的网络配置和相互间的连接。

网络的拓扑结构主要有星型结构、环型结构、总线型结构、分布式结构、树型结构、网状型结构、蜂窝状结构等。其中最常见的基本拓扑结构是星型结构、环型结构和总线型结构三种。

a. 星型结构

在星型结构中，网络中的各节点通过点到点的方式连接到一个中央节点（又称中央转接站，一般是集线器或交换机）上，由该中央节点向目的节点传输信息，在星型网中任何两个节点要进行通信都必须经过中央节点控制。

b. 环型结构

环型结构在 LAN 中使用得比较多。该结构中的传输媒体从一个端用户连接到另一个端用户，直到将所有的端用户连成环形，数据在环路中沿着一个方向在各节点间传输，信息从一个节点传到另一个节点。环型结构的特点是：每个端用户都与两个相邻的端用户相连，因而存在着点到点的连接，但总是以单向方式操作，于是便有上游端用户和下游端用户之分；信息流在网中是沿着固定方向流动的，两个节点仅有一条通路，故简化了路径选择的控制；控制软件简单；环路是封闭的，不便于扩充；可靠性低，一个节点故障，将会造成全网瘫痪；维护难，对分支节点故障定位较难。

c. 总线型结构

总线型结构是使用同一媒体或电缆连接所有端用户的一种方式。也就是说，连接端用户的物理媒体由所有设备共享，各工作站地位平等，无中央节点控制，公用总线上的信息多以基带形式串行传递，其传递方向总是从发送信息的节点开始向两端扩散，如同广播电台发出的信息一样，因此又称其为广播式计算机网络。这种结构具有费用低，数据端用户入网灵活，站点或某个端用户失效不影响其他站点或端用户通信的优点。缺点是一次仅能一个端用户发送数据，其他端用户必须等待到获得发送权才能发送数据；媒体访问获取机制较复杂；维护难，分支节点故障查找难。三种结构见图3-9。

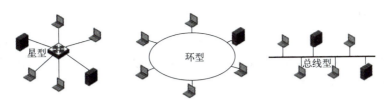

图3-9 网络拓扑结构

③ 根据网络的传输介质分类

根据网络的传输介质，可以将计算机网络分为有线网和无线网两种类型。

a. 有线网

有线网是采用同轴电缆、双绞线、光纤连接的计算机网络。用同轴电缆连接的网络成本低，安装较为便利，但传输率和抗干扰能力一般，传输距离较短。用双绞线连接的网络价格便宜，安装方便，但其易受干扰，传输率也比较低，且传输距离比同轴电缆要短。光纤网传输距离长，传输率高；抗干扰性强，不会受到电子监听设备的监听，是高安全性网络的理想选择。

b. 无线网

无线网是用电磁波作为载体来传输数据的，目前广泛应用的是 Wi-Fi 无线上网方式，其联网方式灵活方便，是一种很有前途的联网方式。

3.2 Internet及其应用

Internet 是由使用公用语言互相通信的计算机连接而成的全球网络。Internet 最早起源于美国国防部高级研究计划局 DARPA（Defense Advanced Research Projects Agency）支持的用于军事目的的计算机实验网络 ARPANET，该网于 1969 年投入使用。这个项目基于以下主导思想：网络必须能够经受住故障的考验而维持正常工作，一旦发生战争，当网络的某一部分因遭受攻击而失去工作能力时，网络的其他部分应当能够维持正常通信。Internet 采用 TCP/IP 协议作为统一的通信协议，是把全球各种类型计算机网络连接起来的全球网络。

3.2.1 Internet概述

(1) Internet的定义

Internet 中文正式译名为因特网，又叫作国际互联网。它是由那些使用公用语言互相通信的计算机连接而成的全球网络。一旦用户连接到它的任何一个节点上，就意味着用户的计算机已经连入 Internet 了。Internet 目前的用户已经遍及全球，几乎所有人都在使用

Internet，并且它的用户数还在上升。

Internet 不属于任何个人，也不属于任何组织。世界上的每一台计算机都可以通过因特网服务提供商（internet service provider，缩写为 ISP）与之连接。ISP 为用户提供了接入因特网的通道和相关的技术支持。

（2）Internet的基本功能

Internet 的价值不仅在于其庞大的规模及所应用的技术，还在于其所蕴涵的信息资源和方便快捷的通信方式。Internet 向用户提供了各种各样的功能，主要有以下几种。

① 万维网（World Wide Web，缩写为 WWW）

WWW 也被称为3W，又称为环球网。通过超媒体的数据截取技术和超文本技术，将 WWW 上的数字信息连接在一起，通过浏览器（如 Internet Explore、360、火狐）可以得到远方服务器上的文字、声音、图片等资料。

② 电子邮件（E-mail）

电子邮件是指通过电子通信系统书写、发送和接收信件，是目前 Internet 上较常用也较受欢迎的功能。

③ 文件传输服务

FTP 是用于 Internet 上控制文件双向传输的协议，通过一条网络连接从远端站点向本地主机复制文件，或把本地计算机的文件传输到远程计算机去。

④ 远程终端（Telnet）服务

Telnet 是连接服务的终端协议，通过它可以使用户的计算机远程登录到 Internet 上的另一台计算机上。Telnet 提供的大量命令可用于建立终端与远程主机的交互式对话，可使本地用户执行远程主机的命令。

当然，除了以上的几大服务外，Internet 的应用无所不在，如电子商务、网络聊天、网络游戏、地图、天气预报、远程教学等。

（3）我国的Internet

1987 年 9 月 20 日，从北京计算机应用技术研究所发出了中国第一封电子邮件："Across the Great Wall, we can reach every corner in the world."（穿越长城，走向世界。）这揭开了中国启用 Internet 的序幕。1994 年，我国通过四大骨干网（ChinaNet、CERNet、CSTNet、ChinaGBN）正式接入国际互联网，从此，Internet 在我国得以迅速发展。

3.2.2　IP地址及域名

IP 地址是 Internet 主机作为路由寻址用的数字型标识，人不容易记忆，因而产生了域名（domain name）这一种字符型标识。

（1）IP地址

所谓 IP 地址就是给每个连接在 Internet 上的主机分配的一个地址。在 Internet 上互相通信的主机必须要有唯一的 IP 地址。按照 TCP/IP 协议规定，IP 地址用二进制来表示。

① IPv4（第 4 版互联网协议）

IPv4，是互联网协议（internet protocol，IP）的第 4 版，也是第一个被广泛使用、构成互联网技术的基石的协议。IPv4 可以运行在各种各样的底层网络上，比如端对端的串行数据链路（PPP 协议和 SLIP 协议）、卫星链路等。IPv4 每个 IP 地址长 32 比特，比特换算成字节，就是 4 个字节。例如一个采用二进制形式的 IP 地址是“00001010000000000000000000000001”，这么长的地址，人们处理起来也太费劲了。为了方便人们的使用，IP 地址经常被写成十进制的形式，中间使用符号“.”分开不同的字节。于是，上面的 IP 地址可以表示为“10.0.0.1”。IP 地址的这种表示法叫作点分十进制表示法，这显然比 1 和 0 更容易记忆。

最初设计互联网络时，为了便于寻址以及层次化构造网络，每个 IP 地址包括两个标识码（ID），即网络 ID 和主机 ID。同一个物理网络上的所有主机都使用同一个网络 ID，网络上的一个主机（包括网络上工作站、服务器和路由器等）有一个主机 ID 与其对应。Internet 委员会定义了 A ～ E 共 5 种 IP 地址类型以适应不同容量的网络，其二进制表示如图 3-10 所示。

<table>
<tr><td></td><td>1</td><td>2</td><td>3</td><td>4</td><td>5</td><td>6</td><td>7</td><td>8</td><td>9</td><td>10</td><td>11</td><td>12</td><td>13</td><td>14</td><td>15</td><td>16</td><td>17</td><td>18</td><td>19</td><td>20</td><td>21</td><td>22</td><td>23</td><td>24</td><td>25</td><td>26</td><td>27</td><td>28</td><td>29</td><td>30</td><td>31</td><td>32</td></tr>
<tr><td>A类</td><td>0</td><td colspan="7">网络号</td><td colspan="24">主机号</td></tr>
<tr><td>B类</td><td>1</td><td>0</td><td colspan="14">网络号</td><td colspan="16">主机号</td></tr>
<tr><td>C类</td><td>1</td><td>1</td><td>0</td><td colspan="21">网络号</td><td colspan="8">主机号</td></tr>
<tr><td>D类</td><td>1</td><td>1</td><td>1</td><td>0</td><td colspan="28">多播组号</td></tr>
<tr><td>E类</td><td>1</td><td>1</td><td>1</td><td>1</td><td>0</td><td colspan="27">留待后用</td></tr>
</table>

图 3-10　五类 IP 地址二进制表示

A 类地址分配给规模特别大的网络使用，B 类地址分配给一般的大型网络使用，C 类地址分配给小型网络使用，D 类地址是组广播地址，E 类地址保留待以后使用，它是一个实验性网络地址。

全 0（0.0.0.0）地址指任意网络。全 1 的 IP 地址（255.255.255.255）是当前子网的广播地址。

目前广泛应用的 IP 地址是 A、B、C 三类，各类网络的最大网络数、IP 地址范围、最大主机数和私有 IP 地址范围等信息见表 3-2。

表 3-2　三类 IP 地址的范围等信息

类别	最大网络数	IP 地址范围	最大主机数	私有 IP 地址范围
A	126（2^7−2）	0.0.0.0 ～ 127.255.255.255	16777214	10.0.0.0 ～ 10.255.255.255
B	16382（2^{14}−2）	128.0.0.0 ～ 191.255.255.255	65534	172.16.0.0 ～ 172.31.255.255
C	2097150（2^{21}−2）	192.0.0.0 ～ 223.255.255.255	254	192.168.0.0 ～ 192.168.255.255

② IPv6（第 6 版互联网协议）

第二代互联网 IPv4 技术的最大问题是网络地址资源有限，从理论上讲，可编址 1600 万个网络、40 亿台主机。但采用 A、B、C 三类编址方式后，可用的网络地址和主机地址的数目大打折扣，以至 IP 地址近乎枯竭。其中北美占有 3/4，约 30 亿个，而人口最多的亚洲只有不到 4 亿个，中国只有 2.5 亿个。地址不足，严重地制约了我国及其他国家互联网的应用和发展。

IPv6 是互联网工程任务组（IETF）设计的用于替代 IPv4 的下一代 IP 协议。与 IPv4 相比，IPv6 具有以下几个优势。

a. IPv6 具有更大的地址空间

IPv4 中规定 IP 地址长度为 32 位，即有 2^{32} 个地址；而 IPv6 中 IP 地址的长度为 128 位，即有 2^{128} 个地址。

b. IPv6 使用更小的路由表

IPv6 的地址分配一开始就遵循聚类的原则，这使得路由器能在路由表中用一条记录表示一片子网，大大减小了路由器中路由表的长度，提高了路由器转发数据包的速度。

c. IPv6 增加了增强的组播（multicast）支持以及对流的控制（flow control）

这使得网络上的多媒体应用有了长足发展的机会，为服务质量（quality of service，QoS）控制提供了良好的网络平台。

d. IPv6 加入了对自动配置（auto configuration）的支持

这是对 DHCP 协议的改进和扩展，使得对网络（尤其是局域网）的管理更加方便和快捷。

e. IPv6 具有更高的安全性

在使用 IPv6 网络时用户可以对网络层的数据进行加密并对 IP 报文进行校验，极大地增强了网络的安全性。

IPv6 地址采用 128 位二进制数表示，通常转化为十六进制，用"："分隔，例如：3FFE:FFFF:7654:FEDA:1245:BA98:3210:4562。

（2）域名

域名是由一串用点分隔的名字组成的 Internet 上某一台计算机或服务器的名称。在网络上识别一台计算机的方式是利用 IP，IP 地址由一长串十进制数字组成，不容易记忆，为了方便用户的使用，也便于计算机按层次结构查询，就有了域名。

① 域名的构成

DNS 规定，域名中的标号都由英文字母和数字组成，每一个标号不超过 63 个字符，也不区分大小写字母。标号中除连字符"-"外不能使用其他的标点符号。级别最低的域名写在最左边，而级别最高的域名写在最右边。由多个标号组成的完整域名总共不超过 255 个字符。近年来，一些国家也纷纷开发使用由本国语言构成的域名，如德语、法语等。我国也开始使用中文域名。域名结构：主机名.机构名.网络名.最高层域名，如 www.cip.com.cn 等。

② 域名的基本类型

一是国际域名，也叫国际顶级域名，这是使用最早也最广泛的域名。例如表示商业机构的 .com，原表示网络服务机构的 .net，原表示其他各种组织的 .org 等（表 3-3）。二是国家域名，又称为国家顶级域名，即按照国家的不同分配不同后缀，这些域名即该国的国家顶级域名。目前 200 多个国家和地区都按照 ISO 3166《国家和所属地区名称代码》分配了顶级域名，例如中国是 cn、美国是 us、日本是 jp 等（表 3-4）。

在实际使用和功能上，国际域名与国家域名没有任何区别，都是互联网上具有唯一性的标识。只是在最终管理机构上，国际域名由美国商业部授权的互联网名称与数字地址分配机构，即 ICANN 负责注册和管理；而国家域名则由中国互联网络管理中心，即 CNNIC 负责注册和管理。

表 3-3 国际顶级域名

域名	含义	域名	含义
edu	教育、科研机构	info	信息服务机构
net	网络服务机构（原）	org	各种组织包括非营利组织（原）
com	商业机构	gov	政府机构
mil	军事机构	Int	国际组织

表 3-4 部分国家的顶级域名

域名	含义	域名	含义	域名	含义	域名	含义
cn	中国	ru	俄罗斯	de	德国	in	印度
us	美国	jp	日本	fr	法国	ie	爱尔兰
gb	英国	fi	芬兰	es	西班牙	dk	丹麦
br	巴西	au	澳大利亚	ca	加拿大	it	意大利

3.2.3 Internet Explorer浏览器使用

浏览器是用来检索、展示以及传递 Web 信息资源的应用程序。Web 信息资源由统一资源标识符（uniform resource identifier，URI）所标记，使用者可以借助超链接，通过浏览器浏览互相关联的信息。

主流的浏览器分为 Internet Explorer（简称 IE）、Microsoft Edge、Chrome、Firefox、Safari 等几大类，它们分别具有以下特点。

① IE 浏览器。IE 浏览器是微软推出的 Windows 系统自带的浏览器，它的内核是由微软独立开发的，简称 IE 内核，该浏览器只支持 Windows 平台。国内大部分的浏览器，都是在 IE 内核基础上提供了一些插件，如 360 浏览器、搜狗浏览器等。

② Microsoft Edge 浏览器。Microsoft Edge 是由微软开发的基于 Chromium 的浏览器。

③ Chrome 浏览器。Chrome 浏览器是由 Google 在开源项目的基础上进行独立开发的一款浏览器。Chrome 浏览器不仅支持 Windows 平台，还支持 Linux、Mac 平台，同时它也提供了移动端的应用（如 Android 和 IOS 平台）。

④ Firefox 浏览器。Firefox 浏览器是开源组织提供的一款开源的浏览器，它开源了浏览器的源码，同时也提供了很多插件，方便了用户的使用，支持 Windows 平台、Linux 平台和 Mac 平台。

⑤ Safari 浏览器。Safari 浏览器主要是苹果公司为 Mac 系统量身打造的一款浏览器，主要应用在 Mac 和 IOS 系统中。

本小节以 IE 浏览器为例，介绍浏览器的使用。

（1）IE 浏览器简介

IE 浏览器是微软开发的一种免费的浏览器，在 Windows 7 的操作系统中默认安装。IE 浏览器操作方便，应用广泛。双击桌面上的 IE 图标，启动 IE 浏览器，如图 3-11 所示。Internet Explorer 是一个典型的 Windows 程序，下面分别介绍浏览器窗口的一些特性。

图3-11　IE浏览器窗口

① 标题栏：与其他的Windows窗口一样，窗口最上方为标题栏，Internet Explorer窗口中的标题栏也包括标题、缩放及关闭按钮，其中标题显示的是当前打开的网页标题。

② 菜单栏：标题栏下方为菜单栏，其中包含有控制和操作Internet Explorer的命令，但它与其他Windows窗口的不同之处是它和工具栏一样，可以移动和隐藏。

③ 地址栏：在菜单栏的下方为地址栏，栏中显示当前Web页的统一资源定位符（unified resource location，URL），也可以在其中输入要访问的URL。在Web中能访问多种Internet资源，但是需要对这些资源采用统一的格式，即统一资源格式。

④ 浏览区：浏览区是Internet Explorer窗口的主要部分，用来显示所查站点的页面内容，其中包括文字、图片、视频等。如果其大小不足以显示全部的页面，可分别拖动垂直、水平两个方向的滚动条查看页面的其余部分。

⑤ 状态栏：窗口的最下方为状态栏，用来显示系统所处的状态，其中可以显示浏览器的查找站点、下载网页等信息。在最右一栏中，显示当前的站点属于哪个安全区域。在状态栏中还会显示浏览器是否处于脱机的工作状态等系统的其他信息。

（2）浏览网页

双击桌面上的IE图标打开IE浏览器，如果想浏览百度的主页，在地址栏中输入百度官方网址后按回车键，即可打开如图3-11所示网页。

提示：对于经常访问的网站可以设置其为起始页，起始页就是打开IE后，不需要在地址栏内输入网址而直接显示的页面。

操作步骤：在桌面上用鼠标右键单击IE图标，在弹出的快捷菜单中选择"属性"命令，打开"Internet选项"对话框，如图3-12所示。在"常规"选项卡中的"主页"栏中输入需要默认打开的网站地址即可。

（3）保存网页

在网上浏览到某个网页后，如果很喜欢这个网页，或者临时有事情不能完整阅读，那么可以将网页或其中的部分内容保存到本地计算机的硬盘中，以便以后再次阅读。

操作步骤：打开想要保存的页面，选择"文件"菜单中的"另存为"选项，系统将弹出一个"保存网页"对话框（如图3-13所示）。选择要存放的路径并输入文件名和文件类型，然后单击"保存"按钮，于是网页就存放在本地计算机上了。默认网页保存在"我的文档"文件夹中。

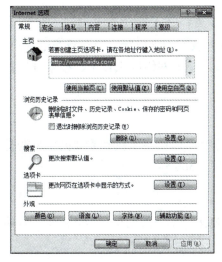

图3-12 "Internet选项"对话框

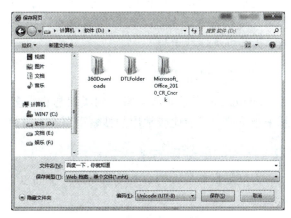

图3-13 "保存网页"对话框

（4）保存图形

如果只是想保存网页中的某幅图或网页动画，可以移动鼠标指针到该图上，然后单击鼠标右键，这时会出现一个快捷菜单，单击"图片另存为..."，系统弹出一个保存文件对话框。设置好路径和文件名后，单击"保存"按钮，图片保存到本地计算机上。

（5）添加收藏夹

"收藏夹"是一份网站名称及地址记录文件夹。对于一些经常访问的站点，如果不希望每次都输入网址，可以直接将这些网站加入"收藏夹"中，以后每次需要访问时，只需单击工具栏上的"收藏夹"按钮，然后单击收藏夹列表中的快捷方式，即可打开。下面以百度为例介绍具体步骤。

① 启动IE浏览器，在地址栏中输入百度官方网址进入百度。

② 执行"收藏"菜单中的"添加到收藏夹"命令，弹出"添加收藏"对话框，如图3-14所示。

图3-14 添加收藏

③在名称框中输入"百度",单击"添加"按钮,完成操作。
下次需要访问时,只要单击"收藏夹"菜单下的"百度"即可。

> 提示:如果收藏的网站越来越多,就要对网站进行分类。通过"收藏"菜单中的"整理收藏夹"来进行整理。

3.2.4 搜索引擎

搜索引擎,就是根据用户需求,运用特定策略从互联网检索出特定信息反馈给用户,为用户提供检索服务的工具。搜索引擎依托于多种技术,如网络爬虫技术、检索排序技术、大数据处理技术等。

(1)常用的搜索引擎

Internet 上信息非常丰富,同类信息也很多,快速准确地在网上找到需要的信息变得越来越重要。目前比较常用的搜索引擎有:百度、必应、360。

(2)搜索引擎使用方法

百度是目前最大的中文搜索引擎,下面以百度为例来介绍一般的信息搜索过程,具体步骤如下。

① 进入百度搜索引擎界面

启动浏览器,在"地址"栏中输入百度官方网址,按下回车键,进入百度搜索引擎界面。如图 3-11 所示。

② 输入搜索内容的关键字

如果想获得有关教育部方面的中文资料,可在搜索框中输入相应的关键字,然后点击"百度一下"按钮,打开如图 3-15 所示搜索结果页面。

图 3-15 搜索结果页面

③ 查阅搜索结果页

在打开的搜索结果页面上查阅每个条目的标题和摘要文字,来判定是否是自己满意的结果。

④ 查看具体结果页面

将鼠标指针指向所选的条目，单击鼠标左键即可打开相关内容。

（3）搜索引擎使用技巧

搜索引擎可以帮助使用者在 Internet 上找到特定的信息，但它们同时也会返回大量无关的信息。如果用户多使用一些下面介绍的技巧，搜索引擎会花尽可能少的时间找到所需要的确切信息。

① 简单查询

在搜索引擎中输入关键词，然后开始搜索，系统很快会返回查询结果，这是最简单的查询方法，使用方便，但是查询的结果却不准确，可能包含着许多无用的信息。

② 使用双引号

给要查询的关键词加上双引号（半角，以下要加的其他符号同此），可以实现精确查询，这种方法要求查询结果要精确匹配，不包括演变形式。例如在搜索引擎的搜索框中输入"计算机"，它就会返回网页中有"计算机"这个关键字的网址，而不会返回诸如"计算机的安全"之类的网页。

③ 使用加号（+）

在关键词的前面使用加号，也就等于告诉搜索引擎该词必须出现在搜索结果中的网页上，例如，在搜索引擎中输入"+电脑 +电话 +传真"就表示要查找的内容必须要同时包含"电脑、电话、传真"这三个关键词。

④ 使用减号（-）

在关键词的前面使用减号，也就意味着在查询结果中不能出现该关键词，例如，在搜索引擎中输入"电视台 -中央电视台"，它就表示最后的查询结果中一定不包含"中央电视台"。

⑤ 使用通配符

通配符包括星号（*）和问号（?），前者表示匹配的字符数量不受限制，后者表示匹配的字符数要受到限制，主要用在英文搜索引擎中。例如输入"computer*"，就可以找到"computer、computers、computerised、computerized"等单词，而输入"comp?ter"，则只能找到"computer、compater、competer"等单词。

3.2.5 电子邮件

（1）电子邮件基础知识

电子邮件（electronic mail，简写为 E-mail），实际上就是利用计算机网络的通信功能实现普通信件传送的一种技术。

电子邮件不是直接地发送到对方的计算机中，而是发到对方用户邮箱的服务器上，所以不需要让计算机 24 小时上网。

电子邮件具有很高的保密性，而且它是数字式的，可以传送音频、视频等各种类型的文件。与传统的通信方式相比，电子邮件具有快捷、经济、高效、灵活和功能多样的特点。

一个完整的电子邮件系统应该包括以下三个部分。

① 电子邮件服务器

它就像平常的邮局，寄信和收信都必须经过它，电子邮件服务器按发邮件和收邮件有明确划分，分别称为发送邮件服务器（SMTP）和接收邮件服务器（POP 或 POP3），这两个服务器可以是分开的两台主机，也可以是同一台主机。邮件服务器上必须安装有邮件系统软件。

② 电子邮箱

电子邮箱就是电子邮件服务器上划分出来的硬盘空间，这是邮件服务器的管理员为用户所划分出来的空间，每个用户都对应着一个账号。

③ 客户计算机

客户计算机即用户自己的电脑，它通过互联网与邮件服务器相连接。客户计算机上一般安装有一个邮件客户端软件，通过这个软件可以撰写、发送和接收邮件等。现在有很多提供免费邮箱的网站，开发了基于 Web 页面的客户端程序，用户在使用这种邮箱的时候，只用浏览器就可以了。

（2）电子邮件地址

电子邮件地址和真实生活中人们常用的信件一样，有收信人姓名、收信人地址等。其结构是用户名@邮件服务器，用户名就是用户在主机上使用的登录名，而@后面的是邮局方服务计算机的标识（域名），这是邮局方给定的。如 ywwpj@163.com 即为一个邮件地址。

在互联网中，电子邮件地址的格式是：用户名@域名。@是英文 at 的意思，所以电子邮件地址是表示在某部主机上的一个使用者账号，每一个电子邮件地址都是唯一的。

（3）申请免费电子邮箱

现在有很多网站都有提供免费电子邮箱的服务，不同的网站所提供的免费邮箱不同，但通常都有支持 POP3、邮件转发、邮件拒收条件设定等功能。许多网站如网易、新浪、搜狐都推出了收费邮箱服务，提高了邮箱的服务性能。

下面以网易为例介绍申请一个免费邮箱的步骤：打开网易主页，点击页面右上方的注册免费邮箱，将打开如图 3-16 所示的页面，按照要求输入相关信息即可完成注册。

图3-16　注册免费电子邮箱

腾讯QQ用户已被分配免费的电子邮箱，QQ用户不用注册便可使用。

（4）使用电子邮箱

① 打开网易邮箱主页，在用户名和密码框内输入注册的用户名和密码。

② 单击"登录"按钮，即可进入如图3-17所示邮箱界面。

③ 在窗口的左侧可以看到收信、写信、收件箱、草稿箱等功能选项，如果要发邮件，可点击"写信"按钮。

图3-17 网易邮箱界面

④ 在收件人处填入收件人电子邮箱的地址，如果同时发给多人，地址间用西文分号";"间隔。主题可以填写邮件大意，以便收信者能直观了解来信内容。

⑤ 附件添加完后，在下面的编辑区中输入信件正文。

⑥ 全部输入完毕，确认无误后就可以点击"发送"选项。如果附件比较大，发送时间也许会很长，请耐心等待，发送完毕会提示成功发送。

（5）通过Microsoft Outlook管理电子邮件

用户通过计算机网络收发电子邮件，也可以通过POP3协议，使用专用电子邮件客户端应用程序将邮件接收到本地计算机上查看，发送时先在本机上写好邮件，再通过SMTP协议将邮件直接发送到邮件服务器上。目前，该类电子邮件客户端应用程序种类很多，如Windows系统自带的Microsoft Outlook软件、Foxmail软件等，本小节不作详细介绍。

3.2.6 实训项目

发送电子邮件

【实训目的】

(1) 学习申请免费电子邮箱；

(2) 正确填写电子邮箱地址。

【实训要求】

(1) 在国内门户网站上申请电子邮箱；

（2）正确发送电子邮件。

【实训指导】

（1）在新浪、搜狐或网易上申请一个免费电子邮箱，推荐网易 163 邮箱，申请成功后，要记录邮箱地址和登录密码。

（2）图 3-18 为网易 163 邮箱发送电子邮件的界面。在"收件人"一栏填入对方电子邮箱地址，注意格式中的"@"；填写邮件主题，让对方知道邮件主要内容是什么；如果有文件发给对方，要添加到"附件"；正文写上要和对方说的内容；点击"发送"，即可将电子邮件发送给对方。如果是经常联系的人，可将对方邮箱添加到"通讯录"中。

图 3-18　发送电子邮件

3.3 信息素养与社会责任

3.3.1　信息素养的概念

信息素养是指人们通过对信息领域相关知识与技能的学习和掌握，形成的职业素养和运用能力，其本质是全球信息化背景下需要人们具备的一种基本能力。

"信息素养"这一概念是信息产业协会主席保罗·泽考斯基于 1974 年在美国提出的。定义来自 1989 年美国图书馆协会（American Library Association，ALA），它包括文化素养、信息意识和信息技能三个层面,即能够判断什么时候需要信息,并且懂得如何去获取信息,如何去评价和有效利用所需的信息。

3.3.2 信息素养的要素

现在常说的信息素养的要素包括信息知识、信息意识、信息技能和信息道德,四个方面构成一个不可分割的整体;信息知识是基础,信息意识是动力,信息技能是核心,信息道德是保证。

信息素养包含文化、经济、技术和法律等诸多因素,与多学科密切相关。

(1) 信息知识

信息知识是指与信息有关的理论、知识和方法,包括信息理论知识与信息基本技术知识。信息理论知识包括信息的基本概念、信息的科学与技术原理等。有了对信息本身的认知,就能更好地判断信息,搜索获取、分析利用信息。信息知识是培养和提升信息素养的基础。信息知识可概括分为以下 3 个方面。

① 传统文化素养:传统文化素养包括阅读、写作、计算的能力。尽管进入信息时代之后,读、写、算方式发生了巨大的变革,被赋予了新的含义,但传统的读、写、算能力仍然是人们文化素养的基础。信息素养是传统文化素养的延伸和拓展。在信息时代,必须具备快速阅读的能力,这样才能有效地在各种各样、成千上万的信息中获取有价值的信息。

② 信息及信息技术的相关知识:包括信息的理论知识,对信息、信息化、信息化社会的认识和理解,信息处理的方法与原则,信息技术的原理、发展及未来等。

③ 外语知识:信息社会是全球性的,要相互沟通,就要了解国外的信息,通过网络浏览学习世界各国的知识文化与技术,这要求我们每个人具有一定的外语能力,适应信息化社会的需要。

(2) 信息意识

信息意识是指客观存在的信息和信息活动在人们头脑中的能动反映,表现为人们对所关心的事或物的信息敏感力、观察力、分析判断能力及对信息的创新能力。它是意识的一种,为人类所特有。信息意识是人们产生信息需求,形成信息动机,进而自觉寻求信息、利用信息、形成对信息的兴趣的动力和源泉。

通俗地讲,就是对自己不明白的事物,能具备积极主动地去寻找答案的想法,并清楚要用什么方法,去到哪里寻求答案,这就是信息意识的体现。

(3) 信息技能

信息技能指识别、获取、利用信息的能力以及利用信息技术的能力。识别信息即对信息进行分析、判断,决策信息取舍以及分析信息成本。获取信息就是通过各种途径和方法搜集、查找、分析和存储信息。利用信息即有目的地将信息用于解决实际问题或用于学习和科学研究之中,通过已知信息挖掘信息的潜在价值和意义并综合运用,以创造新知识。利用信息技术即利用计算机网络以及多媒体等工具搜集信息、处理信息、传递信息、发布信息和表达信息。

（4）信息道德

信息道德是指在获取信息的各个环节中，用来规范人们的各种社会关系的道德意识、道德规范和道德行为的总和。它通过社会舆论、传统习俗等，使人们形成一定的信念、价值观和习惯，从而使人们自觉地通过自己的判断规范自己的信息行为，使之符合相关法律、道德、文化和习俗的约束和要求。

3.3.3 信息素养的外在表现

① 具有正确的人生观、价值观，热爱生活，乐观向上，有强烈的未知欲；
② 具有一定的科学和文化知识，具备对获得的信息进行辨别、分析和判断的能力；
③ 能够有效地利用信息，表达个人的思想和观点，将信息合理运用到自己的工作与生活中；
④ 能够运用各类信息解决问题，有较强的创新意识和进取精神；
⑤ 在获取和使用信息过程中，规范自己的信息行为，不违反法律、道德、文化和传统习俗。

3.3.4 信息技术的发展史

人类历史上信息技术的发展过程，经历了漫长的阶段，可概括分为以下五个阶段。

（1）语言的使用

语言成为人类进行思想交流和信息传播不可缺少的工具，最早可追溯到石器时代。人类语言能力与制造工具的能力有着十分紧密的关系。

（2）文字的出现和使用

文字的出现和使用，使人类对信息的保存和传播取得重大突破，较大地超越了时间和地域的局限。汉字大约出现在青铜器时代。

（3）印刷术的发明和使用

印刷术的发明和使用，使书籍、报刊成为重要的信息储存和传播的媒体。在公元六世纪，中国隋代开始雕版印刷。

（4）电话、广播、电视的使用

电话的应用使人们能够利用导线传输电压、电流来传递信息；广播和电视的应用，更是使人类进入利用电波传播信息的时代。1837年美国人莫尔斯研制了世界上第一台有线电报机；1876年3月10日，美国人贝尔用自制的电话同他的助手通了话；1894年电影问世；1895年俄国人波波夫和意大利人马可尼分别成功地进行了无线电通信实验；1925年英国首次利用电视进行播映。

（5）计算机与互联网的使用

其标志是电子计算机的普及应用及计算机与现代通信技术的有机结合。以1946年电子计算机的产生为典型标志。

3.4 新一代信息技术概述

新一代信息技术是以人工智能、量子信息、移动通信、物联网、区块链等为代表的新兴技术。它既是信息技术的纵向升级，也是信息技术之间及其与相关产业的横向融合。

（1）人工智能

人工智能是计算机科学的一个分支，它是研究、开发用于模拟和扩展人的智能的方法、技术及应用系统的一门新的技术科学。

它通过分析智能的实质，研究出一种用与人类智能相似的方式做出反应的智能机器，该领域的研究包括机器人、语言识别、图像识别、语言处理和专家系统等。人工智能是对人的意识、思维的信息过程的模拟。人工智能不会是人的智能，但一定程度上能具有和人一样的思维方式和行为能力。

人工智能是一门复合学科，综合了计算机科学、心理学和哲学等。概括来说，人工智能研究的主要目标是使机器能够替代只有人类智能才能完成的复杂工作。

（2）量子信息

量子信息技术是用量子态粒子来编码、传输、处理和存储信息的一类前沿理论技术的总称。量子特有的多维性、不可分割性和不可复制性，使其突破了现有信息技术的物理极限和运算速度极限，在安全通信、加密/解密、金融计算等方面具备巨大的发展潜力和应用前景。展望未来，量子信息技术将走向产业化，主要集中在量子通信、量子计算、量子测量三大领域。量子通信的形式包括量子密钥分发、量子隐形传态、量子密集编码、量子纠缠分发等。其中，量子密钥分发是我国量子保密通信最典型的应用。量子计算硬件实现形式主要包括超导、半导体、离子阱三种。量子测量将应用到科学探索、技术标准、国防军事等各前沿领域。

（3）移动通信

移动通信是无线通信的科学技术，它是计算机与互联网融合发展的重要成果。目前，已经迈入了第五代移动通信技术发展的时代（5G 移动通信技术），第六代移动通信技术正在研发中。

在过去的几十年，移动通信的快速发展对社会政治、经济、文化和娱乐都产生了深刻的影响，改变了人们的思维和行为方式以及生活习惯。移动通信未来在虚拟现实和增强现实、云计算和物联网等领域将会有广阔的应用。

（4）物联网

物联网是指通过信息传感器、全球定位系统、红外感应器等各种装置与技术，实时采集任何需要监控、连接、互动的物体或需要监控的过程，采集物体的声、光、热、电、生物、位置等各种需要的信息，通过各类网络接入，实现物与物、物与人的连接，实现对物品和过程的智能化感知、识别和管理。

物联网是一个基于互联网、传统电信网等的信息承载体，它运用了射频识别技术、网络、云计算等先进技术，实现了物与物、物与人的泛在连接。

物联网重点应用在智能交通、智能家居和公共安全等领域，旨在打造智能社会。

（5）区块链

区块链属于前沿科学技术，就是一个又一个区块组成的链条。每一个区块中保存了一定的信息，它们按照各自产生的时间顺序连接成链条。这个链条被保存在所有的服务器中，只要整个系统中有一台服务器可以工作，整条区块链就是安全的。这些服务器在区块链系统中被称为节点，如果要修改区块链中的信息，必须征得半数以上节点的同意并修改所有节点中的信息，而这些节点通常掌握在不同的主体手中，因此篡改区块链中的信息是一件极其困难的事。相比于传统的网络，区块链具有两大核心特点：一是数据难以篡改，二是去中心化。基于这两个特点，区块链所记录的信息更加真实可靠，可以帮助解决人们互不信任的问题。

3.5 网络信息安全与操作规范

随着互联网渗透进国民经济的各行各业，互联网设备"接入点"范围的不断扩大，传统的边界防护概念已经被改变；随着移动互联的推动，智能终端正在改变着人们的生活，很多企业都面临着向互联网企业的转型和升级，用户隐私安全受到威胁的可能性增大，信息安全将是未来所有人最为关心的问题之一。

3.5.1 计算机安全策略

（1）在使用电脑过程中采取网络安全防范措施

① 安装防火墙和防病毒软件，并经常升级；

② 注意经常给系统打补丁，堵塞软件漏洞；

③ 不要访问一些不太了解的网站，不要执行从网上下载后未经杀毒处理的软件，不要打开来源不明的文件等。

（2）将网页浏览器配置得更安全

① 设置统一、可信的浏览器初始页面；

② 定期清理浏览器中本地缓存、历史记录以及临时文件内容；

③ 利用病毒防护软件对所有下载资源及时进行恶意代码扫描。

当用户访问一个网站时，cookies 将自动储存于用户浏览器内，其中包含用户访问该网站的种种活动、个人资料、浏览习惯、消费习惯，甚至信用记录等。这些信息用户无法看到，当浏览器向此网址的其他主页发出 GET 请求时，此 cookies 信息也会随之发送过去，这些信息可能被不法分子获取。为保障个人隐私安全，可以在浏览器设置中对 cookies 的使用做出限制。

3.5.2 上网安全与防范

（1）防范病毒或木马的攻击

① 为电脑安装杀毒软件，定期扫描系统、查杀病毒；及时更新病毒库、更新系统补丁；

② 下载软件时尽量到官方网站或大型软件下载网站，在安装或打开来历不明的软件或文件前先杀毒；

③ 不随意打开不明网页链接，尤其是不良网站的链接，陌生人通过 QQ 给自己传链接时，尽量不要打开；

④ 使用网络通信工具时不随意接收陌生人的文件，若接收可取消"隐藏已知文件类型扩展名"功能来查看文件类型；

⑤ 对公共磁盘空间加强权限管理，定期查杀病毒；

⑥ 打开移动存储器前先用杀毒软件进行检查，可在移动存储器中建立名为 autorun.inf 的文件夹（可防止 U 盘病毒启动）；

⑦ 需要从互联网等公共网络上下载资料转入内网计算机时，用刻录光盘的方式实现转存；

⑧ 对计算机系统的各个账号要设置口令，及时删除或禁用过期账号；

⑨ 定期备份，被病毒严重破坏后能迅速修复。

（2）安全使用电子邮件

① 不要随意点击不明邮件中的链接、图片、文件；

② 使用电子邮件地址作为网站注册的用户名时，应设置与原邮件密码不相同的网站密码；

③ 适当设置找回密码的提示问题；

④ 当收到与个人信息和金钱相关（如中奖、集资等）的邮件时要提高警惕。

（3）防范钓鱼网站

① 通过查询网站备案信息等方式核实网站资质的真伪；

② 安装安全防护软件；

③ 警惕中奖、修改网银密码的通知邮件、短信，不轻易点击未经核实的陌生链接。

④ 不在多人共用的电脑上进行金融业务操作，如网吧等。

（4）防范网络上的虚假、有害信息

① 及时举报疑似谣言信息；

② 不造谣、不信谣、不传谣；

③ 注意辨别信息的来源和可靠度，通过经第三方可信网站认证的网站获取信息；

④ 注意打着"发财致富""普及科学""传授新技术"等幌子的信息；
⑤ 在获得相关信息后，必要时应先去函或去电当地工商、质检等部门，核实情况。

（5）防范社交网站信息泄露

① 利用社交网站的安全与隐私设置保护敏感信息；
② 不要轻易点击未经核实的链接；
③ 在社交网站谨慎发布个人信息；
④ 根据自己对网站的需求选择注册。

（6）保护网上购物安全

网上购物面临的安全风险主要有如下方面：一是通过网络进行诈骗，部分商家恶意在网络上销售自己没有的商品，因为绝大多数网络销售是先付款后发货，商家等收到款项后便销声匿迹；二是钓鱼欺诈网站，以不良网址导航网站、不良下载网站、钓鱼欺诈网站为代表的"流氓网站"群体正在形成一个庞大的灰色利益链，使消费者面临网购风险；三是支付风险，一些诈骗网站盗取消费者的银行账号、密码、口令卡等，同时，消费者购买前的支付程序烦琐，退货流程复杂、时间长，货款只退到网站账号不退到银行账号等，也使网购出现安全风险。保护网上购物安全的主要措施如下：

① 核实网站资质及网站联系方式的真伪，尽量到权威的网上商城购物；
② 尽量通过网上第三方支付平台交易，切忌直接与卖家私下交易；
③ 在购物时要注意商家的信誉、评价和联系方式；
④ 在交易完成后要完整保存交易订单等信息；
⑤ 在填写支付信息时，一定要检查支付网站的真实性；
⑥ 注意保护个人隐私，直接使用个人的银行账号、密码和证件号码等敏感信息时要慎重；
⑦ 不要轻信网上的低价推销广告，也不要随意点击未经核实的陌生链接。

（7）防范骚扰电话、电信诈骗、垃圾短信

用户使用手机时遭遇的垃圾短信、骚扰电话、电信诈骗主要有以下4种形式：一是冒充国家机关工作人员实施诈骗；二是冒充电信等有关职能部门工作人员，以电信欠费、送话费等为由实施诈骗；三是冒充被害人的亲属、朋友，编造生急病、发生车祸等意外急需用钱的理由，从而实施诈骗；四是冒充银行工作人员，假称被害人银联卡在某地刷卡消费，诱使被害人转账实施诈骗。

在使用手机时，防范骚扰电话、电信诈骗、垃圾短信的主要措施如下：

① 克服贪利思想，不要轻信，谨防上当；
② 不要轻易将自己或家人的身份、通信信息等家庭、个人资料泄露给他人，对涉及亲人和朋友求助、借钱等内容的短信和电话，要仔细核对；
③ 接到培训通知，以银行信用卡中心名义发布银行卡升级等信息，以及招工、婚介类等广告时，要多做调查；
④ 不要轻信涉及加害、举报、反洗钱等内容的陌生短信或电话，既不要理睬，更不要为"消灾"将钱款汇入犯罪分子指定的账户；

⑤ 对于广告推销特殊器材、违禁品的短信和电话，应不予理睬并及时清除，不要汇款购买；

⑥ 到银行自动取款机（ATM 机）存取钱遇到银行卡被堵、被吞等意外情况，应认真识别自动取款机"提示"的真伪，不要轻信，可拨打 95516（银联中心客服电话）的人工服务台了解查询；

⑦ 遇见诈骗类电话或信息，应及时记下诈骗犯罪分子的电话号码、电子邮件地址、银行卡账号，并记住犯罪分子的口音、语言特征和诈骗的手段和经过，及时到公安机关报案，积极配合公安机关开展侦查破案和追缴被骗款等工作。

从目前的情况来看，Internet 市场有巨大的发展潜力，未来其应用将涵盖从办公室共享信息到市场营销、服务等广泛领域。另外，Internet 带来的电子贸易正改变着现今商业活动的传统模式，大多数的行业都在向"互联网＋"模式转变。伴随着大数据和物联网时代的到来，网络会影响各行各业甚至每一个人。

本章习题

1. 以太总线网采用的网络拓扑结构是_____。
   A. 总线结构　　　　B. 星型结构　　　　C. 环型结构　　　　D. 树型结构
2. OSI 参考模型从逻辑上把网络通信功能分为 7 层，最底层是_____。
   A. 网络层　　　　　B. 物理层　　　　　C. 数据链路层　　　D. 应用层
3. 在 Internet 中，用来进行文件传输的协议是_____。
   A. IP　　　　　　　B. TCP　　　　　　C. FTP　　　　　　D. HTTP
4. 在 Internet 中，一个 IP 地址是由_____二进制数组成的。
   A. 8 位　　　　　　B. 16 位　　　　　　C. 32 位　　　　　　D. 64 位
5. Internet 的域名结构中，顶级域名为 edu 表示_____。
   A. 商业机构　　　　B. 教育机构　　　　C. 政府部门　　　　D. 军事部门
6. http：//www.cip.com.cn 中，http 代表_____。
   A. 主机　　　　　　B. 地址　　　　　　C. 协议　　　　　　D. TCP/IP
7. 接入 Internet 的两台计算机之间要相互通信，则它们之间必须同时安装有_____协议。
   A. TCP/IP　　　　　B. IPX　　　　　　 C. NETBEUI　　　　D. SMTP
8. 某学校实验室所有计算机连成一个网络，该网络属于_____。
   A. 局域网　　　　　B. 广域网　　　　　C. 城域网　　　　　D. Internet
9. DNS 的作用是_____。
   A. 将 IP 地址转换成域名　　　　　　　B. 将域名转换成 IP 地址
   C. 传输文件　　　　　　　　　　　　D. 收发电子邮件
10. 从域名 www.cq.gov.cn 来看，该网址属于_____。
    A. 教育机构　　　　B. 公司　　　　　　C. 非营利性组织　　D. 政府部门

第四章

WPS文字处理软件

本章学习内容

- WPS文字处理软件文档的创建和保存
- WPS文字处理软件的文档编辑操作
- WPS文字处理软件的表格制作
- WPS文字处理软件的图文混排
- WPS文字处理软件的页面布局与打印

　　WPS Office 支持桌面和移动办公，具有占用内存低、运行速度快、云功能多、有强大插件平台支持、免费提供在线存储空间及文档模板等优点。

　　本章主要介绍 WPS 文字处理软件的基本概念、基本操作、表格制作、图文混排、页面布局及打印等内容，要求读者通过学习能够熟练运用 WPS 文字处理软件处理各种文档资料。

4.1 WPS文字概述

WPS Office 是由北京金山办公软件股份有限公司自主研发的一款办公软件套装，是中国领先的应用软件产品之一。该公司创建于1988年，树立了中国软件产业品牌。WPS Office 已经广泛地应用于个人、政府、企业的电脑，包含 WPS 文字、WPS 表格、WPS 演示、PDF 阅读等功能，具有全面兼容微软 Office 格式（doc、docx、xls、xlsx、ppt、pptx 等）的独特优势，可以直接保存和打开 Microsoft Word、Microsoft Excel 和 Microsoft PowerPoint 文件，也可以用 Microsoft Office 轻松编辑 WPS 系列文档。

WPS 文字软件是金山软件公司研发的一种办公软件中的组件，它集编辑与打印于一体，具有丰富的全屏幕编辑功能，可以用于日常办公文档处理、文字排版、数据处理、建立表格等。而且它还提供了各种控制输出格式及打印功能，使打印出的文稿既美观又规范，基本上能满足各界文字工作者编辑、打印各种文件的需要和要求。通过这个软件可以制作办公文档，进行艺术广告设计、书本杂志报纸编排等。

WPS 文字旨在向用户提供上乘的文档格式设置工具，利用它还可更轻松、高效地组织和编写文档，无论何时何地灵感迸发，都可捕获这些灵感。

4.1.1 认识WPS文字

（1）WPS文字的主要功能

WPS 文字的功能十分强大，主要功能如下。

① 使用向导快速创建文档

根据给定的模板创建文档，如：信函、电子邮件、简历、备忘录、日历等。

② 文档编辑排版功能齐全

如页面设置、文本选定与格式设置、查找与替换、项目符号、拼写与语法校对等。

③ 支持多种文档浏览与文档导航方式

支持大纲视图、页面视图、文档结构图、Web 版式、目录、超链接等多种方式，使用户能快速浏览和阅读长文档。

④ 联机文档和 Web 文档

利用 Web 页可以创建 Web 文档。

⑤ 图形处理

可以使用基本类型的图形来增强 WPS 文字文档的效果。

⑥ 图表与公式

可以在 WPS 文字中创建图表，并且其具备复杂数学公式的编辑功能。

（2）WPS文字的特点

WPS 文字具备如下特点。

① 操作界面直观友好

WPS 文字有友好的界面、丰富的工具，使用鼠标点击即可完成排版任务。

② 多媒体混排效果突出

WPS 文字可以轻松实现文字、图形、声音、动画及其他可插入对象的混排。

③ 强大的制表功能

WPS 文字可以自动、手动制作多样的表格，表格内数据还能实现自动计算和排序。

④ 自动检查、更正功能

WPS 文字提供了拼写和语法检查、自动更正功能，一定程度上保障了文章的正确性。

⑤ 实时预览功能

WPS 文字的字体可实时预览并在浮动工具栏里实现格式设计的功能。

⑥ 丰富的模板与向导功能

WPS 文字针对用户经常使用的文档格式提供了丰富的模板，用户可以使用模板根据向导快速创建文档。

⑦ Web 工具支持功能

WPS 文字可以方便地制作简单的 Web 页面（通常称为网页）。

⑧ 强大的打印功能

WPS 文字对打印机具有强大的支持性和配置性，并提供了打印预览功能，打印效果在编辑屏幕上可以一目了然。

4.1.2　WPS文字的突出功能

（1）字体特效，书法字体

　　WPS 文字提供了多种字体特效，其中还有轮廓、阴影、映像、发光（"开始"→"文本效果"）四种具体设置供用户精确设计字体特效，可以让用户制作更加具有特色的文档。

（2）导航窗格

　　WPS 文字有导航窗格的功能，用户可在导航窗格中快速切换至任何章节的开头（根据标题样式判断），同时也可在输入框中进行即时搜索，包含关键词的章节标题会在输入的同时高亮显示。

（3）屏幕翻译工具

　　在"审阅"选项卡下有"翻译"按钮，可以开启屏幕翻译功能。启用"划词跟随面板"功能后，当鼠标指针指向某单词或是使用鼠标选中一个词组或一段文本时，屏幕上就会出现一个小的悬浮窗口，给出相关的翻译和定义。另外"复制"选项也会在窗口中出现，用户可以将翻译后的内容复制下来，粘贴在文档的相应位置。

（4）图片处理

　　WPS 文字的图片处理功能很强大。它包含多种艺术效果（选中图片，之后进行格式设置即可），并且可以直接在 WPS 文字中对图片进行裁剪操作以及锐化、柔化、亮度、对比度、饱和度、色调的调节，还可以进行简单的抠图操作，而无须再启动 Photoshop 了。

（5）粘贴选项

在 WPS 文字中进行粘贴时，图片旁边会出现"粘贴"选项。在"粘贴"选项中，有常见的各种操作，方便用户选用。此外，WPS 文字中在进行粘贴之前，工作区会出现粘贴效果的预览图。用户可以在未粘贴的时候就看到粘贴后的效果。

（6）智能图形

智能图形是 WPS 文字中的一种插图形式。WPS 文字在现有的类别下增加了大量的新模板，还新添了多个新类别。应用智能图形可以轻松制作丰富多彩、表现力丰富的智能图形示意图。

（7）方便快速地插入表格

在 WPS 文字中建立表格方便快捷。在"表格"的下拉列表中可以快速选择表格大小，绘制表格的功能十分强大。

（8）其他功能

WPS 文字还具有其他诸多功能，如："输出为图片""WPS 文字文件到 PDF 格式文件""云文档""屏幕截图"等。

4.1.3 WPS文字的启动和退出

（1）WPS文字的启动

安装好 WPS Office 教育考试专用版套装软件后，启动 WPS 文字最常用的方法有如下三种。

① 单击"开始"→"所有程序"→"WPS Office"→"WPS Office 教育考试专用版"，打开 WPS Office 教育考试专用版首页，启用 WPS 文字，即可进入 WPS 文字的操作环境。

② 双击桌面上的"WPS Office 教育考试专用版"快捷图标，即可打开 WPS Office 教育考试专用版首页，从而启动 WPS 文字。

③ 在"计算机"或"资源管理器"窗口中，直接双击已经生成的 WPS 文字或 Word 文档即可启动 WPS 文字，并同时打开该文档。

启动 WPS 文字后，打开操作界面，表示系统已进入 WPS Office 工作环境。

（2）WPS文字的退出

退出 WPS 文字的方法有多种，最常用的方法有如下四种。
① 单击 WPS 窗口右上角的关闭"×"按钮。
② 选择"文件"→"退出"命令。

③ 使用快捷键"Alt+F4",快速退出当前程序。

④ 在文档标题上单击右键,在弹出的菜单中选择"关闭"命令。

退出 WPS 文字表示结束 WPS 文字程序的运行,这时系统会关闭已打开的 WPS 文档,如果文档在此之前做了修改而未保存,则系统会出现如图 4-1 所示的提示对话框,提示用户是否对所修改的文档进行保存。根据需要选择"是"或"否","取消"表示不退出 WPS 文字。

图 4-1　保存文件对话框

4.1.4　WPS文字的操作界面

WPS 文字的操作界面由多种元素组成,这些元素定义了用户与产品的交互方式,能帮助用户方便地使用 WPS 文字,还有助于快速查找到所需的命令,启动成功后显示的操作界面如图 4-2 所示。

图 4-2　WPS文字操作界面

WPS 文字操作窗口由上至下主要由标题栏、快速访问工具栏、功能选项卡、功能区、文本编辑区、状态栏以及视图选项按钮区等组成,如图 4-3 所示。

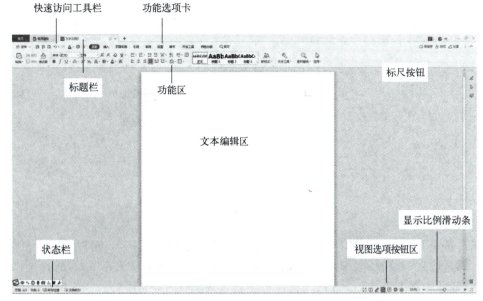

图4-3 WPS文字操作窗口

4.2 制作文档

使用WPS文字编辑文档，首先必须创建文档。本节主要介绍WPS文档的创建、保存、页面设置、文本输入和关闭。

4.2.1 文档的创建与保存

（1）新建文档

在WPS中可以创建空白文档，也可以根据现有内容创建具有特殊要求的文档。

① 创建空白文档

空白文档是最常使用的文档。创建空白文档的操作步骤如下。

a. 单击"文件"按钮，或单击标题栏中的"+"新建标签，在打开的页面中选择"新建"命令，打开"新建"页面。

b. 在"推荐模板"区域中选择"新建空白文档"选项，即可创建一个空白文档。如图4-4所示。

图4-4 创建空白文档

② 新建在线文档

在"新建"页面的"推荐模板"区域中选择"新建在线文档",可以选择"空白文字文档"或其他文档模板,点击右上角的"分享"按钮,设置分享或是多人编辑范围,选择"创建并分享"就新建了一个在线文档,可以进入共享多人编辑了。

③ 根据模板创建文档

在"文件"→"新建"页面中,可以选择其他的文档模板,如简历、工作总结、宣传海报、行政公文、人事证明等,创建满足自己特殊需要的文档。

(2) 保存文档

对于新建的 WPS 文字文档或某个正在编辑的文档,如果出现计算机死机、停电等非正常关机的突发事件,文档中的信息就会丢失,因此为了保护劳动成果,做好文档的数据保存工作是极其重要的。

① 保存新建文档

如果要对新建文档进行保存,可单击快速访问工具栏上的"保存"按钮;也可单击"文件"按钮,在打开的页面中选择"保存"命令。在这两种情况下,都会弹出一个"另存为"对话框,然后在该对话框中选择保存路径,在"文件名"文本框中键入文件名,在"保存类型"下拉列表框中可选择默认类型"WPS 文件(*.wps)",也可选择"Word 文件(*.docx)""Word 97-2003 文件(*.doc)""PDF 文件格式(*.pdf)"类型或其他保存类型,然后单击"保存"按钮。

② 保存已经保存过的文档

对已经保存过的文档进行保存,可单击快速访问工具栏上的"保存"按钮;也可单击"文件"按钮,在打开的页面中选择"保存"命令。在这两种情况下,都会按照原文件的路径、文件名称及文件类型进行保存。

③ 另存为其他文档

如果文档已经保存过,且在进行了一些编辑操作之后,需要实现如保留原文档、文件更名、改变文件保存路径、改变文件类型四种中的任意一种操作,都需要打开"另存为"对话框进行保存,即单击"文件"按钮,在打开的页面中选择"另存为"命令,打开"另存为"对话框,在其中设置保存路径、文件名称及文件类型,然后单击"保存"按钮即可。

如果已登录 WPS 个人账户,并且启用"云同步",可将文档同步备份至云端,移动端也可查看或编辑文档。

4.2.2 页面设置

当文档编辑排版完成以后需要打印时，一般都要对文档的页面格式进行设置，因为它会直接影响到文档的打印效果。文档的页面格式设置主要包括页面格式、页眉与页脚、分页与分节以及预览与打印等。页面格式设置一般是针对整个文档而言的。

WPS 文字在新建文档时，采用默认的页边距、纸张、版式等页面格式。用户可根据需要重新设置页面格式。用户设置页面格式时，首先必须单击"页面布局"选项卡，打开"页面设置"功能组，如图 4-5 所示。"页面设置"功能组从左到右排列的功能按钮分别是："页边距""纸张方向""纸张大小""分栏""文字方向"，再从上到下分别是："分隔符"和"行号"。设置页面格式可单击"页边距""纸张方向"和"纸张大小"等功能按钮进行，也可单击"页面设置"功能组右下角的"页面设置"对话框按钮，在打开的"页面设置"对话框中进行设置。在此仅介绍利用对话框进行设置的操作方法（图 4-5）。

图 4-5 "页面设置"功能组与"页面设置"对话框

（1）设置纸型

在"页面设置"对话框中，单击"纸张"选项卡，在"纸张大小"下拉列表框中选择纸张类型；在"宽度"和"高度"文本框中自定义纸张大小；在"应用于"下拉列表框中选择页面设置所适用的文档范围，如图 4-6 所示。

（2）设置页边距

页边距是指文本区和纸张边沿之间的距离，页边距决定了页面四周的空白区域，它包括左、右页边距和上、下页边距。

在"页面设置"对话框中，单击"页边距"选项卡，在"页边距"区域里设置上、下、左、右 4 个边距数值和单位，在"装订线位置"和"装订线宽"处分别设置装订线占用的空间和位置；在"方向"区域里设置纸张显示方向；在"应用于"下拉列表框中选择适用范围，如图 4-7 所示。

图4-6 "纸张"选项卡

图4-7 "页边距"选项卡

4.2.3 在文档中输入文本

我们建立的文档常常是一个空白文档，还没有具体的内容，本小节介绍在文档中输入文本的一般方法，以及输入不同文本的具体操作。首先介绍定位"插入点"的方法。

（1）定位"插入点"

在WPS文字文档的输入编辑状态下，光标起着定位的作用，光标的位置即对象的"插入点"位置。定位"插入点"可通过键盘和鼠标的操作来完成。

① 用键盘光标移动键快速定位"插入点"。
② 将鼠标指针指向文本的某处，直接单击鼠标左键定位"插入点"。

（2）输入文本的一般方法和原则

输入文本是使用WPS文字的基本操作。在WPS文档窗口中有一个闪烁的插入点，表示输入的文本将出现的位置，每输入一个文字，插入点会自动向后移动。在文档中除了可以输入汉字、数字和字母以外，还可以插入一些特殊的符号，也可以在WPS文档中插入日期和时间。

在输入文本过程中，WPS文字将遵循以下原则。

① WPS具有自动换行功能，因此，当输入到每一行的末尾时，不要按"Enter"键，让WPS自动换行，只有当一个段落结束时，才按"Enter"键。如果按"Enter"键，将在插入点的下一行重新创建一个新的段落，通过WPS文字的选项格式标记的设置可以在段落的结束处显示段落结束标记。

② 按空格键，将在插入点的左侧插入一个空格符号，其宽度将由当前输入法的全/半角状态而定。

③ 按"Backspace"键，将删除插入点左侧的一个字符。
④ 按"Delete"键，将删除插入点右侧的一个字符。

更多输入文本过程中的键盘用法见表4-1。

表 4-1　键盘用法

键盘名称	光标移动情况	键盘名称	光标移动情况
↑	上移一行	Ctrl+ ↑	光标移到当前段落或上一段的开始位置
↓	下移一行	Ctrl+ ↓	光标移到下一个段落的首行首字前面
←	左移一个字符或一个汉字	Ctrl+ ←	光标向左移动一个词的距离
→	右移一个字符或一个汉字	Ctrl+ →	光标向右移动一个词的距离
Home	移到行首	Ctrl+Home	光标移到文档的开始位置
End	移到行尾	Ctrl+End	光标移到文档的结束位置
Page Up	上移一页	Ctrl+Page Up	光标移到当前页或上一页的首行首字前面
Page Down	下移一页	Ctrl+Page Down	光标移到下页的首行首字前面

（3）拼写检查

WPS 可以自动监测所输入的文字类型，并根据相应的词典自动进行拼写和语法检查，在系统认为错误的字词下面出现红色的波浪线。用户可以在这些单词或词组上单击鼠标右键获得相关的帮助和提示。此功能能够对输入的英文、中文词句进行语法检查，从而提醒用户进行更改，降低输入文字的错误率。拼写检查的设置方法如图 4-8 所示。

图 4-8　拼写检查设置

① 按"F7"键，WPS 文字就开始自动检查文档，弹出"拼写检查"对话框，如图 4-9 所示。

② 单击"审阅"选项卡中的"拼写检查"按钮，WPS 文字就开始进行检查。

WPS 文字只能查出文档中比较简单或者低级的错误，一些逻辑上和语气上的错误还要用户自己去检查。

（4）插入符号

在 WPS 文字中插入符号，可以使用插入符号的功能，操作方法如下。

图 4-9　"拼写检查"对话框

① 将插入点移动到待插入符号的位置。
② 单击"插入"选项卡，打开"功能区"。
③ 单击"符号"按钮，在弹出的符号框中选择一种需要的符号，如图4-10（a）所示。

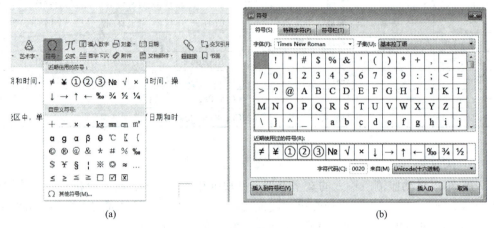

图4-10 符号框（a）和"符号"对话框（b）

④ 如不能满足要求，再选择"其他符号"命令，打开"符号"对话框。
⑤ 在"符号"对话框中，选择"符号""特殊字符"或"符号栏"选项卡可分别插入用户需要的符号或特殊字符，如图4-10（b）所示。

（5）插入日期和时间

在 WPS 文字中，可以直接输入日期和时间，也可插入系统固定格式的日期和时间，操作方法如下。
① 定位插入点。
② 单击"插入"选项卡，在打开的功能区中，单击"日期"按钮，打开"日期和时间"对话框，如图4-11（a）所示。

图4-11 "日期和时间"对话框（a）与"插入对象"对话框（b）

③ 该对话框用来设置日期和时间的格式，要先在"语言（国家/地区）"下拉列表框中选择"中文（中国）"或"英语（美国）"，然后在"可用格式"列表框中选择所需的格式，

如选择了"自动更新"复选框，则插入的日期和时间会自动进行更新，不选此复选框时保持输入时的值。

④ 选定日期或时间格式后，单击"确定"按钮，插入日期或时间的同时，系统自动关闭对话框。

（6）插入数学公式

编辑文档时常常需要输入数学符号和数学公式，可以使用 WPS 提供的"公式编辑器"来输入。例如要建立数学公式：

$$S = \sum_{i=0}^{n}(x^i + \sqrt[3]{y^i}) - \frac{\alpha^2 + 4}{\alpha + \beta} + \int_{1}^{8} x\mathrm{d}x$$

可采用如下的输入方法和步骤。

① 将插入点定位到待插入公式的位置。

② 单击"插入"选项卡，在打开的功能区中，单击"对象"按钮，打开"插入对象"对话框，如图 4-11（b）所示。

③ 在"插入对象"对话框中，选择"新建"按钮。

④ 在"对象类型"下拉列表框中选择"WPS 公式 3.0"，单击"确定"按钮，弹出"公式编辑器"工具栏，如图 4-12 所示。

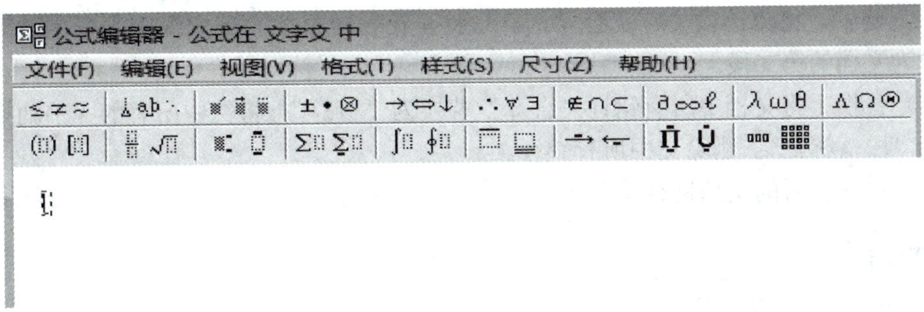

图 4-12 "公式编辑器"工具栏

⑤ 输入公式。其中一部分符号，如公式中的"S""=""0"等从键盘输入。"公式编辑器"工具栏中的第一行是各类数学符号，第二行是各类数学表达式模板。在输入时可用键盘上的上下左右键或"Tab"键来切换公式输入框中的"插入点"位置。

⑥ 关闭"公式编辑器"，回到文档的编辑状态。可用鼠标右键单击公式对象，选择快捷菜单中的"设置对象格式"命令，修改对象格式，如大小、版式等。如要再次编辑公式，可以双击公式，就会出现"公式编辑器"。

4.2.4 关闭文档

关闭文档的常用方法有以下几种。

① 选择"文件"→"退出"命令。

② 单击窗口右上角的"关闭"按钮。

③ 鼠标指针指向任务栏中的 WPS 文字窗口，单击"关闭"按钮。

④ 在任务栏中的 WPS 文字窗口处单击鼠标右键，选择"关闭窗口"。
⑤ 使用快捷键"Alt+F4"组合键，快速关闭文档。

4.2.5　实训项目

WPS 文字文档制作

【实训目的】

（1）掌握 WPS 文字的启动、新建文档、输入文本、保存文档的方法；
（2）掌握打开文档的方法，并进行文档内容的编辑；
（3）掌握文档内容的查找和替换的操作方法；
（4）掌握移动和复制文本内容的操作方法；
（5）掌握页面设置的操作方法。

【实训要求】

（1）新建 WPS 文字文档"学号+姓名"，并保存到 D 盘下，设置文档显示"段落标记"。
（2）页面设置：设置纸张大小为 A4，方向为纵向，上下左右页边距均为 2 厘米，装订线位置为左侧，宽度为 1 厘米。
（3）打开素材文件"辽宁深蓝光电集团"，将素材文档中的全部文字复制至"学号+姓名"文档中，将第三段文字"公司简介"移至第一段文字"辽宁深蓝光电集团"之后，使之成为文档的第二段。
（4）替换：将文档中所有错词"合算"替换为"核算"；将文中所有的"手动换行符"替换为"段落标记"；删除文中所有空行。
（5）将编辑后的文档进行保存操作。

【实训指导】

（1）创建 WPS 文字文档

在开始菜单中启动"WPS Office 教育考试版"，或者双击桌面快捷方式，单击"文件"菜单中的"新建"按钮，单击"文字"按钮，选择"新建空白文档"，保存文档并将文件命名为"学号+姓名"，保存路径更改为 D 盘。

打开"学号+姓名"文档，单击"文件"→"选项"，打开"选项"对话框，在"视图"→"格式标记"中勾选"段落标记"复选框，如图 4-13 所示。

（2）页面设置

第一种方法：打开"页面布局"选项卡的"页面设置"对话框，在"纸张"选项卡中，选择纸张大小为 A4。在"页边距"选项卡中设置页边距、纸张方向和装订线位置，如图 4-14 所示。

第二种方法：在"页面布局"选项卡中的"页面设置"功能组中进行相应的设置，该方法操作简便，用户在进行 WPS 文字操作时，会更多地采用这种方法进行操作。

（3）将素材文档中的全部文字复制至新建的文档"学号+姓名"中

第一种方法：用鼠标拖动的方法选择待拷贝的文字，再通过"开始"功能区中"复制""粘贴"按钮进行拷贝操作。

图4-13 "选项"对话框

图4-14 "页面设置"对话框

第二种方法：将鼠标的光标定位至文档起始处，按住键盘上的上挡键"Shift"，再用鼠标选择待选文档的结尾处，或使用"Ctrl+A"组合键选中全文，使用"Ctrl+C"组合键对选择的文档进行复制，然后在"学号+姓名"文档中使用"Ctrl+V"组合键完成粘贴操作。

移动段落有以下两种方法。

第一种方法：选中第三段"公司简介"，并进行剪切，在第二段起始位置，单击鼠标右键，选择粘贴选项中的"保留原格式粘贴"命令，复制过来的文字段落格式与原来一致。

第二种方法：选中第三段"公司简介"，鼠标左键拖曳至第二段起始位置，松开鼠标即可完成段落的移动。

（4）替换

① 将光标放置在文档中，打开"查找和替换"对话框，选择"替换"选项卡，在"查找内容"文本框中输入"合算"，在"替换为"文本框中输入"核算"，单击"全部替换"按钮，如图4-15所示。

图4-15 "查找和替换"对话框

② 将光标放置在文档中，打开"查找和替换"对话框，选择"替换"选项卡，将光标置于"查找内容"文本框中，单击"特殊格式"下拉菜单并选择"手动换行符（L）"，

将光标置于"替换为"文本框中,单击"特殊格式"下拉菜单并选择"段落标记(P)",单击"全部替换"按钮。

③ 将光标放置在文档中,打开"查找和替换"对话框,选择"替换"选项卡,将光标置于"查找内容"文本框中,单击"特殊格式"下拉菜单并选择"段落标记(P)",重复一次,将光标置于"替换为"文本框中,单击"特殊格式"下拉菜单并选择"段落标记(P)",单击"全部替换"按钮。

提示:更加详尽的查找与替换操作参见"4.3.3 文本的查找与替换"。

(5) 保存

点击"保存"按钮,或者使用快捷键组合"Ctrl+S"进行存盘操作。

【学习项目】

(1) 在 E 盘下,创建 WPS 文字文档"尊重有经验的人",并在文档中录入图 4-16 中的文字。

```
尊重有经验的人
有一个博士分到一家研究所,成为该研究所内学历最高的一个人。
有一天他到单位后面的小池塘去钓鱼,正好正副所长在他的一左一右,也在钓鱼。
他只是微微点了点头:"这两个本科生,有啥好聊的呢?"
不一会儿,正所长放下钓竿,伸伸懒腰,噌噌噌地从水面上如飞地走到对面上厕所。
博士眼睛睁得都快掉下来了,水上漂?不会吧?这可是一个池塘啊!
正所长上完厕所回来的时候,同样也是噌噌噌地从水上漂回来了。
怎么回事?博士生又不好去问,自己是博士生嘛!
过了一阵,副所长也站起来,走几步,噌噌噌地漂过水面上厕所。这下子博士更是差点昏倒:"不会吧,到了一个江湖高手集中的地方?"
博士生也内急了。这个池塘两边有围墙,要到对面厕所非得绕十分钟的路,而回单位上又太远,怎么办?
博士生也不愿意去问两位所长,憋了半天后,也起身往水里跨:"我就不信本科生能过的水面,我博士生不能过"。
只听"咚"的一声,博士生栽到了水里。
两位所长将他拉了出来,问他为什么要下水,他问:"为什么你们可以走过去呢?"
两所长相视一笑:"这池塘里有两排木桩子,由于这两天下雨涨水正好在水下面。我们都知道这木桩的位置,所以可以踩着桩子过去。你怎么不问一声呢?"
学历代表过去,只有学习力才能代表将来。尊重有经验的人,才能少走弯路。
```

图 4-16 文字录入

(2) 设置纸张为 B5 纸型,上下页边距为 2 厘米,左右页边距为 2.5 厘米。

(3) 文档的全部文字设置为黑体、小四号。

(4) 将文档中的"博士",设置为宋体、四号、加粗、红色。

4.3
编辑文档

文档不单只有文字,用户要对它进行编辑,才能使其美观,使文档的内容更具感染力,本节将学习如何对文档进行编辑排版。

4.3.1 文本的选定

文本选取的目的是将被选择的文本当作一个整体来进行操作,包括复制、删除、拖动、设置格式等。被选取的文本在屏幕上表现为黑底白字。文本输入后,如果要对文本进行修改,首先要选定待进行修改的内容。文本选取的方法较多,可根据不同的需求选择不同的文本选取方法,以便快速操作。

(1) 全文选取

全文选取的操作方法有如下几种。

① 选择"开始"→"选择"→"全选"命令选取全文。

② 移动鼠标指针至文档任意正文左侧,直到指针变为指向右上角的箭头,然后三击鼠标左键即可选中全文。

③ 使用快捷键组合"Ctrl+A"选取全文。

④ 先将光标定位到文档的开始位置,再按"Shift+Ctrl+End"键选取全文。

⑤ 按住"Ctrl"键的同时单击文档左边的文本选定区选取全文。

(2) 选取部分文档

选取部分文档的操作方法如表 4-2 所示。

表 4-2 选取部分文档的操作方法

操作目的	操作方法
字符的选取	选取一个字符:将鼠标指针移到字符前,单击并拖曳一个字符的位置
	选取多个字符:把鼠标指针移动到要选取的第一个字符前,按着鼠标左键,拖曳到选取字符的末尾,松开鼠标
行的选取	选取一行:在行左边的文本选定区单击鼠标左键
	选取多行:选取一行后,继续按住鼠标左键并向上或下拖曳便可选取多行或者按住"Shift"键,单击结束行
	选取光标所在位置到行尾(或行首)的文字:把光标定位在要选定文字的开始(或结尾)位置,按"Shift+End"键(或"Shift+Home"键),可以选中光标所在位置到行尾(或行首)的文字
	选取从当前插入点到光标移动所经过的行或文本部分:确定插入点,按"Shift+光标移动"键
段落的选取	双击段落左边的文本选定区选取,或三击段落中的任何位置,或按住"Ctrl"键单击段落任意位置
多页文本选取	先在文本的开始处单击鼠标,然后按"Shift"键,并单击所选文本的结尾处
撤销选取的文本	在除文本选取区外的任何地方单击鼠标(页面左边空白处被称为文本选取区)

4.3.2 文本的移动、复制与删除

(1) 移动

移动文本是指将被选定的文本从原来的位置移动到另一位置的操作。

常用的文本移动方法有如下几种。

① 使用功能区命令按钮

a. 选定要移动的文本内容。

b. 单击"开始"→"剪贴板"区域的"剪切"按钮" ✂ ",选中的内容就被放入 Windows 剪贴板中。

c. 将光标定位到要插入文本的位置,单击"开始"→"剪贴板"区域的"粘贴"按钮 " 📋 ",在粘贴选项下拉窗口中选择"保留源格式"按钮,则被剪切的文本就会移动到光标所在的位置。

② 使用鼠标拖动

a. 选定要移动的文本内容。

b. 将鼠标指针定位到被选定文本的任何位置按下鼠标左键并拖动鼠标,此时会看到鼠标指针下面带有一个虚线小方框,同时出现一条竖线指示插入的位置。

c. 在需要插入文本的位置释放鼠标左键即可完成移动。

③ 使用右键快捷菜单

a. 选定要移动的文本内容。

b. 把鼠标指针停留在选定的内容上,单击鼠标右键,在右键快捷菜单中选择"剪切"命令,选中的内容就被放入 Windows 剪贴板中。

c. 将光标定位到要插入文本的位置,单击鼠标右键,在右键快捷菜单中选择"粘贴"选项下的"保留源格式"按钮,完成移动操作。

④ 使用快捷键

a. 选定要移动的文本内容。

b. 按组合键"Ctrl+X"。

c. 将光标定位到要插入文本的位置,按组合键"Ctrl+V",完成移动操作。

> **提示**:在 WPS 文字中,在选择粘贴命令时,会出现快捷菜单窗口。在窗口中,有 4 个图标按钮分别是"保留源格式"按钮,"匹配当前格式"按钮,"只粘贴文本"按钮和"选择性粘贴"按钮,根据需要选择不同的按钮完成粘贴操作。

(2)复制

复制文本是指将一段文本复制到另一位置,原位置上被选定的文本仍留在原处的操作。

常用的文本复制方法有如下几种。

① 使用功能区命令按钮

a. 选定要复制的文本内容。

b. 单击"开始"→"剪贴板"区域的"复制"按钮" 📋 ",则选中的内容就被复制到 Windows 剪贴板之中。

c. 将光标定位到要插入文本的位置,单击"开始"→"剪贴板"区域的"粘贴"按钮 " 📋 "→在粘贴选项下拉窗口中选择"保留源格式"按钮,则被复制的文本就会插入到光标所在的位置。

② 使用鼠标拖动

使用鼠标拖动进行复制的步骤如下。

a. 选定要复制的文本。

b. 将鼠标指针定位到被选定文本的任何位置,按住"Ctrl"键的同时按下鼠标左键拖动鼠标指针到需要插入文本的位置释放即可。

③ 使用右键快捷菜单

a. 选定要复制的文本内容。

b. 把鼠标指针停留在选定的内容上，单击鼠标右键，在右键快捷菜单中选择"复制"命令，选中的内容就被放入 Windows 剪贴板中。

c. 将光标定位到要插入文本的位置，单击鼠标右键，在右键快捷菜单中选择"粘贴"选项下的"保留源格式"按钮，完成复制操作。

④ 使用快捷键

a. 选定要复制的文本内容。

b. 按组合键"Ctrl+C"。

c. 将光标定位到要插入文本的位置，按组合键"Ctrl+V"，完成复制操作。

提示：移动，原位置上被选定的文本被移走；复制，原位置上被选定的文本仍留在原处，一次复制可以多次粘贴。

（3）删除

删除文档是指清除掉一个或一段文本的操作，常用的删除方法有如下三种。

① 用"Delete"键删除：按"Delete"键的作用是删除插入点后面的字符，它通常只是在删除的文字不多时使用，如果要删除的文字很多，可以先选定文本，再按删除键进行删除。

② 用"Backspace"键删除：按"Backspace"键的作用是删除插入点前面的字符，它删除当前输入的错误文字非常方便。

③ 快速删除：选定要删除的文本区域，按"Delete"键或"Backspace"键即可删除所选择区域的文本。

4.3.3 文本的查找与替换

查找与替换是编辑中最常用的操作之一。通过查找功能可以帮助用户快速找到文档中的某些内容，以便进行相关操作。替换是在查找的基础上，将找到的内容替换成用户需要的内容。WPS 文字允许文本的内容与格式完全分开，所以用户不但可以在文档中查找文本，也可以查找指定格式的文本或者其他特殊字符，还可以查找和替换单词的不同形式，不但可以进行内容的替换，还可以进行格式的替换。在进行查找和替换操作之前，在打开的"查找和替换"对话框中，要注意查看"高级搜索"中各个选项的含义，如表 4-3 和图 4-17 所示。

表 4-3 "高级搜索"中各选项的含义

选项名称	操作含义	选项名称	操作含义
全部	整篇文档	区分全角/半角	在查找或替换时，所有字符必须区分全角/半角
向上	插入点到文档的开始处	区分前缀	在查找或替换时，区分前缀
向下	插入点到文档的结尾处	区分后缀	在查找或替换时，区分后缀
区分大小写	查找或替换字母时必须区分字母的大小写	忽略标点符号	在查找或替换时，所有标点符号将被忽略
全字匹配	在查找中，只有完整的词才能被找到	忽略空格	在查找或替换时，所有空格将被忽略
使用通配符	可用"?"或"*"分别代表任意一个字符或任意一个字符串		

图4-17 "查找和替换"对话框中的"高级搜索"

查找与替换的操作步骤如下。

① 打开需要进行查找或者需要进行替换的文档。

② 在"开始"功能区中,打开"查找和替换"对话框。

③ 在"查找和替换"对话框中,单击"查找"选项卡,在"查找内容"文本框中输入要查找的文本,单击"查找下一处"按钮。如果需要替换新的内容,选择"替换"选项卡,在"替换为"文本框中输入用于替换的文本,然后单击"替换"或"全部替换"按钮。

④ 如果需要查找和替换格式时,单击"格式"或"特殊格式"按钮,在下拉列表中进行格式设置。

4.3.4 撤销与恢复

对于不慎出现的误操作,可以使用撤销和恢复功能取消。

常用的方法有如下两种。

① 单击"快速访问工具栏"上的"撤销"按钮" "。

② 使用快捷键组合"Ctrl+Z"。

> **提示:** 在撤销某项操作的同时,也将撤销列表中该项操作之后的所有操作。如果连续单击"撤销"按钮,WPS文字将依次撤销从最近一次操作往前的各次操作。

如果事后认为不应撤销该操作,可单击"快速访问工具栏"上的"恢复"按钮" ",以恢复刚刚的撤销操作。

4.3.5 字符格式化

文本输入完成以后,就可以进行排版操作。排版就是设置各种格式,WPS文字中的排版操作是所见即所得,排版效果立即就可以在屏幕上看到。

在设置文字格式时,要先选定待设置格式的文字,然后再进行设置,如果在设置之前没有选定任何文字,则设置的格式对后来输入的文字有效。

设置文字格式有两种方法：一种方法是单击"开始"选项卡，在"字体"功能组中选择相应的工具按钮进行设置，如图4-18所示；另一种方法是单击"字体"功能组右下角，在"字体"对话框中进行设置，如图4-19所示。

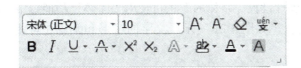

图4-18 "字体"功能组　　　　　　　　图4-19 "字体"对话框

"字体"功能组功能按钮分两行，第1行从左到右分别是"字体""字号""增大字号""缩小字号""清除格式"和"拼音指南"按钮，其中"拼音指南"的其他选项中还包含"更改大小写""带圈字符"和"字符边框"按钮。第2行从左到右分别是"加粗""倾斜""下划线""删除线""上标""下标""文字效果""突出显示""字体颜色"和"字符底纹"按钮。

（1）设置字体和字号

在WPS文字中有默认的字体和字号，对于汉字分别是宋体（中文正文）、五号，对于西文字符分别是Calibri（西文正文）、五号。

字体和字号的设置，在"字体"功能组或者"字体"对话框中的"字体"和"字号"下拉列表框中都可以进行，其中在对话框中对字体进行设置时，中文和西文字体可分别进行设置。在"字体"下拉列表框中列出了可以使用的字体，包括汉字和西文，在列出字体名称的同时又显示了该字体的实际外观，如图4-20所示。

设置字号时，可以使用中文格式，以"号"作为字号单位，如"初号""五号""小五号"等，也可以使用数字格式，以"磅"❶作为字号单位，如"5"表示5磅，"6.5"表示6.5磅等。

在WPS文字中，中文格式的字号最大为"初号"；在

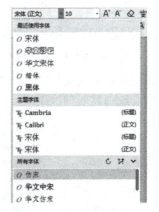

❶ 1磅=0.353mm。

图4-20 "字体"下拉列表框

下拉列表中可选择的数字格式的字号最大为"72"磅,也可以在字号中输入其他数值,即设置相应数值的字号。

中文格式的字号(从"初号"至"八号")共 16 种,字号越小字越大;数字格式的字号(从"5"至"72")共 21 种,字号越大字越大。

由于 1 磅 =1/72 英寸,而 1 英寸 =25.4mm,因此,1 磅 =0.353mm。

提示:设置中文字体类型对中英文均有效,而设置英文字体类型仅对英文有效。

(2)设置字形和颜色

文字的字形包括"常规""倾斜""加粗"和"加粗倾斜"4 种,字形可使用"字体"功能组中的"加粗"按钮和"倾斜"按钮进行设置。字体的颜色可使用"字体"功能组中的"字体颜色"按钮的下拉列表框进行设置,如图 4-21 所示。文字的字形和颜色还可使用"字体"对话框进行设置。

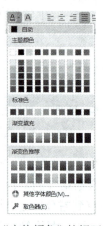

图 4-21 "字体颜色"按钮下拉列表框   图 4-22 "字体"对话框的"字体"选项卡

(3)设置下划线和着重号

在"字体"对话框的"字体"选项卡中,可以对文本设置不同类型的下划线,也可以设置着重号,如图 4-22 所示。在 WPS 文字中可以设置的着重号有文字下方的"."或者文字上方的"、"。

设置下划线最直接的方法,还是使用"字体"功能组中的"下划线"按钮。

(4)设置文字特殊效果

文字特殊效果包括"删除线""双删除线""上标""下标"等。文字特殊效果的设置方法为:选定文字后,在"字体"对话框中单击"字体"选项卡,然后在"效果"选项组中,选择需要的效果项,单击"确定"按钮,如图 4-23 所示。

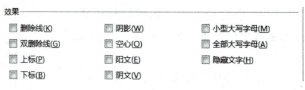

图 4-23 "字体"选项卡中的"效果"选项组

如果只是对文字加删除线、设置上标或下标，可直接使用"字体"功能组中的"删除线""上标"或"下标"按钮，如图4-24所示。

图4-24 "字体"功能组中的按钮

（5）设置字符间距

用户在使用WPS文字过程中，有时有某些特殊的需要，如加大文字的间距、对文字进行缩放及提升文字的位置等。在"字体"对话框中，选择"字符间距"选项卡，如图4-25所示，在"字符间距"选项卡中可设置文字的缩放、间距和位置。

图4-25 "字体"对话框中的"字符间距"选项卡

① 缩放字符

所谓缩放字符指的是将字符本身加宽或变窄。具体操作方法为：选定待缩放的文字后，在"字体"对话框中，选择"字符间距"选项卡，在"缩放"框右侧，单击下三角按钮，如图4-26所示，选定缩放值后单击"确定"按钮即可。

② 设置字符的间距

设置字符间距的具体操作方法为：选定待设置间距的文字后，在"字体"对话框中，选择"字符间距"选项卡，在"间距"列表框中选择"加宽"或"紧缩"，如图4-27所示，并设置数值和单位后，单击"确定"按钮。

图4-26 设置文字缩放

图4-27 设置文字间距

③ 设置字符的位置

设置字符位置的具体操作方法为：选定待设置字符位置的文字后，在"字符间距"选项卡的"位置"列表框中，选择"上升"或"下降"，如图4-28所示，并设置数值和单位后，单击"确定"按钮。

（6）设置字符边框和字符底纹

设置边框和底纹都是为了使内容更加醒目突出，在WPS文字中，可以添加的边框有3种，分别为字符边框、段落边框和页面边框；可以添加的底纹有字符底纹和段落底纹。页面边框、段落边框和段落底纹放在后面介绍。

图4-28 设置文字位置

① 设置字符边框

a. 给字符设置系统默认的边框,方法为:选定文字后,直接单击"字体"功能组中的"字符边框"按钮即可。

b. 给字符设置用户自定义的边框,方法为:选定待设置边框的文字后,单击"开始"选项卡,在"段落"功能组中,单击"边框"下拉列表,打开"边框和底纹"对话框,选择"边框"选项卡,在"设置"选择区下选择方框类型后,再设置方框的"线型""颜色"和"宽度";在"应用于"下拉列表项中,选择"文字"后,如图4-29所示,单击"确定"按钮。

图4-29 设置字符边框

② 设置字符底纹

a. 给字符设置系统默认的底纹,方法为:选定文字后,直接单击"字体"功能组中的"字符底纹"按钮即可。

b. 给字符设置用户自定义的底纹,方法为:在打开的"边框和底纹"对话框中,选择"底纹"选项卡,在打开的"填充"区选择颜色,或在"图案"区选择"样式",再在"应用于"下拉列表项中选择"文字",如图4-30所示,然后单击"确定"按钮即可。

(7) 设置文字方向

WPS文字中可以方便地更改文字的显示方向,实现不同的效果。单击"页面布局"→"页面设置"→"文字文向"命令按钮,打开如图4-31所示的"文字方向"下拉菜单。在该菜单中选择不同的命令完成不同的文字方向设置。

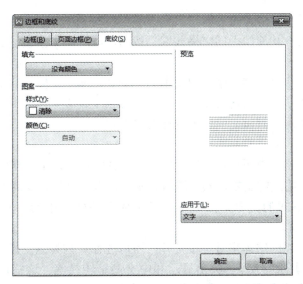

图4-30 设置字符底纹

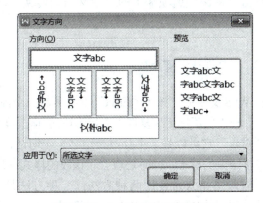

图4-31 "文字方向"下拉菜单　　　　图4-32 "文字方向"对话框

在下拉菜单中选择"文字方向选项"命令，打开如图4-32所示的"文字方向"对话框，在左边"方向"区域中选择方向类型，右侧预览区可显示设置的效果，在"应用于"下拉列表项中选择"整篇文档"或是"所选文字"，单击"确定"按钮完成文字方向设置。

提示：该对话框的"应用于"对象是"整篇文档"，即全部文字都将改变方向。如果需要对特定的文字应用不同方向，则该文字必须处在特定的"容器"中，例如文本框、表格中的单元格等。

（8）字符格式的复制和清除

① 复制字符格式

如果文档中有若干个不连续的文本段要设置相同的字符格式，可以先对其中一段文本设置格式，然后使用格式复制的功能将一个文本设置好的格式复制到另一个文本上。显然，设置的格式越复杂，使用格式复制的方法效率也就越高。

复制格式需要使用"剪贴板"功能组上的"格式刷"按钮完成，这个"格式刷"不仅可以复制字符格式，还可以复制段落格式。

复制字符格式的过程如下。

a. 选定已设置好字符格式的文本。

　　b. 单击"剪贴板"功能组上的"格式刷"按钮，此时，该按钮呈下沉显示，鼠标指针变成刷子形。

　　c. 将光标移动到待复制字符格式的文本的开始处，拖动鼠标指针直到待复制字符格式的文本结尾处，释放鼠标完成格式复制。

　　d. 重复上述操作对不同位置的文本进行格式复制。

② 清除字符格式

　　格式的清除是指将用户所设置的格式恢复到默认的状态，可以使用以下两种方法。

　　a. 选定使用默认格式的文本，然后用格式刷将该格式复制到要清除格式的文本。

　　b. 选定待清除格式的文本，然后单击"字体"功能组中的"清除格式"按钮或按"Ctrl+Shift+Z"组合键。

　　字符除了进行上述的字体字号等设置外，还可进行一些其他设置，主要包括：带圈字符、拼音、更改字母的大小写、突出显示和中文简繁转换等。这些设置可通过单击"字体"功能组上的"带圈字符""拼音指南""更改大小写""以不同颜色突出显示文本"按钮和单击"审阅"选项卡下的"中文简繁转换"功能组中的相应按钮来实现。在此不再作介绍，请读者自行学习。

4.3.6　设置段落格式

　　在 WPS 文字中，按下"Enter"键会另起一个段落，可以选中"文件"→"选项"→"格式标记"→"段落标记"复选框以显示段落标记。段落就是指以段落标记作为结束的一段文本或一个对象，它可以是一空行、一个字、一句话、一个表格、一个图形等。段落标记不仅是一个段落结束的标志，同时还包含了该段的格式信息，这一点在后面的格式复制中可以看出。

　　设置段落格式常使用两种方法：一种方法是单击"开始"选项卡，在打开的"段落"功能组中选择相应的工具按钮进行设置，如图 4-33 所示，另一种方法是单击"段落"功能组右下角的"段落"按钮，在打开的"段落"对话框中进行设置，如图 4-34 所示。

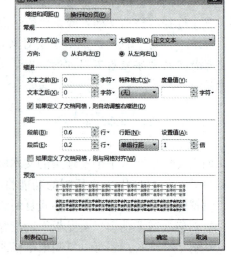

图 4-33　"段落"功能组　　　　图 4-34　"段落"对话框

如图 4-33 所示，"段落"功能组功能按钮分两行：第 1 行从左到右分别是"项目符号""编号""减少缩进量""增加缩进量""中文版式""排序""显示/隐藏编辑标记"和"制表位"按钮；第 2 行从左到右分别是"左对齐""居中""右对齐""两端对齐""分散对齐""行距""底纹颜色"和"边框"按钮。

段落格式的设置包括缩进、对齐方式、段间距与行距、边框与底纹以及项目符号与编号等。

在 WPS 文字中，在进行段落格式设置前要先选定段落，当只对某一个段落进行格式设置时，将光标定位到该段的任一位置即可；如果要对多个段落进行格式设置，则必须先选定待设置格式的所有段落。

（1）设置对齐方式

WPS 文字段落的对齐方式有"两端对齐""左对齐""居中""右对齐"和"分散对齐"五种，默认的对齐方式为"两端对齐"。

① 五种对齐方式各自的特点

a. 两端对齐：使文本按左、右边距线对齐，并自动调整每一行的空格。

b. 左对齐：使文本向左对齐。

c. 居中：段落各行居中，一般用于标题或表格中的内容。

d. 右对齐：使文本向右对齐。

e. 分散对齐：使文本按左、右边距线在一行中均匀分布。

② 设置对齐方式的操作方法

a. 方法一：选定待设置对齐方式的段落后，在打开的"段落"对话框中，选择"缩进和间距"选项卡，在"常规"选项区下的"对齐方式"下拉列表中，选定用户所需的对齐方式后，单击"确定"按钮，如图 4-35 所示。

图 4-35 "段落"对话框的"缩进和间距"选项卡　　图 4-36 "段落"功能组中选定"居中"按钮

b. 方法二：选定待设置对齐方式的段落后，单击"段落"功能组上的相应对齐按钮，如图 4-36 所示。

（2）设置缩进方式

段落缩进方式共有四种，分别是首行缩进、悬挂缩进、文本之前和文本之后。其中首行缩进和悬挂缩进控制段落的首行和其他行的相对起始位置，文本之前和文本之后则分别用于控制段落的左、右边界。所谓段落的左边界是指段落的左端与页面左边距线之间的距离，段落的右边界是指段落的右端与页面右边距线之间的距离。

在输入文本时，当输入到一行的末尾时会自动另起一行，这是因为在 WPS 文字中默认的是以页面的左、右边距线作为段落的左、右边界，通过左缩进和右缩进的设置，可以改变选定段落的左、右边界。下面就段落的四种缩进方式进行说明。

① 文本之前　实施左缩进操作后，被操作段落整体向右侧缩进一定的距离。左缩进的数值可以为正数也可以为负数。

② 文本之后　与左缩进相对应，实施右缩进操作后，被操作段落整体向左侧缩进一定的距离。右缩进的数值可以为正数也可以为负数。

③ 首行缩进　实施首行缩进操作后，被操作段落的第一行相对于其他行向右侧缩进一定距离。

④ 悬挂缩进　悬挂缩进与首行缩进相对应。实施悬挂缩进操作后，各段落除第一行以外的其余行，向右侧缩进一定距离。

缩进的操作方法如下。

① 通过标尺进行缩进　选定待设置缩进方式的段落后，拖动水平标尺（横排文本时）或垂直标尺（纵排文本时）上的相应滑块到合适的位置。打开或关闭标尺可单击垂直滚动条上方的"标尺"按钮，如图4-37所示。

图4-37　"标尺"按钮

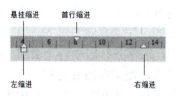

图4-38　缩进标记

在水平标尺上有3个缩进标记（其中悬挂缩进和左缩进为一个缩进标记），如图4-38所示，但可进行4种缩进，即悬挂缩进、首行缩进、左缩进和右缩进。现对这3个缩进标记的操作作如下说明。

a. 用鼠标拖动首行缩进标记，用以控制段落的第一行第一个字的起始位置；

b. 用鼠标拖动左缩进标记，用以控制段落的第一行以外的其他行的起始位置；

c. 鼠标拖动右缩进标记，用以控制段落右缩进的位置。

② 通过"段落"对话框进行缩进　选定待设置缩进方式的段落后，在打开的"段落"对话框中，选择"缩进和间距"选项卡，在"缩进"选项区中，设置相关的缩进方式和缩进值后，单击"确定"按钮，如图4-39所示。

图4-39　用对话框进行缩进设置

③ 通过"段落"功能组按钮进行缩进　选定待设置缩进方式的段落后，通过单击"减少缩进量"按钮或"增加缩进量"按钮进行缩进操作。

（3）设置段间距和行距

设置段间距和行距是文档排版操作中最重要的一步操作，首先要搞清楚段间距和行距两个重要的基本概念。

① 段间距　指段与段之间的距离。段间距包括有段前间距和段后间距，段前间距是指选定段落与前一段落之间的距离；段后间距是指选定段落与后一段落之间的距离。

② 行距　指各行之间的距离。行距包括有：单倍行距、1.5倍行距、2倍行距、多倍

行距、最小值和固定值。

段间距和行距的设置方法如下。

a. 选定待设置段间距和行距的段落后，单击"段落"功能组右下角的"段落"按钮，在打开的"段落"对话框中选择"缩进和间距"选项卡，在"间距"选择区，设置"段前"和"段后"间距，在"行距"选择区设置行距，如图 4-40 所示。

图 4-40 用对话框设置段间距和行距

图 4-41 用"行距"按钮设置

b. 设置行距还可以单击"段落"功能组上的"行距"按钮，如图 4-41 所示。

提示：不同字号的行距是不同的。一般来说字号越大行距也越大。默认的固定值是以磅为单位，五号字行距是 12 磅。

（4）设置项目符号或编号

在 WPS 文字中，有时为了让文本内容更具条理性和可读性，往往需要给文本内容添加项目符号或编号。项目符号和编号的区别在于：项目符号是一组相同的特殊符号，而编号是一组连续的数字或字母。很多时候，系统会自动给文本添加编号，但更多的时候需要用户手动添加。

添加项目符号或编号，可以在"段落"功能组中，单击相应的功能按钮，还可以使用自动添加的方法。下面分别予以介绍。

方法一：自动创建项目符号或编号。操作步骤：要自动创建项目符号或编号列表，应在输入文本前先输入一个项目符号或编号，再输入相应的文本，待本段落输入完成后按回车键时，项目符号或编号会自动添加到下一并列段的开头。

方法二：用户设置项目符号或编号。操作步骤：选定待设置项目符号或编号的文本段后，单击"段落"功能组中的"项目符号"或"编号"右侧的下三角按钮，在打开的"预设项目符号"或"编号"页面中添加。

① 设置项目符号　在"预设项目符号"页面中，从现有符号中选择一种需要的项目符号，单击该符号，符号插入的同时，系统自动关闭该页面，如图 4-42 所示。

自定义项目符号操作步骤如下。

a. 如果给出的项目符号不能满足用户的要求，可在"预设项目符号"页面中，选择"自定义项目符号"选项命令，打开"项目符号和编号"对话框，如图 4-43 所示。

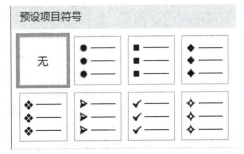

图 4-42 "预设项目符号"页面

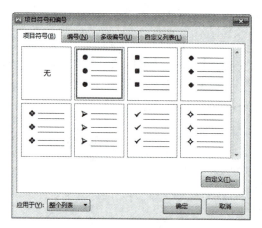
图4-43 "项目符号和编号"对话框

图4-44 "自定义项目符号列表"对话框

b. 在打开的"项目符号和编号"对话框中，单击"项目符号"选项卡下的"自定义"按钮，打开"自定义项目符号列表"对话框，选择一种符号，如图4-44所示。

c. 如果用户还需要为选定的项目符号设置不同的颜色，可以单击"字体"按钮，打开"字体"对话框，为符号设置颜色，如图4-45所示，设置完毕后，单击"确定"按钮，返回到"自定义项目符号列表"对话框。

图4-45 使用"字体"对话框设置符号颜色

② 设置编号　设置编号的一般方法：在"段落"功能组中，单击"编号"按钮右侧的下三角按钮，打开"编号"页面，如图4-46所示，从现有编号列表中，选定一种需要的编号后，点击，即可完成编号设置。

自定义编号的操作步骤如下。

a. 如果现有编号列表中的编号样式不能满足用户的要求，可在"编号"页面中，选择"自定义编号"选项命令，打开"自定义编号列表"对话框，如图4-47所示。

图4-46 "编号"页面

图4-47 "自定义编号列表"对话框

b. 在"编号格式"栏的"编号样式"下拉列表中选择一种编号样式。

c. 在"编号格式"栏中，单击"字体"按钮，打开"字体"对话框，对编号的字体和颜色进行设置。

d. 在"高级"的"编号位置"下拉列表中选择一种对齐方式。

e. 设置完成后，最后单击"确定"按钮，插入编号的同时系统自动关闭对话框。

（5）设置段落边框和段落底纹

在 WPS 文字中，边框的设置对象可以是文字、段落、页面和表格；底纹的设置对象可以是文字、段落和表格。前面已经介绍了对字符设置边框和底纹的方法，下面将介绍设置段落边框、段落底纹和页面边框的方法。

① 给段落设置边框　具体操作步骤为：选定待设置边框的段落后，单击"开始"选项卡，在"段落"功能组中单击"边框"按钮右侧下拉列表，打开"边框和底纹"对话框，选择"边框"选项卡，在"边框"选项卡下，选择边框类型，然后选择"线型""颜色"和"宽度"；在"应用于"下拉列表项中，选择"段落"后，单击"确定"按钮。如图4-48所示。

② 给段落设置底纹　具体操作步骤为：选定待设置底纹的段落后，在"边框和底纹"对话框中选择"底纹"选项卡，在"填充"列表区下，选择一种填充色；在"图案"列表区下选择"样式""颜色"；在"应用于"下拉列表项中，选择"段落"后，单击"确定"按钮。如图4-49所示。

③ 设置页面边框　具体操作步骤为：将插入点定位在文档中的任意位置。选择"边框和底纹"对话框中的"页面边框"选项卡，可以设置普通页面边框，也可以设置"艺术型"页面边框，如图4-50所示。

取消边框或底纹的具体操作步骤是：先选择带边框和底纹的对象，将边框设置为"无"，底纹设置为"没有颜色"即可。

图4-48　设置段落边框

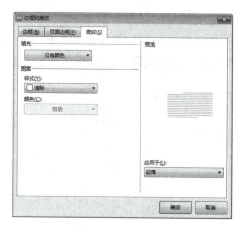
图4-49　设置段落底纹

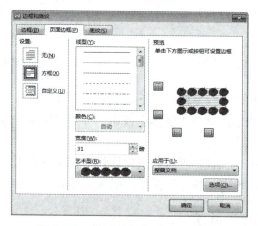
图4-50　设置"艺术型"页面边框

4.3.7　设置分栏排版

报刊在排版时，经常需要对文章内容进行分栏排版，使文章易于阅读，页面更加生动美观。设置分栏常使用如下方法。

① 选定待进行分栏的文本区域（对整篇文档进行分栏不用选定文本区域）。

② 单击"页面布局"选项卡，在"页面设置"功能组中单击"分栏"按钮，打开"分栏"页面，如图4-51所示。

③ 在"分栏"页面中可选择"一栏""两栏"或"三栏"，也可单击"更多分栏"选项命令，打开"分栏"对话框，如图4-52所示。

图4-51　"分栏"页面

④ 在打开的"分栏"对话框中，进行如下设置。
a. 在"预设"栏区选择栏数或在"栏数"文本框内输入数字。
b. 如果设置各栏宽相等，可选中"栏宽相等"复选框。
c. 如果设置不同的栏宽，则单击"栏宽相等"复选框以取消它的设定，各栏"宽度"和"间距"可在相应文本框中输入和调节。

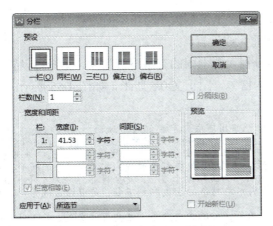

图4-52 "分栏"对话框

d. 选中"分隔线"复选框,可在各栏之间加上分隔线。

e. 单击"应用于"下拉列表项中选择分栏设置的应用范围。

⑤ 单击"确定"按钮,完成设置,效果如图 4-53 所示。

提示:若要删除分栏,则要选中分栏的文本,设置为单栏即可。

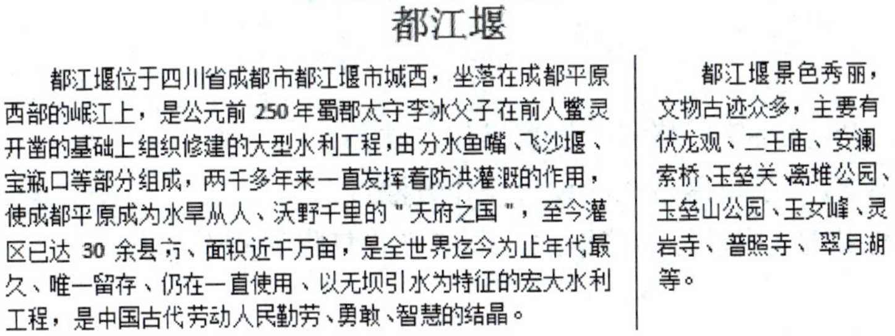

都江堰

都江堰位于四川省成都市都江堰市城西,坐落在成都平原西部的岷江上,是公元前 250 年蜀郡太守李冰父子在前人鳖灵开凿的基础上组织修建的大型水利工程,由分水鱼嘴、飞沙堰、宝瓶口等部分组成,两千多年来一直发挥着防洪灌溉的作用,使成都平原成为水旱从人、沃野千里的"天府之国",至今灌区已达 30 余县市、面积近千万亩,是全世界迄今为止年代最久、唯一留存、仍在一直使用、以无坝引水为特征的宏大水利工程,是中国古代劳动人民勤劳、勇敢、智慧的结晶。

都江堰景色秀丽,文物古迹众多,主要有伏龙观、二王庙、安澜索桥、玉垒关、离堆公园、玉垒山公园、玉女峰、灵岩寺、普照寺、翠月湖等。

图4-53 设置分栏效果图

4.3.8 设置首字下沉

首字下沉是指一个段落的第一个字采用特殊的格式显示,目的是使段落醒目,引起读者的注意,设置首字下沉的方法如下。

① 插入点移到待设置首字下沉的段落。

② 单击"插入"选项卡的"首字下沉"按钮,打开"首字下沉"对话框,如图 4-54 所示。

  a. 位置:有"无""下沉"和"悬挂"三种。

  选"无"时取消原来设置的首字下沉。

图4-54 "首字下沉"对话框

  选"下沉"时,将段落的第一个字符设为下沉格式并与左页边距对齐,段落中的其余文字环绕在该字符的右侧和下方。

  选"悬挂"时,将段落的第一个字符设为下沉格式并将其置于从段落首行开始的左页边距中。

b. 选项：可以设置字体、下沉行数和距正文的距离。

③ 单击"确定"按钮完成设置。

例如，对两段文本分别设置不同的首字下沉效果，第一段设置的是下沉 3 行，第二段设置的是下沉 2 行，均为楷体，距正文 0.5 厘米，如图 4-55 所示。

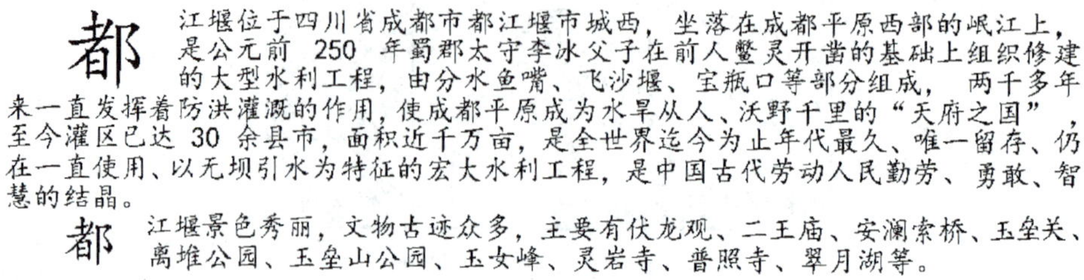

图4-55　首字下沉的设置效果

4.3.9　实训项目

WPS 文字文档编辑

【实训目的】

（1）掌握 WPS 文字字符格式的设置操作方法；

（2）掌握 WPS 文字段落格式的设置操作方法；

（3）掌握利用格式刷进行字符格式、段落格式复制的操作。

【实训要求】

（1）打开文档"学号 + 姓名"。

（2）设置标题"辽宁深蓝光电集团"为黑体、小二号、加粗、居中对齐，字体间距加宽 2 磅，段后间距 0.5 行。

（3）将文档中字体颜色为红色的段落设置为黑体、四号、加粗、左对齐，文本效果为阴影内部向上，段前段后间距 0.5 行，并添加编号，编号格式为"一、二、三、……"；为文档中字体颜色为紫色的段落设置项目符号"◆"；为文档中字体颜色为蓝色的段落设置编号格式为"1.2.3.…"。设置所有文字字体颜色为黑色，文本 1。

（4）设置正文第 1 段"辽宁深蓝光电集团……精密模具等。"为宋体、小四号、首行缩进 2 字符、两端对齐、段后 0.5 行，行距 20 磅。使用格式刷设置其余正文内容（除添加项目符号和编号的段落）与第 1 段格式一致。

（5）正文第 2 段"公司的发展……可持续发展道路。"文本之前和文本之后各缩进 0.5 字符，并添加宽度为 2.25 磅、颜色为"白色，背景 1，深色 25%"的单实线边框，底纹设置为"灰色 -25%，背景 2"。

（6）将正文第 1 段"辽宁深蓝光电集团……精密模具等。"进行分栏设置，分为等宽的两栏，栏间加分隔线。

（7）为正文第 1 段"辽宁深蓝光电集团……精密模具等。"设置首字下沉效果，下沉 2 行，距正文 0.3 厘米。

（8）保存文档。

【实训指导】

（1）打开 4.2.5 小节制作完成的文档"学号 + 姓名"。

（2）选择文档的标题"辽宁深蓝光电集团"，在"字体"功能组中设置字体为"黑体"，字形为"加粗"，字号为"小二"，如图 4-56 所示。也可在"字体"对话框中进行设置。

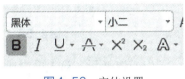

图 4-56　字体设置

打开"字体"对话框，选择"字符间距"选项卡，设置间距类型为加宽，磅值为 2 磅，如图 4-57 所示。

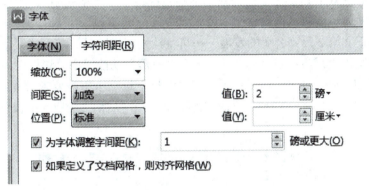

图 4-57　"字体"对话框的"字符间距"选项卡

在"段落"功能组中选择居中对齐，如图 4-58 所示。在"段落"对话框中设置段后间距 0.5 行。

图 4-58　对齐方式设置

（3）按住"Ctrl"键，逐个单击字体颜色为红色的段落"公司简介""综合事务部""销售管理部""财务核算部"，在"字体"对话框中设置黑体、四号、加粗，在"段落"对话框中设置左对齐、段前段后间距分别为 0.5 行，使用"字体"功能组中"文本效果"下拉按钮设置阴影内部向上的效果，如图 4-59 所示。单击"段落"功能组中的编号，选择编号"一、二、三、……"，如图 4-60 所示。

同样的方式，选择字体颜色为蓝色的段落"销售任务""绩效提成制度""激励制度"，单击"段落"功能组中的编号，选择编号"1.2.3.…"；选择字体颜色为紫色的段落"协助单位领导……安全运转"，单击"段落"功能组中的项目符号，选择符号"◆"。使用组合键"Ctrl+A"选中全文，单击"开始"选项卡，选择"字体"功能组中的"字体颜色"，在下拉列表中选择"黑色，文本 1"。

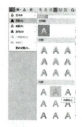
图4-59 文本效果设置

图4-60 编号设置

（4）选择正文第1段"辽宁深蓝光电集团……精密模具等。"，打开"字体"对话框，字体设置为"宋体"，字号为"小四"，打开"段落"对话框，设置对齐方式为两端对齐，特殊格式中选择"首行缩进"，磅值2字符，段后间距0.5行，行距选择"固定值"，设置值为20磅。

选中设置好格式的正文第1段，双击剪贴板区域中的"格式刷"，用格式刷设置其余需要设置的正文内容，使其格式与第1段格式一致。

（5）选择正文第2段"公司的发展……可持续发展道路。"，打开"段落"对话框，设置文本之前和文本之后各缩进0.5字符。选择"段落"功能组中"边框"下拉菜单，打开"边框和底纹"对话框，如图4-61所示。在"边框"选项卡中按要求设置宽度为2.25磅，颜色为"白色，背景1，深色25%"的单实线边框，在"底纹"选项卡中设置"灰色-25%，背景2"底纹。

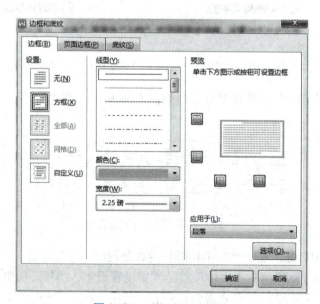
图4-61 边框和底纹设置

（6）选中正文第1段，选择"页面布局"选项卡，"页面设置"功能组中选择"分栏"下拉菜单，单击"更多分栏"打开"分栏"对话框，栏数设置为"2"，栏宽默认为相等，选择"分隔线"复选框即可在栏间添加分隔线，如图4-62所示。

（7）选中正文第1段，或将鼠标光标置于正文第1段中，选择"插入"选项卡，单击"首字下沉"按钮，打开"首字下沉"对话框，设置下沉行数为2，距正文0.3厘米，如图4-63所示。

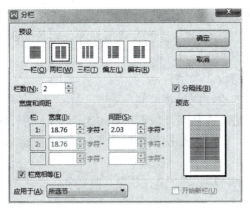
图4-62 "分栏"对话框

图4-63 "首字下沉"对话框

（8）单击"保存"按钮，对文档进行保存。

【学习项目】

新建一个WPS文字文档并打开该文档输入下面这段文字，对文字进行编辑及排版。

Office 2000 功能分类介绍

Office 2000 包含以下内容：Access 2000、Excel 2000、Frontpage 2000、IE 5.0、Outlook 2000、PhotoDraw 2000、PowerPoint 2000 和 Word 2000。

一、PowerPoint 2000

PowerPoint 是一个基于 Windows 环境下专门用来编制演示文稿的应用软件，也是 Microsoft Office 的一个重要组成部分。利用 PowerPoint，能够制作出集文字、图形、图像、声音以及视频等多媒体对象于一体的演示文稿，把所要表达的信息组织在一组图文并茂的画面中。如一个公司人员可以将有关公司产品的性能、特点的介绍材料制作成演示文稿，在一个产品展示会上利用计算机来演示给观众。PowerPoint 是一种强有力的表达观点、演示成果以及传送信息的软件。

二、Excel 2000

谈起办公软件中的电子表格软件，大概没有人会不知道 Excel。Excel 也是平时应用最多的软件之一，它的图表功能简单明了，配合其图表功能，小可当家理财，大可做整个公司的财务报告，是公司企业中不可缺少的办公软件。Excel 2000 智能化，无须你不断地指定新的范围，Excel 会自动选取范围进行计算。

三、Word 2000

Word 是微软公司的 Office 系列办公组件之一，是目前世界上最流行的文字编辑软件之一。我们可以使用它编排出精美的文档，绘制图片，设计表格；用 Word 2000 同样可以制作包含有图片、声音、视频的多媒体文件；使用 Word 2000 可制作网页，在文件中设计各种链接，轻松地在文件间跳转。

要求如下：

（1）页面设置：上下左右边距设置为2厘米，装订线设置在左侧1厘米，纸张大小为A4。

（2）将文档中的"2000"替换为"2019"。

（3）第一段设置为：华文彩云，加粗，三号字，蓝色，双下划线，字符间距为加宽 1 磅，居中对齐。

（4）第二段设置为：小四号字，首行缩进 2 个字符。

（5）第三、五、七段设置为：宋体，加粗，四号字，红色。

（6）第四、六、八段设置为：首行缩进 2 个字符，段前间距 0.5 行，1.5 倍行距。

（7）第四段设置为：宋体，小四号字，倾斜，加橙色单线边框（线宽：1 磅），设置底纹为"灰色 -25%，背景 2，10%"。

（8）第六段设置为：楷体，小四号字。通过格式刷工具，使第八段文字格式与第六段相同。

4.4 表格处理

在编辑的文档中，使用表格是一种简明扼要的表达方式。它以行和列的形式组织信息，结构严谨、效果直观。常常一张表格就可以代替大篇的文字描述，所以在各种经济、科技等书刊和文章中越来越多地使用表格。

4.4.1 插入表格

WPS 文字插入表格有以下几种方法。

（1）拖动鼠标插入表格

① 打开 WPS 文字文档页面，单击"插入"选项卡。
② 单击"表格"按钮。
③ 拖动鼠标选中合适的行和列的数量，释放鼠标即可在页面中插入相应的表格。如图 4-64 所示。

（2）使用"插入表格"对话框

① 单击"表格"按钮，并选择"插入表格"命令，如图 4-65 所示。
② 打开"插入表格"对话框，如图 4-66 所示。
③ 在插入表格对话框中分别设置表格行数和列数，如果需要的话，可以选择"固定列宽"或"自动列宽"选项，完成后单击"确定"按钮即可。

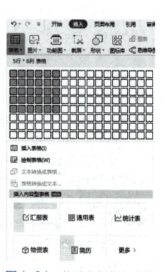

图4-64 拖动鼠标插入表格

（3）手工绘制表格

使用绘制工具可以创建具有斜线、多样式边框，单元格差异很大的复杂表格，操作步骤如下。

图4-65 "插入表格"命令

图4-66 "插入表格"对话框

① 选择"插入"→"表格"→"绘制表格",此时鼠标指针变为铅笔状。
② 在文档区域拖动鼠标绘制一个表格,表格的行数和列数会根据鼠标拖动的范围自动生成,对角线拖动鼠标可以绘制斜线。如图4-67为手工绘制表格示例。

图4-67 手工绘制表格示例

③ 手工绘制表格过程中自动打开"表格工具"和"表格样式"选项卡,如图4-68所示。在表格样式选项卡中可以选择线型,线的粗细、颜色和绘制斜线表头等,还有"擦除"按钮可以对绘制过程中的错误进行擦除。

图4-68 "表格样式"选项卡

绘制斜线表头有以下几种方式。
a. 使用"表格样式"选项卡下的"绘制斜线表头"
把鼠标光标定位在需要斜线的单元格中,然后单击"表格样式"选项卡,单击"绘制斜线表头"按钮,即可打开"斜线单元格类型"对话框,如图4-69所示。用户可根据需要选择斜线类型。
b. 手动绘制斜线表头
ⅰ.如果还想绘制其他类型的斜线表头,可以手动去画。点击导航窗格的"插入"→"形状"→"直线",如图4-70所示。

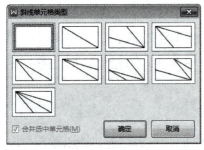
图4-69 "斜线单元格类型"对话框

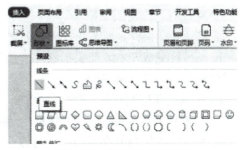
图4-70 "形状"下拉菜单

ⅱ．根据需要，直接在表头上画出相应的斜线即可。

ⅲ．如果绘画的斜线颜色与表格不一致，还可以调整斜线的颜色。选择刚画的斜线，点击上方的"格式"→"形状轮廓"，选择需要的颜色。

ⅳ．画好之后，依次输入相应的表头文字，通过空格键与回车键移动到合适的位置即可。

（4）将文本转换为表格

WPS 文字可以将已经存在的文本转换为表格。要进行转换的文本应该是格式化的文本，即文本中的每一行用段落标记符分开，每一列用分隔符（如空格、逗号或制表符等）分开，其操作方法如下。

① 选定添加段落标记符和分隔符的文本。

② 选择"插入"→"表格"→"文本转换成表格"，弹出"将文字转换成表格"对话框，如图 4-71 所示。WPS 能自动识别出文本的分隔符，并计算表格列数，得到所需的表格。也可以通过设置分隔位置得到所需的表格。

图 4-71　"将文字转换成表格"对话框

4.4.2　编辑表格

在 WPS 文字中，对表格的编辑操作包括：调整表格的行高与列宽，插入或删除行与列，对表格的单元格进行拆分和合并等。

（1）选定表格的编辑区

对表格进行编辑操作，要先选定表格，后操作。选定表格编辑区的方法如下。

① 一个单元格：鼠标指针指向单元格的左侧，指针变成实心斜向上的箭头时，单击；

② 整行：鼠标指针指向行左侧，指针变成空心斜向上的箭头时，单击；

③ 整列：鼠标指针指向列上侧，指针变成实心垂直向下的箭头时，单击；

④ 连续多个单元格：用鼠标指针从左上角单元格拖动到右下角单元格，或单击选中左上角单元格，按住"Shift"键选定右下角单元格；

⑤ 不连续多个单元格：按住"Ctrl"键的同时用鼠标指针选定每个单元格；

⑥ 整个表格：将鼠标定位在单元格中，单击表格左上角出现的移动控制点。

（2）调整行高和列宽

① 用鼠标在表格线上拖动

a. 移动鼠标指针到要改变行高或列宽的行表格线或列表格线上；

b. 当指针变成左右双箭头形状时，按住鼠标左键拖动行表格线或列表格线，至行高或列宽合适后，松开鼠标左键。

② 用鼠标在标尺的行、列标记上拖动

a. 先选中表格或单击表格中任意单元格；

b. 然后沿水平方向拖动表格上方水平标尺中的"移动表格列"，或沿垂直方向拖动表格左方垂直标尺中的"调整表格行"，用以调整列宽和行高，如图 4-72 所示。

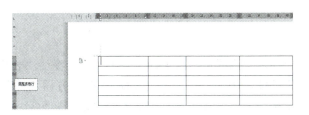

图4-72 拖动标尺调整列宽或行高

③用"表格属性"对话框

用"表格属性"对话框可以对选中的多行、多列或整个表格的行高和列宽进行精确设置。其操作步骤如下。

a. 先选中待设置行高或列宽的表格区域；

b. 单击"表格工具"选项卡下的"表格属性"按钮或右键单击并选择"表格属性"的快捷命令，打开"表格属性"对话框，如图4-73所示；

c. 选择"行"或"列"选项卡，进入相应界面，对"指定高度"或"指定宽度"进行行高或列宽的精确设置；

d. 然后单击"确定"按钮。

图4-73 "表格属性"对话框

（3）删除行或列

①用"表格工具"选项卡

选中待删除的行或列，会自动激活"表格工具"选项卡，单击"删除"按钮，在弹出的下拉列表中，选择删除"行"或删除"列"选项，即可以删除选定的行或列。实际上，下拉列表中还包括了删除"单元格"和删除"表格"的选项。如图4-74所示。

②使用快捷菜单命令

a. 选择表格中要删除的行。

b. 单击鼠标右键，在其快捷菜单中选择"删除单元格"命令。

c. 在弹出的"删除单元格"对话框中，选中"删除整行"单选按钮，如图4-75所示。

图4-74 "删除"的下拉列表　　图4-75 "删除单元格"对话框

如果删除的是表格的列，则选中要删除的列，单击鼠标右键，在弹出的快捷菜单中，选择"删除整列"命令即可。

（4）插入行或列

① 使用功能按钮

a. 在表格中选中一行、一列或选中若干行、若干列，会激活"表格工具"选项卡。

b. 选择"行和列"功能组中的"在上方插入行""在下方插入行""在左侧插入列"或"在右侧插入列"；如果选中的是多行多列，则插入的也是同样数目的多行多列。

② 使用快捷菜单

a. 选定表格中的一行或多行，一列或多列。

b. 单击鼠标右键，在弹出的快捷菜单中选择"插入"，然后在打开的"插入"列表中，选择相应的选项命令，则在指定位置插入一行或多行、一列或多列，如图4-76所示。

图4-76　用快捷菜单插入行或列

③ 在表格底部添加空白行

使用下面两种更简单的方法。

a. 将插入点移到表格右下角的单元格中，然后按"Tab"键。

b. 将插入点移到表格最后一行右侧的行结束处，然后按"Enter"键。

（5）合并和拆分单元格

使用了合并和拆分单元格后，将使表格变成不规则的复杂表格。

① 合并单元格

a. 合并单元格时，先选定待合并的多个单元格，这些单元格可以在一行、在一列，也可以是一个矩形区域，此时激活"表格工具"选项卡。

b. 单击"表格工具"选项卡下的"合并单元格"按钮，或单击鼠标右键，在弹出的快捷菜单中选择"合并单元格"命令，选定的多个单元格被合并成为一个单元格。如图4-77所示。

图4-77　合并单元格

② 拆分单元格

拆分单元格时，先选定待拆分的单元格，然后单击"表格工具"选项卡下的"拆分单元格"按钮，或单击鼠标右键，从弹出的快捷菜单中选择"拆分单元格"命令，从而打开"拆分单元格"对话框，如图4-78所示，在对话框中输入要拆分的行数和列数，然后单击"确定"按钮。

③ 拆分表格

WPS 文字中可以将一张表格拆分为两张表格。将鼠标插入点置于待拆分表格的单元格中，单击"表格工具"选项卡下的"拆分表格"按钮，可以将表格按行或列拆分为两张表格，如图 4-79 所示。鼠标插入点所在的行或列将会被拆分至第 2 张表格中。

图4-78　"拆分单元格"对话框

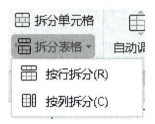
图4-79　"拆分表格"下拉列表

4.4.3　设置表格格式

创建一个表格后，要对表格进行格式设置。设置表格格式操作需要选择"表格工具"或"表格样式"选项卡中的功能组，然后单击相应的功能按钮完成。

（1）设置单元格对齐方式

单元格对齐方式有 9 种。方法是：先选定待设置对齐方式的单元格或单元格区域，再单击"对齐方式"按钮，在下拉列表中选择对齐方式，如图 4-80 所示。也可以单击鼠标右键，在弹出的快捷菜单中选择"单元格对齐方式"选项命令，在打开的 9 种选项中选择一种对齐方式即可。

图4-80　单元格对齐方式

（2）设置边框和底纹

① 设置表格边框　选定待设置边框的单元格区域或整个表格，在"表格样式"功能选项卡中选"线型"，即边框线类型，选择"线型粗细"，即边框线粗细，选择"边框颜色"，即边框线颜色，如图 4-81 所示，然后单击"边框"功能按钮右侧的下三角按钮，在打开的下拉列表中，选择相应的表格边框线，如图 4-82 所示。当然也可以在"边框"的下拉列表中，单击"边框和底纹"选项命令，在打开的"边框和底纹"对话框中进行设置。

图4-81　设置表格边框

② 设置表格底纹　选定待设置底纹的单元格区域或整个表格，再单击"表格样式"功能选项卡，从打开的"表格样式"功能组中，单击"底纹"按钮，从打开的下拉列表中选择一种颜色即可。若要为表格底纹设置一种图案样式，则仍需打开"边框和底纹"对话框，在"底纹"选项卡中设置图案样式和颜色。

（3）设置文字排列方向

单元格中文字的排列方向除了默认的横向还可以设置垂直方向、文字旋转等方式。其设置方法是：单击"表格工具"→"文字方向"按钮，在打开的下拉列表中，单击"水平方向""垂直方向从右往左""垂直方向从左往右""所有文字顺时针旋转 90°""所有文字逆时针旋转 90°"等按钮即可实现相应文字方向的排列，如图 4-83 所示。

图 4-82 "边框"的下拉列表　　　　图 4-83 文字方向按钮

4.4.4　表格的预设样式

使用上述方法设置表格格式，有时比较麻烦，因此，WPS 文字提供了很多现成的表格样式供用户选择，这就是表格的预设样式。

选定表格，在"表格样式"选项卡中列出了 WPS 文字自带的表格预设样式，可以点击右侧的"　"打开如图 4-84 所示的"预设样式"下拉菜单，选择"最佳匹配""浅色系""中色系"或"深色系"等样式。

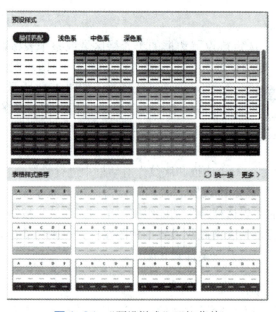

图 4-84 "预设样式"下拉菜单

4.4.5 表格中数据的计算与排序

(1) 表格中数据的计算

WPS 文字的表格中数值的计算功能大致分为两部分，一是直接对行或列的求和，二是对任意单元格的数值计算，例如求和、求平均值等。

① 行或列的直接求和

将插入点置于要放置求和结果的单元格中，单击"表格工具"选项卡中的公式按钮" "，打开如图 4-85 所示的"公式"对话框。

如果选定的单元格位于一列数值的底端，WPS 将自动采用公式"=SUM（ABOVE）"进行计算，如果选定的单元格位于一行数值的右端，WPS 将采用公式"=SUM（LEFT）"进行计算。单击"确定"按钮，WPS 将完成行或列的求和。

图 4-85　表格中数值计算的"公式"对话框

如果该行或列中含有空单元格，则 WPS 不能对这一整行或整列进行累加求和，要在每个空单元格中键入零值。

② 任意单元格数值的计算

将光标置于要放置计算结果的单元格中，单击"表格工具"选项卡中的公式按钮" "。如果 WPS 自动提供的公式不是用户所需要的，可以在"粘贴函数"下拉列表框中选择所需的公式。例如，要进行求和，可以单击"SUM"，然后，在公式的文本框中键入单元格，可引用单元格的内容。如果需要计算单元格 A1 和 B4 中数值的和，应建立这样的公式："=SUM（a1，b4）"。在"数字格式"下拉列表框中选择数字的格式。例如，要以带小数点的数值显示数据，可以单击"0.00"，则系统就会以该种格式显示数据。然后单击"确定"按钮，WPS 会自动完成计算结果。

提示：WPS 文字中表格还提供了快速计算功能，操作方法是选择要进行计算的数据单元格，单击"表格工具"选项卡中的按钮" "，在弹出的下拉菜单中可以选择进行求和、求平均值、最大值和最小值的计算。

(2) 表格中数据的排序

在 WPS 中可以对表格中的数字、文字和日期数据进行排序操作，具体操作步骤如下。

① 在需要进行数据排序的表格中单击任意单元格。在"表格工具"选项卡中单击"排序"按钮" "，打开"排序"对话框，如图 4-86 所示。

② 在"列表"区域选中"无标题行"单选框。如果选中"有标题行"单选框，则 WPS 文字表格中的标题也会参与排序。

③ 在"主要关键字"区域，单击关键字下拉三角按钮选择排序依据的主要关键字。单击"类型"下拉三角按钮，在"类型"列表中选择"笔画""数字""日期"或"拼音"选项。如果参与排序的数据是文字，则可以选择"笔画"或"拼音"选项；如果参与排序的数据是日期类型，则可以选择"日期"选项；如果参与排序的只是数字，则可以选择"数字"选项。选中"升序"或"降序"单选框设置排序的顺序类型。

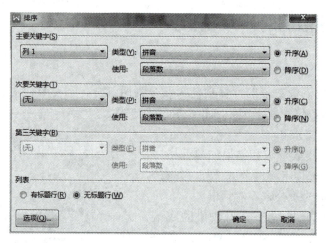

图4-86 "排序"对话框

④ 在"次要关键字"和"第三关键字"区域进行相关设置,并单击"确定"按钮对 WPS 文字中表格数据进行排序。

4.4.6 实训项目

WPS 文字中表格制作

【实训目的】

（1）熟练掌握 WPS 文字中表格的建立、编辑和内容的输入；
（2）熟练掌握 WPS 文字中表格内容的格式设置；
（3）熟练运用公式对 WPS 文字中表格的数据进行计算。

【实训要求】

（1）插入表格

打开内容文档"学号+姓名",在标题"财务核算部"段落之前插入一个9行7列的表格,设置表格为居中对齐,表格选项中单元格边距左右为0.1厘米,如图4-87所示。

月份 产品类别	一季度			二季度		
	1月份	2月份	3月份	4月份	5月份	6月份
光电产品	300	345	212	196	350	378
电子产品	212	489	135	234	256	289
光学模具	156	156	256	198	211	264
总计	668	990	603	628	817	931
季度平均值	753.67			792.00		
销量合计						4637

集团上半年产品销量情况表

图4-87 产品销量情况表

（2）设置列宽和行高

① 设置第 1 行行高为 1.5 厘米，第 2 行至第 9 行行高为 0.8 厘米。

② 设置第 1 列列宽为 3 厘米，第 2 列至第 7 列列宽为 1.8 厘米。

（3）按效果图合并相应单元格

（4）按效果图所示绘制斜线

（5）参照效果图输入内容并设置表格格式（后 3 行内容为公式计算）

① 第 1 行：文字对齐方式为水平居中，字体为楷体，加粗，三号字。

② 第 2 行第 2 列至第 3 行第 7 列：水平居中，字体为楷体，五号字。

③ 第 1 列第 4 行至第 9 行：中部两端对齐，字体为楷体，五号字。

④ 第 2 列第 4 行至第 7 列第 9 行：靠下右对齐，字体为楷体，五号字。

（6）修饰表格

① 将第 1 行的外线框设置为双线、绿色、0.75 磅，并将第 1 行底纹设置为黄色。

② 将第 7 行的底纹设置为白色、背景 1、深色 25%，底纹的图案样式为 10%，颜色为红色。

③ 将第 8 行、第 9 行的底纹设置为白色、背景 1、深色 5%。

④ 将整个表格的左右框线去掉。

（7）使用公式完成单元格数据计算

第 7 行至第 9 行的数据要求用公式或函数完成计算（第 8 行的季度平均值保留 2 位小数）。

【实训指导】

（1）打开指定文档

打开 WPS 文字文档，将鼠标光标置于标题"财务核算部"段落之前，按下"Enter"键产生一个空行（可使用"字体"功能组中的清除格式" "按钮清除段落格式）。选择"插入"选项卡中的"表格"命令，单击"插入表格"按钮，如图 4-88 所示，在弹出的"插入表格"对话框中输入列数为"7"，行数为"9"，如图 4-89 所示。单击"表格工具"选项卡下的"表格属性"按钮。打开"表格属性"对话框，单击"选项"按钮，打开"表格选项"对话框，如图 4-90 所示，在"默认单元格边距"下输入左右边距为"0.1"厘米，两次单击"确定"按钮。

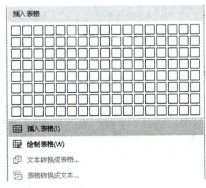

图 4-88　插入表格

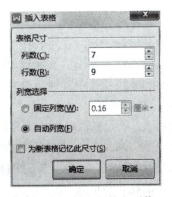

图 4-89　输入行数和列数

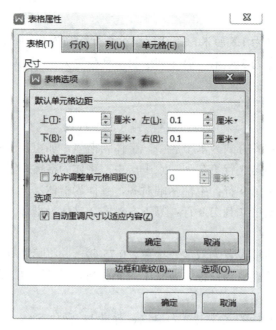

图4-90　单元格边距设置

（2）设置列宽和行高

① 选择表格第 1 行，在"表格工具"选项卡的"高度"处，输入表格高度"1.5 厘米"，如图 4-91 所示；选择表格的第 2 行至第 9 行，同样方式在"高度"处输入表格高度"0.8 厘米"。

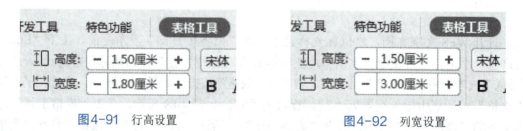

图4-91　行高设置　　　　　　　　图4-92　列宽设置

② 选择表格第 1 列，在"表格工具"选项卡的"宽度"处，输入表格宽度"3 厘米"，如图 4-92 所示；选择表格的第 2 列至第 7 列，同样方式在"宽度"处输入表格宽度"1.8 厘米"。

（3）合并单元格

选中表格第一行，在"表格工具"选项卡下单击"合并单元格"按钮，或在选中区域上单击鼠标右键，弹出的快捷菜单中选择"合并单元格"命令，即可完成第一行单元格的合并。参照效果图选中其他要合并的单元格，同样的方式完成单元格的合并。

（4）绘制斜线

选择 A2 单元格，单击"表格样式"选项卡下的"绘制斜线表头"按钮，打开"斜线单元格类型"对话框，选中效果图所示的斜线类型，单击"确定"按钮，如图 4-93 所示。如有行高发生变化，重新设置行的高度。

（5）设置表格格式

① 选择第 1 行文字，在"开始"选项卡的"字体"功能组或"表格工具"选项卡中

设置字体属性为"楷体、三号字、加粗",在"表格工具"选项卡的"对齐方式"下拉列表中选择"水平居中"命令,如图4-94所示。

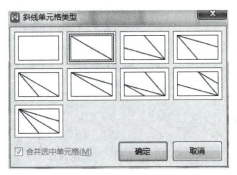

图4-93 利用"斜线单元格类型"对话框绘制斜线表头　　图4-94 设置单元格文字对齐方式

② 选择相应的文字内容,同样的方式设置其字体属性和对齐方式即可。

(6) 修饰表格

① 选择表格的第1行,选择"开始"选项卡下的段落功能区中"下框线"下拉列表中的"边框和底纹"命令或者选择"表格样式"选项卡下"边框"下拉列表中"边框和底纹"命令,在弹出对话框中选择方框,选择线型为双线,颜色为绿色,宽度为0.75磅,如图4-95所示。切换至"底纹"选项卡,设置填充颜色为黄色,如图4-96所示。

图4-95 设置边框　　　　　　　　　　图4-96 设置底纹

② 分别选择表格的第7行、第8行和第9行,同样的方式设置底纹的颜色和图案以及图案的颜色。

③ 选中整个表格,两次单击"表格样式"选项卡下"边框"下拉列表中的"左框线"命令,即可去掉表格的左框线。同样的方式去掉表格的右框线。

(7) 输入公式进行单元格数据计算

① 计算每月的销量总和。将鼠标插入点置于B7单元格,单击"表格工具"选项卡下的"fx公式"按钮,打开"公式"对话框,在公式中输入"=B4+B5+B6",或使用求和函数"SUM",参数中输入"B4:B6"或者"ABOVE",如图4-97所示,单击"确定"按钮。使用同样的方法完成其余月份的销量总和计算。

图4-97 求和计算

图4-98 快速计算

也可使用快速计算方法完成各个月份销量总和计算，操作方法是先选中B4至G7单元格区域，单击"表格工具"选项卡下的快速计算"  "下拉列表中的"求和"命令，如图4-98所示，即可快速完成6个月销量总和的计算。

② 将鼠标插入点置于B8单元格，单击"表格工具"选项卡下的"fx公式"按钮，打开"公式"对话框，在公式中输入"=（B7+C7+D7）/3"，或使用求平均值函数"AVERAGE"，参数中输入"B7:D7"，数字格式选择"0.00"，设置保留2位小数，如图4-99所示，单击"确定"按钮。同样的方法完成第二季度平均值数据的计算。

③ 将鼠标插入点置于B9单元格，单击"表格工具"选项卡下的"fx公式"按钮，打开"公式"对话框，使用求和函数"SUM"，参数中输入"B7:G7"，如图4-100所示，单击"确定"按钮完成销量合计的计算。

图4-99 季度平均值计算

图4-100 销量合计计算

【学习项目】

（1）插入表格

打开内容文档"学号+姓名"，在标题"手机辐射令健康问题担忧"段落之前的空行处插入一个7行5列的表格，设置表格居中对齐。

（2）设置列宽和行高

① 设置表格第1行行高为1.5厘米，其余各行行高为0.8厘米；

② 设置表格所有列的列宽为2.5厘米。

（3）插入行列

在表格最后插入一行，并在该行最左侧单元格中输入"销售总计"，在表格最右插入一列，在该列第 2 行的单元格中输入"年平均销量"。

（4）合并单元格

合并第 1 行单元格，合并最后一行除第 1 列之外的单元格。

（5）绘制斜线

在第 2 行第 1 列单元格中绘制一条左上右下的斜线，如图 4-101 所示。

近三年全国手机品牌销量					
年度 品牌	2016 年销量 /万台	2017 年销量 /万台	2018 年销量 /万台	销售合计	年平均销量
H	13900	10255	10497		
X	5800	5094	5199		
P	6554	5105	3632		
V	8200	7223	7597		
O	9500	7756	7894		
销售总计					

图 4-101　表格效果

（6）输入表格内容（参照效果图）并设置表格格式

① 第 1 行文字字体为黑体，三号字，加粗，文字内容水平居中；

② 其余文字字体为宋体，小四号字，第 2 行第 2 列至第 6 列文字内容水平居中；

③ 第 1 列第 3 行至第 8 行文字内容中部两端对齐，其余数字内容靠下右对齐。

（7）修饰表格

① 设置表格边框：方框，第 1 行与第 2 行之间的水平框线设置为 1.5 磅、红色、双窄线，其余内框线设置为 1 磅、红色、单实线。

② 设置表格第 1 行为浅绿色底纹，图案样式为 10%，颜色为黄色，最后一行底纹为自定义颜色 RGB（217，229，237）。

（8）公式计算

计算表格中的"销售合计""年平均销量"和"销售总计"并填至相应的单元格中。

4.5 美化文档

4.5.1　绘制图形

图形对象包括形状、图表和艺术字等，这些对象都是 WPS 文字的一部分。通过"插入"选项卡的"形状"按钮完成插入操作,通过"图片格式"功能区更改这些图形的颜色、图案、边框和增强其他效果。

(1) 插入形状

切换到"插入"选项卡,单击"形状"按钮,出现"形状"面板,如图4-102所示。在面板中选择"线条""矩形""基本形状""箭头总汇""流程图""星与旗帜""标注"等图形,然后在绘图起始位置按住鼠标左键,拖动至结束位置就能完成所选图形的绘制。在绘图时,拖动鼠标的同时按住"Shift"键,可绘制圆、正方形等图形。

图4-102 "形状"面板

(2) 编辑图形

图形编辑主要包括更改图形位置、图形大小、向图形中添加文字等基本操作。

① 设置图形大小和位置的操作方法。选定要编辑的图形对象,在非"嵌入型"环绕方式下,直接拖动图形对象,即可改变图形的位置;将鼠标指针置于所选图形四周的编辑点上,如图4-103所示,拖动鼠标可缩放图形。

② 向图形对象中添加文字的操作方法。右键单击图形,从弹出的快捷菜单中选择"添加文字"命令,然后输入文字即可。

③ 组合图形的方法。选择要组合的多张图形,单击鼠标右键,从弹出的快捷菜单中选择"组合"菜单下的"组合"命令即可,效果图如图4-104所示。

图4-103 缩放图形效果图

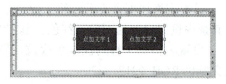

图4-104 组合图形效果图

(3) 修饰图形

如果需要进行形状填充、形状轮廓、形状效果、应用内置样式、颜色设置、阴影效果、三维效果、旋转和排列等基本操作,均可先选定要编辑的图形对象,出现"绘图工具"选项卡,再选择相应功能按钮来实现。

① 形状填充

选中要形状填充的图形,选择"绘图工具"选项卡下的"填充"按钮" 填充▼",出现如图4-105所示的面板。如果选择设置单色填充,可选择面板已有的颜色或单击"其他填充颜色"选择其他颜色;如果选择设置图片填充,单击"图片或纹理"选项,选择"本地图片"或"在线图片",选择一张图片作为图片填充,若选择预设图片,可以以一种纹理来填充形状;如果选择设置渐变填充,则单击"渐变"选项,打开如图4-106所示的"属性"窗口，调整"渐变样式""角度""渐变光圈""色标颜色""位置""透明度""亮度"等相关参数设置渐变效果；如果要设置当前页面中已存在的一种颜色，可以选择"取色器"，将鼠标指针指向相应颜色的位置并单击，即可设置同样颜色的填充。

图4-105 "填充"面板　　图4-106 "属性"窗口

② 形状轮廓

选择要设置形状轮廓的图形，选择"绘图工具"选项卡下的"轮廓"按钮" 轮廓 - "，在出现的面板中可以设置轮廓线的线型、大小和颜色，如图4-107所示。

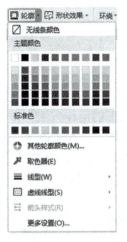

图4-107 "轮廓"面板　　图4-108 "形状效果"面板

③ 形状效果

选择要设置形状效果的图形，选择"绘图工具"选项卡下的"形状效果"按钮" 形状效果 - "，选择要设置的形状效果，比如选择"倒影"，如图4-108所示，选择一种倒影变体样式即可。

④ 应用内置样式

选择要应用内置样式的图形，切换到"绘图工具"选项卡，选择一种内置样式即可应用到图形上。

4.5.2 插入图片

WPS 文字中可以插入已有的图片文件，插入的图片可以是本地图片，也可以是联机图片、扫描图片或手机图片等。

插入本地图片文件，在文档中单击要插入图片的位置，单击"插入"选项卡下的"图片"按钮，选择"本地图片"打开"插入图片"对话框，如图 4-109 所示。在"插入图片"对话框中，找到图片的位置，选择待插入的图片，单击"打开"按钮，或者双击待插入的图片，即可将图片插入到文档中。

图 4-109 "插入图片"对话框

4.5.3 编辑和设置图片格式

（1）修改图片大小

修改图片大小的操作方法，除跟前面介绍的修改图形的操作方法一样以外，也可以选定图片对象，切换到如图 4-110 所示的"图片工具"选项卡，在"高度"和"宽度"编辑框中设置图片的具体大小值。如果"锁定纵横比"复选框" "被选中，则在修改图片时，会保持高度和宽度的比例。

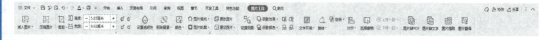

图 4-110 "图片工具"选项卡

（2）裁剪图片

用户可以对图片进行裁剪操作，以截取图片中最需要的部分，操作步骤如下所述。

① 选中需要进行裁剪的图片，在"图片工具"选项卡下，单击"裁剪"按钮" "。

② 图片周围出现八个方向的裁剪控制柄，用鼠标指针拖动控制柄对图片进行相应方向的裁剪，也可拖动控制柄将图片复原，直至调整合适为止。还可以单击"裁剪"旁边的下拉箭头打开下拉菜单，或在裁剪图片时选择右侧的"按形状裁剪"或"按比例裁剪"，

来裁剪得到其他形状或比例的图片，如图 4-111 所示。

③ 将鼠标光标移出图片，单击鼠标左键将确认裁剪。

图 4-111 "按形状裁剪"和"按比例裁剪"面板

（3）设置正文环绕图片方式

正文环绕图片方式是指在图文混排时，正文与图片之间的排版关系，这些文字环绕方式包括"嵌入型""四周型环绕"等几种方式。默认情况下，图片作为字符插入到 WPS 文字文档中，用户不能自由移动图片。而通过为图片设置文字环绕方式，则可以自由移动图片的位置，操作步骤如下所述。

① 选中需要设置文字环绕的图片。

② 单击"图片工具"选项卡下的"环绕"按钮，打开"环绕"面板，如图 4-112 所示。选择合适的文字环绕方式即可。

WPS"环绕"面板中每种文字环绕方式的含义如下所述。

① 四周型环绕：文字以矩形方式环绕在图片四周。

② 紧密型环绕：文字将紧密环绕在图片四周。

③ 衬于文字下方：图片在下、文字在上分为两层。

④ 浮于文字上方：图片在上、文字在下分为两层。

⑤ 上下型环绕：文字环绕在图片上方和下方。

⑥ 穿越型环绕：文字穿越图片的空白区域环绕图片。

图 4-112 "环绕"面板

也可在"图片工具"选项卡下，打开"大小和位置"对话框，在弹出的"布局"对话框中设置图片的位置、文字环绕方式和大小，如图 4-113 所示。

也可选中图片后，单击鼠标右键，在快捷菜单中选择"其他布局选项"命令，设置图片的大小、位置和环绕方式。

（4）在 WPS 文字文档中添加图片题注

如果 WPS 文字文档中含有大量图片，为了能更好地管理这些图片，可以为图片添加题注。添加了题注的图片会获得一个编号，并且在删除或添加图片时，所有的图片编号会自动改变，以保持编号的连续性。在 WPS 文档中添加图片题注的步骤如下。

① 右键单击需要添加题注的图片，在打开的快捷菜单中选择"题注"命令。或者单击选中图片，再单击"引用"→"题注"按钮，打开"题注"对话框，如图 4-114 所示。

② 在打开的"题注"对话框中，单击"编号"按钮，打开"题注编号"对话框，如图 4-115 所示，选择合适的编号格式。

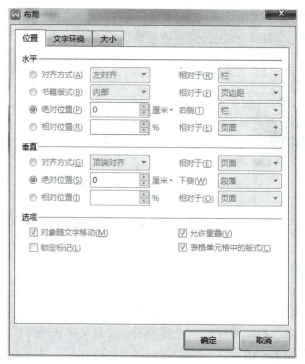

图4-113 "布局"对话框

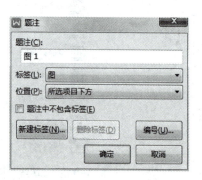

图4-114 "题注"对话框

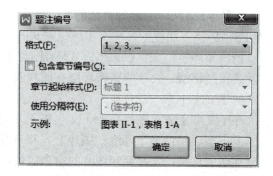

图4-115 "题注编号"对话框

图4-116 "新建标签"对话框

③ 返回"题注"对话框,在"标签"下拉列表中选择"图"或"表"标签。也可以单击"新建标签"按钮,在打开的"新建标签"对话框中创建自定义标签,如图4-116所示。

④ 在WPS文字文档中添加图片题注后,可以单击题注右边部分的文字进入编辑状态,并输入图片的描述性内容。

(5) 设置图片颜色

在WPS文字文档中,单击"图片工具"选项卡下的"颜色"按钮,在"颜色"面板中可以设置图片颜色,如图4-117所示。

以上介绍的是部分对图片格式的基本操作，如果需要对图片进行其他设置，如填充与线条，阴影、倒影等效果的设置，可单击"图片工具"选项卡下的"图片轮廓"按钮和"图片效果"按钮，在打开的"图片轮廓"面板和"图片效果"面板中进行相关的设置，如图 4-118 所示。也可用鼠标右键单击图片，在快捷菜单中选择"设置对象格式"命令，打开如图 4-119 所示的"属性"窗口进行更多的相关设置。

图 4-117 "颜色"面板

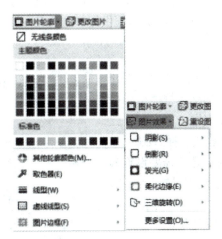

图 4-118 "图片轮廓"面板和"图片效果"面板

图 4-119 "属性"窗口

4.5.4 插入艺术字

WPS 中的艺术字结合了文本和图形的特点，能够使文本具有图形的某些属性，如设置旋转、三维、映像等效果，在 WPS 文字、WPS 表格、WPS 演示等组件中都可以使用艺术字功能。用户可以在 WPS 文字文档中插入艺术字，操作步骤如下。

① 将插入点光标移动到准备插入艺术字的位置。

② 选择"插入"选项卡下的"艺术字"按钮" "，打开"艺术字"预设样式面板，如图 4-120 所示，在面板中选择合适的艺术字样式，会插入艺术字文字编辑框。

图 4-120 "艺术字"预设样式面板

③ 在艺术字文字编辑框中，直接输入艺术字文本，用户可以对输入的艺术字分别设置字体和字号等。

④ 在编辑框外单击即可完成。

若需对艺术字的内容、边框效果、填充效果或艺术字效果进行修改或设置，可选中艺术字，在"绘图工具"和"文本工具"选项卡中单击相关功能按钮完成相关设置。

4.5.5 插入文本框

通过使用文本框，用户可以将文本很方便地放置到 WPS 文字文档页面的指定位置，而不必受到段落格式、页面设置等因素的影响，可以像处理一个新页面一样来处理文字，如设置文字的方向、文字格式、段落格式等。插入的文本框有横向文本框，竖向文本框和多行文字文本框。此外，WPS 文字内置有多种样式的文本框供用户选择使用。

（1）插入文本框

① 单击"插入"选项卡下的"文本框"按钮""，打开"文本框"面板，如图 4-121 所示，选择合适的文本框类型，在文档窗口中会插入文本框，拖动鼠标调整文本框的大小和位置即可完成空文本框的插入，然后输入文本内容或者插入图片。

② 也可以将已有内容设置为文本框内容，选中需要设置为文本框的内容，单击"插入"选项卡下的"文本框"按钮，在打开的文本框面板中选择"横向文本框""竖向文本框"或"多行文字"命令，被选中的内容将被设置为文本框内容。

图 4-121 "文本框"面板

（2）设置文本框格式

处理文本框中的文字就像处理页面中的文字一样，可以在文本框中设置页边距，同时也可以设置文本框的文字环绕方式、大小等。

设置文本框格式的方法为：用鼠标右键单击文本框边框，打开快捷菜单，如图 4-122 所示，选择"设置对象格式"命令，将打开如图 4-123 所示的"属性"窗口。在该窗口中主要可完成如下设置。

图 4-122 快捷菜单设置文本框格式

图 4-123 "属性"窗口

① 设置文本框的填充效果，包括填充颜色和透明度等。
② 设置文本框的线条和颜色，包括线条、颜色、透明度、宽度等。

若要设置文本框的其他布局，在如图 4-122 所示的右键快捷菜单中选择"其他布局选项"命令，在打开的"布局"对话框中选择相应的选项卡进行设置即可。

另外，如果需要设置文本框的阴影、倒影、发光和三维效果等其他格式，可在如图 4-123 所示的"效果"中设置。

（3）文本框的链接

在使用 WPS 文字制作手抄报、宣传册等文档时，往往会通过使用多个文本框进行版式设计。通过在多个 WPS 文字文本框之间创建链接，可以在当前文本框中充满文字后自动转入所链接的下一个文本框中继续输入文字。在 WPS 文字中链接多个文本框的步骤如下。

① 在 WPS 文字文档中插入多个文本框。调整文本框的位置和尺寸，并单击选中第 1 个文本框。
② 单击"文本工具"选项卡下的"创建文本框链接"按钮" "。
③ 鼠标指针变成水杯形状，将水杯状的鼠标指针移动到准备链接的下一个文本框内部，单击鼠标左键即可创建链接。
④ 重复上述步骤可以将第 2 个文本框链接到第 3 个文本框，依此类推可以在多个文本框之间创建链接。

4.5.6 复制、移动及删除图片

图片的复制、移动及删除方法和文字的复制、移动、删除方法相似，操作方法如下。
① 单击鼠标左键，选中图片。
② 在图片上单击鼠标右键，在快捷菜单中选择"复制""剪切"或"粘贴"命令，即可对图片进行相应的操作；或直接用鼠标拖动实现图片的"复制""移动"操作，也可用键盘上的"Delete"键实现图片的删除操作。

4.5.7 图文混排

（1）图文混排的功能与意义

图文混排就是在文档中插入图形或图片，使文章具有更高的可读性和更好的艺术效果。利用图文混排功能可以实现报刊等复杂文档的编辑与排版。

（2）WPS 文字文档的分层

WPS 文字文档分成以下三个层次结构。
① 文本层：用户在处理文档时所使用的层。
② 绘图层：在文本层之上。建立图形对象时，WPS 文字最初是将图形对象放在该层。
③ 文本层之下层：可以把图形对象放在该层，与文本层产生叠层效果。

在编辑文稿时，利用这 3 层，可以根据需要使图形对象在文本层的上、下层次之间移动，也可以将某个图形对象移到同一层中其他图形对象的上面或下面，达到意想不到的效果。正是因为 WPS 文字文档的这种层次特性，可以方便地生成漂亮的水印图案。

（3）图文混排的操作要点

图文混排操作是文字编排与图形编辑的混合运用，其要点如下。

① 规划版面：首先对版面的结构、布局进行规划。

② 准备素材：准备版面所需的文字、图片资料。

③ 着手编辑：充分运用文本框、图形对象的操作，以实现文字环绕、叠放次序等基本功能。

4.5.8 实训项目

WPS文字图文混排

【实训目的】

（1）掌握图形对象的插入及格式的修改；

（2）掌握文本样式的设置和编辑方法；

（3）掌握页面边框和颜色的设置方法。

【实训要求】

（1）打开"学号+姓名"文档，在文档的末尾插入一个空白页，并设置新插入页的纸张方向为横向，以下操作均在此页面完成，制作关于企业文化宣传的电子板报。

（2）适当缩小页边距，为本页电子板报添加一个艺术型页面边框，宽度为10磅。

（3）使用提供的文字、图片等素材，利用WPS文字的文本框、艺术字、形状、智能图形等对文字进行适当的设置，并对插入的图片进行适当设置，参照效果图完成电子板报的制作，如图4-124所示。

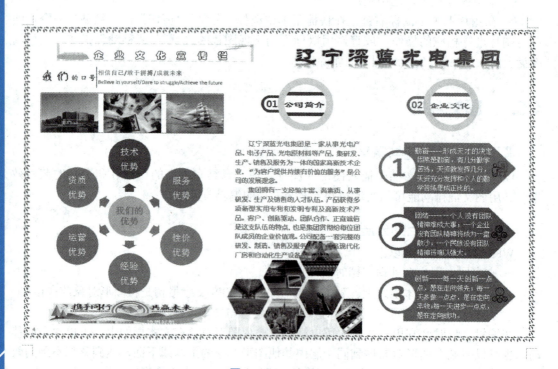

图4-124 效果图

（4）要求图文并茂、色彩丰富、界面整洁，具体内容的设置可自定义完成。

（5）将此文档保存。

【实训指导】

（1）打开"学号+姓名"文档，将鼠标插入点置于文档末尾处，单击"插入"→"空白页"→"横向"，完成新页面的插入。

（2）单击"页面布局"选项卡，设置页面的上下左右边距均为1厘米。单击"页面边框"按钮，打开"边框和底纹"对话框，"艺术型"下拉列表中选择一种艺术型边框，宽度设置为10磅，并应用于"本节"，如图4-125所示。

图4-125 设置页面边框

图4-126 插入文本框

（3）文本框、艺术字、图片、智能图形、形状的设置。

① 文本框　单击"插入"→"文本框"，在下拉列表中选择文本框推荐中的第一个，如图4-126所示。调整文本框大小，单击文本框边框线处，移至页面左上角，输入文字"企业文化宣传栏"，设置字体属性为华文彩云、三号、加粗，字符间距加宽0.3厘米，蓝色。插入横向文本框，输入文字"我们的口号"，设置"我们"的字体属性为方正舒体、二号、加粗、蓝色，"的口号"字体属性为楷体、小四、加粗、蓝色，将文本框移动至"企业文化宣传栏"文本框左下方适当位置。同样的方式添加文本框，输入口号内容文字，适当设置其字体属性。继续插入横向文本框，将素材文字"辽宁深蓝光电集团……生产基地。"复制到文本框中，单击"绘图工具"选项卡，设置文本框无线条颜色、无填充颜色，将文本框移动至页面中间适当位置。

② 艺术字　单击"插入"→"艺术字"→"渐变填充-钢蓝"，输入文字"辽宁深蓝光电集团"。设置字体属性为华文隶书、小初、加粗，字符间距加宽0.1厘米，字体颜色为线性渐变填充"暗石板灰-弱紫罗兰红-中紫色"，将艺术字移至页面右上角适当位置。

③ 图片　依次插入素材图片，单击"图片工具"→"环绕"→"衬于文字下方"，调整图片适当的大小和位置，选中"图片1"，单击"图片工具"→"图片轮廓"→"绿色，0.75磅"，设置图片轮廓，如图4-127所示。

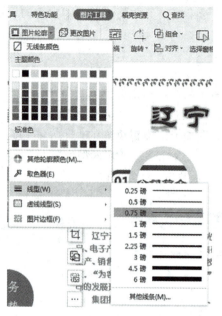

图4-127 设置图片轮廓

④ **智能图形** 单击"插入"→"智能图形",打开"选择智能图形"对话框,选择"分离射线"图形,如图4-128所示,单击"确定"按钮。选中"分离射线"图形周围的任意小圆形,两次单击"设计"→"添加项目"→"在后面添加项目",如图4-129所示,使"分离射线"图形周围共有六个小圆形。选中智能图形,单击"设计"→"更改颜色"→"彩色",如图4-130所示,设置智能图形的颜色。向各个圆形中添加文字,并适当设置文字字体属性,移动智能图形至页面左侧适当位置。

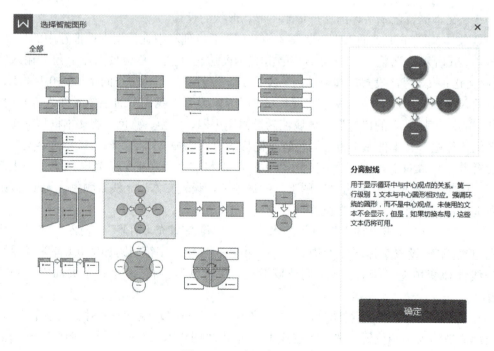

图4-128 插入智能图形

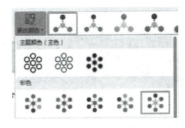

图 4-129　添加项目　　　　　图 4-130　更改颜色

⑤ **形状**　单击"插入"→"形状"→"直线",按住"Shift"键,绘制一条竖线,单击"绘图工具"→"轮廓",设置竖线为浅蓝色、1.5磅,移动至文本框"我们的口号"右侧。单击"插入"→"形状"→"流程图:终止",绘制图形,单击"绘图工具"→"轮廓",设置轮廓为蓝色、4.5磅,单击"绘图工具"→"下移一层"→"置于底层",添加文字"01"。同样方式绘制一个矩形,设置轮廓,添加文字"公司简介",设置字体属性。继续绘制形状"同心圆",设置轮廓,并置于顶层,选中三个形状,单击"绘图工具"→"组合"→"组合",完成三个形状的组合。同样方法完成"企业文化"形状的制作。同样方式,继续插入形状"五边形",设置其图形轮廓和填充颜色,将素材文字复制到形状中,添加"同心圆",设置其轮廓和颜色,并添加文字"1",组合同心圆和五边形,复制组合图形,修改颜色和文字内容,完成剩余两个形状的添加。

(4)调整页面中添加的文本框、艺术字、形状、图片和智能图形的大小和位置,设置对齐方式,做到页面整洁。

(5)以上操作仅为参考,读者可充分发挥个人设计特长,完成电子板报制作,制作完成后单击"保存"按钮完成文档的保存。

【学习项目】

通过网络搜索与端午节有关的图片及文字素材,在 WPS 文字中通过插入图片、图形、文本框、艺术字、页面边框等内容设计一个端午节电子板报,效果如图 4-131 所示。

图 4-131　端午节电子板报

> 提示：
> （1）注意图片与文本框的环绕方式；
> （2）文本框要注意使用横向与竖向文本框；
> （3）文本框要设置无填充颜色、无轮廓。

4.6 打印文档

文档制作完成后，需要将它打印出来，为了方便文档的使用者，还需要设置页码、页眉、纸张等，本节将介绍如何打印文档。

4.6.1 页眉、页脚和页码的设置

页眉和页脚通常用于打印文档。在页眉和页脚中可以包括页码、日期、公司徽标、文档标题、文件名或作者名等文字或图形，这些信息通常打印在文档每页的顶部或底部。页眉打印在上页边距中，而页脚打印在下页边距中。

在文档中可以自始至终用同一个页眉或页脚，也可以在文档的不同部分用不同的页眉和页脚。例如，可以在首页上使用与众不同的页眉和页脚或者不使用页眉和页脚，而且文档不同部分的页眉和页脚也可以不同。

（1）添加页码

页码是页眉和页脚的一部分，可以放在页眉或页脚中，对于一个长文档，页码是必不可少的，因此为了方便，WPS文字单独设置了"插入页码"功能。

如果用户希望每个页面都显示页码，并且不希望包含任何其他信息（例如，文档标题或文件位置），用户可以快速添加库中的页码，也可以创建自定义页码。

① 从库中添加页码　单击"插入"选项卡下的"页码"按钮" "，打开"页码"下拉菜单，如图4-132所示，在下拉菜单中选择所需的页码位置，然后单击所需的页码格式即可。若要返回至文档正文，只要单击"页眉和页脚"选项卡的"关闭"按钮即可。

② 添加自定义页码　双击页眉区域或页脚区域，出现"页眉和页脚"选项卡，单击"页码"下拉列表，选择"页码"命令，打开如图4-133所示

图4-132　"页码"下拉菜单

的"页码"对话框,在"页码"对话框中设置页码的样式、页码位置、页码编号和应用范围等。单击"页眉和页脚"选项卡的"关闭"按钮,或在正文位置双击鼠标左键,即可返回至文档正文。

(2)添加页眉或页脚

单击"插入"选项卡下的"页眉和页脚"按钮" ",即可打开页眉和页脚的编辑区,接下来有两种方法完成页眉或页脚内容的设置,一种是从库中添加页眉或页脚内容,另一种就是自定义添加页眉或页脚内容。单击"页眉和页脚"选项卡下的"关闭"按钮即可返回至文档正文。

(3)在文档的不同部分添加不同的页眉、页脚或页码

可以只向文档的某一部分添加页码,也可以在文档的不同部分使用不同的编号格式。例如,用户可能希望目录和简介采用"i,ii,iii"编号,文档的其余部分采用"1,2,3"编号,而索引不采用任何页码。此外,还可以在奇数和偶数页上采用不同的页眉或页脚。

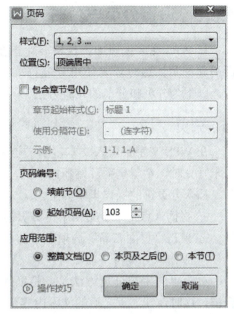

图4-133 "页码"对话框

图4-134 "插入页码"对话框

① 在不同部分添加不同的页眉、页脚或页码

WPS 文字中设置不同部分添加不同的页码非常方便,只需在页眉或页脚区域单击"插入页码"按钮,在弹出的对话框中设置页面格式之后,选择应用范围为"本页及之后"或"本节",如图4-134所示,即可为文档不同范围设置不同格式的页码。同时,也可设置不同的页眉或页脚内容。

② 在奇数和偶数页上添加不同的页眉、页脚或页码

单击"插入"选项卡下的"页眉和页脚"按钮" ",只要选择页眉内侧、页眉外侧或页脚内侧、页脚外侧即可设置奇偶页不同的页码。或者在"插入页码"对话框中,如图4-134所示,选择"双面打印1"或"双面打印2"也可以设置奇偶页不同的页码。同时,也可设置奇偶页不同的页眉和页脚。

(4)删除页码、页眉和页脚

选择"页眉和页脚"选项卡下的"页眉""页脚""页码"按钮,在下拉列表中即可相应删除页眉、页脚或页码。也可双击页眉、页脚或页码,然后选中页眉、页脚或页码,再按"Delete"键。在具有不同页眉、页脚或页码的每个分区中重复上面的步骤即可。

提示: 若要编辑页眉和页脚,只要鼠标左键双击页眉或页脚的区域即可。可以像编辑文档正文一样来编辑页眉和页脚的文本内容。

4.6.2 设置分页与分节

在 WPS 文字编辑中，经常要对正在编辑的文稿进行分开隔离处理，如因章节的设置而另起一页，这时需要使用分隔符。经常使用的分隔符有三种：分页符、分节符、分栏符。以下为分页和分节的设置方法。

（1）分页

在 WPS 文字中输入文本，当文档内容到达页面底部时，就会自动分页。但有时在一页未写完时，希望重新开始新的一页，这时就需要手工插入分页符来强制分页。

插入分页符的操作步骤如下。

① 将插入点定位于文档中待分页的位置；
② 单击"页面布局"选项卡下的"分隔符"按钮；
③ 单击"分页符"项即可。

更简单的手工分页方法是：将插入点定位于待分页的位置，然后按"Ctrl+Enter"组合键，这时，插入点之后的文本内容就被放在了新的一页。

进行手工分页后，切换到草稿视图下，可以看到手工分页符是一条带有"分页符"3个字的水平虚线。

（2）分节

节是文档的一部分。分节后把同一个节作为一个整体看待，可以独立为其设置页面格式。在一篇中长文档中，有时需要分很多节，各节之间可能有许多不同之处，例如页眉与页脚、页边距、首字下沉、分栏，甚至页面大小都可以不同。要解决这个问题，就要使用插入分节符的方法。

插入分节符的操作步骤如下。

① 将插入点定位于文档中待插入分节符的位置；
② 单击"页面布局"选项卡下的"分隔符"按钮；
③ 单击"下一页分节符""连续分节符""偶数页分节符"或"奇数页分节符"选项即可。

下一页分节符：分节符后的文档从下一页开始显示，即分节同时分页。
连续分节符：分节符后的文档与分节符前的文档在同一页显示，即分节但不分页。
偶数页分节符：分节符后的文档从下一个偶数页开始显示。
奇数页分节符：分节符后的文档从下一个奇数页开始显示。

4.6.3 预览与打印

完成文档的编辑和排版操作后，首先可以对其进行打印预览，如果不满意还可以进行修改和调整，待预览完全满意后再对打印文档的页面范围、打印份数和纸张大小进行设置，然后将文档打印出来。

（1）预览文档

在打印文档之前，要想预览打印效果，可使用打印预览功能查看文档效果。打印预览的效果与实际打印的真实效果极为相近，使用该功能可以避免打印失误或不必要的损失。同时还可以在预览窗格中对文档进行编辑，以得到满意的效果。

在 WPS 文字窗口中，单击"文件"→"打印"→"打印预览"命令，或在"快速访问工具栏"中单击"打印预览"按钮"![icon]"，在打开的新页面中，可预览打印效果，如图 4-135 所示。

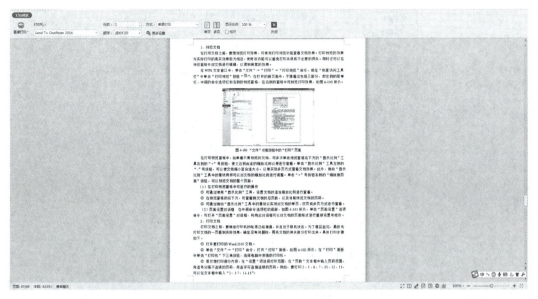

图 4-135 "打印预览"页面

在打印预览页面中，如果看不清预览的文档，可在预览窗格的"显示比例"中选择显示的比例，或输入显示比例之后按下"Enter"键，使之达到合适的缩放比例以便进行查看。

在打印预览窗格中可进行的操作如下。
① 可通过使用"显示比例"工具，设置文档的适当缩放比例进行查看。
② 在预览窗格的左下方，可查看到文档的总页数、当前预览文档的页码以及字数。
③ 可通过拖动"显示比例"工具中的滑块以实现对文档进行双页查看。

（2）打印文档

打印文档之前，要确定打印机的电源已经接通，并且处于联机状态。为了稳妥起见，最好先打印文档的一页看到实际效果，确定没有问题时，再将文档的其余部分打印出来。具体打印步骤如下。

① 打开要打印的 WPS 文字文档。
② 单击"文件"→"打印"命令，打开"打印"对话框，如图 4-136 所示，在"打印"对话框中单击"打印机"下的"名称"下拉列表，如图 4-137 所示，选择电脑中安装的打印机。
③ 若仅想打印部分内容，在"页码范围"文本框中输入页码范围，用逗号分隔不连续的页码，用连字符连接连续的页码。例如，要打印 2、5、6、7、11、12、13，可以在文本框中输入"2,5-7,11-13"。

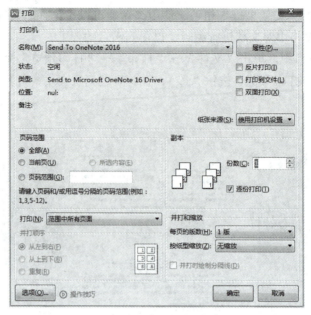

图4-136 "打印"对话框

图4-137 打印机选项

④ 如果需打印多份,在"份数"数值框中设置打印的份数。
⑤ 如果要双面打印文档,单击"双面打印"复选框。
⑥ 如果要在每版打印多页,设置"每页的版数"选项。
⑦ 单击"打印"按钮,即可开始打印。

4.6.4 主题和背景的设置

(1) 主题设置

主题是一套统一的设计元素和颜色方案。通过设置主题,可以非常容易地创建具有专业水准、设计精美的文档。设置方法是:单击"页面布局"选项卡下的"主题"按钮" ",打开如图4-138所示的"主题"面板,在面板内置的"主题样式"列表中选择所需的主题即可。

(2) 背景设置

新建的WPS文字文档背景都是单调的白色,通过"页面布局"选项卡下的"背景"按钮和"页面边框"按钮,如图4-139所示,可以对文档进行页面颜色、水印和页面边框背景设置。

图4-138 "主题"面板　　图4-139 "背景"按钮和"页面边框"按钮

① 页面背景的设置

a. 单击"页面布局"选项卡下的"背景"按钮，打开如图4-140所示的面板，在面板中设置页面背景。

b. 设置单种页面颜色：单击选择所需的页面颜色，如果上面的颜色不符合要求，可单击"其他填充颜色"选取其他颜色。

c. 设置填充效果：单击"图片背景"命令或"其他背景"命令，弹出如图4-141所示的"填充效果"对话框，在这里可添加渐变、纹理、图案或图片作为页面背景。

d. 删除设置：在"背景"下拉列表中选择"删除页面背景"命令即可删除页面背景。

图4-140 "背景"面板　　图4-141 "填充效果"对话框

② 水印效果设置

水印用来在文档文本的后面打印文字或图形。水印是透明的，因此任何打印在水印上的文字或插入对象都是清晰可见的。

a. 添加文字水印。在"背景"面板中单击"水印"按钮"水印"，或单击"插入"选项卡下的"水印"按钮"水印"，在出现的面板中选择一种内置样式的水印，或单击"插入水印"命令，打开如图4-142所示的"水印"对话框，选择"文字水印"，然后在对应的选项中完成相关信息输入，单击"确定"按钮。文档页上显示出创建的文字水印。

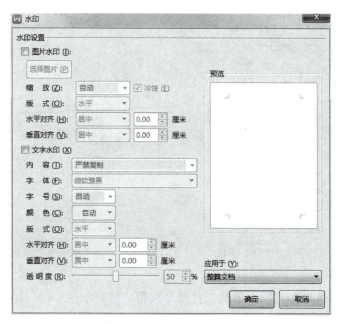

图4-142 "水印"对话框

b. 添加图片水印。在"水印"对话框中,选择"图片水印",然后单击"选择图片"按钮,浏览并选择所需的图片,然后在对应的选项中完成相关的设置,这样文档页上显示出创建的图片水印。也可以同时添加文字和图片水印。

c. 删除水印。在"水印"下拉列表中,选择"删除文档中的水印"命令,即会删除文档页上创建的水印。

③ 页面边框的设置

在"页面布局"选项卡下,单击"页面边框"按钮" ",然后选择"页面边框"选项卡,选择合适的边框类型,线的样式、颜色和大小后单击"确定"即可。

4.7
发送文档

在互联网时代的今天,人们经常通过网络传输文件,几份文档的传输很容易实现,如果向100个人发送100份邀请函,应该如何高效率地完成呢?本节将学习WPS文字中文档发送的设置方法。

4.7.1 邮件合并

当用户需要打印许多格式且内容相似、只是具体数据有差别的文档时,就可以使用

WPS 文字提供的邮件合并功能。例如，某公司自制的信封，其每封信的回信地址和邮政编码都相同，需要改变的仅是客户的名称和收信人的地址。使用邮件合并功能来制作和打印这些信封会减少工作量，提高速度。

（1）基本概念

邮件合并需要两个文档：一个是主文档，另一个是数据源。

① 主文档是指在 WPS 文字的邮件合并操作中，所含文本和图形对合并文档的每个版本都相同的文档（即信函文档，仅包含公共内容），例如套用信函中的寄信人的地址和称呼等。通常新建立的主文档应该是一个不包含其他内容的空文档。

② 数据源是指包含要合并到文档中的信息的文件（即名单文档，通常是一个表格）。例如，要在邮件合并中使用的名称和地址列表。必须链接到数据源，才能使用数据源中的信息。

③ 数据记录是指对应于数据源中一行信息的一组完整的相关信息。例如，客户邮件列表中的有关某位客户的所有信息为一条数据记录。

④ 合并域是指可插入主文档中的一个占位符。例如，插入合并域“城市”，让 WPS 文字插入“城市”数据字段中存储的城市名称，如“北京”。

⑤ 套用就是根据合并域的名称用相应数据记录取代，以实现成批信函、信封的制作。

例如，要生成邀请函，先建立数据源，文档名称为“名单 .docx”，内容如图 4-143 所示；再建立主文档，文档名称为“邀请函 .docx”，内容如图 4-144 所示。

辽宁金融职业学院
辽宁水利职业学院
铁岭师范高等专科学校
大连东软信息学院
盘锦职业技术学院
辽宁科技大学应用技术学院
辽宁机电职业技术学院
辽宁省交通高等专科学校

图4-143　数据源

（学校名称）：

请于×年×月×日来我中心参加计算机网络竞赛。具体安排及事宜，详见竞赛邀请函。

××市职业教育研究中心
×年×月×日

图4-144　主文档

（2）合并邮件的方法

利用邮件合并，制作邀请函的操作实例如下。

① 在 WPS 文字中打开先前建立的文档"邀请函 .docx"。

② 单击"邮件引用"→"邮件"按钮"✉"，打开"邮件合并"选项卡。

③ 在"邮件合并"选项卡下单击"打开数据源"按钮，在计算机中找到数据源文件"名单 .docx"并打开。如果数据源是电子表格文档，还需选择具体的工作表。

④ 将鼠标插入点置于邀请函中"学校名称"的位置。在"邮件合并"选项卡下，单击"插入合并域"按钮"插入合并域"，弹出如图 4-145 所示的"插入域"对话框，单击"插入"按钮。

⑤ 单击"邮件合并"选项卡下的"合并到新文档"按钮"合并到新文档"，弹出"合并到新文档"对话框，如图 4-146 所示。单击"确定"按钮即可生成一个仅学校名称不同的多页新文档。

图 4-145 "插入域"对话框

图 4-146 "合并到新文档"对话框

4.7.2 宏

如果需要在 WPS 文字中反复进行某项工作，可以利用宏来自动完成这项工作。宏是一系列组合在一起的 WPS 命令或指令，以实现任务执行的自动化。可以创建并执行宏，以替代人工进行的一系列费时且单调的重复性操作，自动完成所需任务。

操作实例：录制宏，其内容为在文档中创建一个 5 行 4 列的表格，并在表格第 1 行各列中分别填写序号"1""2""3""4"，然后运行宏。

① 单击"视图"→"宏"命令组中的"宏"按钮→"录制宏"命令，弹出"录制宏"对话框。

② 在对话框中"宏名"下的文本框中输入宏名为"表格"。

③ 在"将宏保存在"下拉列表中，单击选择保存宏的模板或文档。在"说明"下的

文本框中，键入对宏的说明，单击"确定"按钮。

④ 选择"插入"→"表格"命令组中的"表格"按钮，插入一个 5 行 4 列的表格，并在表格第 1 行各列中分别填写"1""2""3""4"。

⑤ 单击"宏"命令组中的"宏"按钮→"停止录制"命令。

⑥ 将光标移到文档插入表格处，单击"宏"命令组中的"宏"按钮→"查看宏"命令，打开"宏"对话框。

⑦ 在"宏"对话框中"宏名"下的文本框中输入宏的名称，单击"运行"按钮，完成"宏"的运行。

4.8 WPS文字的其他功能

本节将学习 WPS 文字中的其他功能，如文档的显示、快速格式化、目录和索引编制等，使读者对 WPS 文字的了解更加深入。

4.8.1 文档的显示

在 WPS 文字中提供了多种视图模式供用户选择，这些视图模式包括"页面视图""Web 版式视图""大纲视图"和"阅读版式视图"等视图模式。用户可以在"视图"选项卡中选择需要的文档视图模式，也可以在 WPS 文字文档窗口的右下方单击视图按钮选择视图。

（1）页面视图

"页面视图"可以显示 WPS 文字文档的打印结果外观，主要包括页眉、页脚、图形对象、分栏设置、页面边距等元素，是最接近打印结果的视图。

（2）Web 版式视图

"Web 版式视图"以网页的形式显示 WPS 文字文档，Web 版式视图适用于发送电子邮件和创建网页。

（3）大纲视图

"大纲视图"主要用于设置 WPS 文字文档的层次结构和显示标题的层级结构，并可以方便地折叠和展开各种层级。大纲视图广泛用于 WPS 文字长文档的快速浏览和设置，大纲视图界面如图 4-147 所示。

（4）阅读版式视图

"阅读版式视图"以图书的分栏样式显示 WPS 文字文档，"文件"按钮、功能区等窗口元素被隐藏起来。阅读版式视图界面如图 4-148 所示。

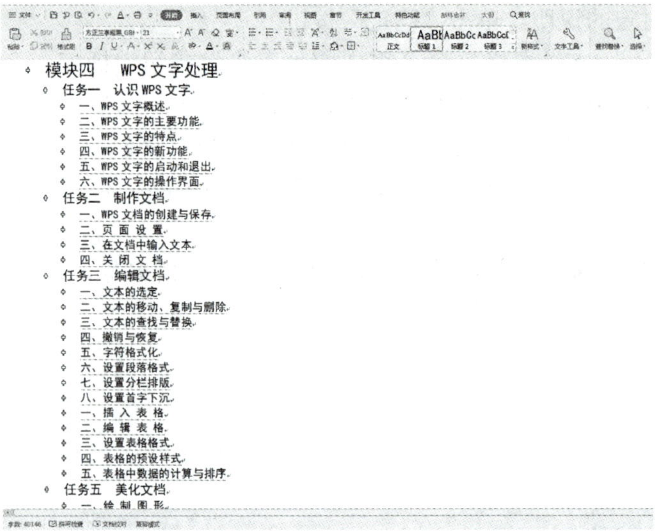

图4-147 "大纲视图"界面

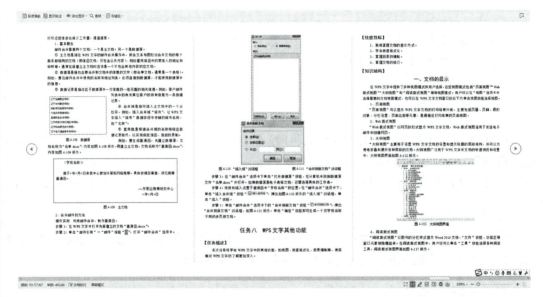

图4-148 "阅读版式视图"界面

4.8.2 快速格式化

（1）使用格式刷

使用格式刷可以快速重复设置相同的格式。

① 复制文字格式

a. 选中包含格式的文字内容。

b. 双击"开始"选项卡下的"格式刷"按钮" "。

c. 鼠标箭头变成刷子形状，此时按住鼠标左键拖选其他文字内容，则格式刷经过的文字将被设置成格式刷记录的格式。

d. 松开鼠标左键后再次按住左键拖选其他文字内容，将再次重复设置格式。

e. 重复上述步骤多次复制格式，完成后单击"格式刷"按钮或按"Esc"键即可取消格式刷状态。

② 直接复制整个段落的所有格式

a. 把光标定位在设置好格式的段落中。

b. 双击"开始"选项卡下的"格式刷"按钮"　"。

c. 鼠标箭头变成刷子形状，此时按住鼠标左键选中其他段落，则格式刷经过的段落将被设置成格式刷记录的段落格式。

d. 松开鼠标左键后再次按住左键拖选其他段落，就可以连续给其他段落复制格式。

e. 单击"格式刷"按钮或按"Esc"键即可恢复正常的编辑状态。

提示：如果是单击"格式刷"按钮，只能复制一次格式，格式刷就自动取消。

（2）使用样式

① 样式的基本概念

样式是应用于文本的一系列格式特征，利用它可以快速地改变文本的外观。当应用样式时，只需执行一步操作就可应用一系列的格式。

单击"开始"→"样式"命令组中右下角的"　"箭头，打开"样式"窗格。利用此窗格可以浏览、应用、编辑、定义和管理样式。

② 样式的分类

样式分为"段落样式"和"字符样式"。

a. 段落样式：以集合形式命名并保存的具有字符和段落格式特征的组合。段落样式控制段落外观的所有方面，如文本对齐、制表位、行间距、边框等，也可能包括字符格式。

b. 字符样式：影响段落内选定文字的外观，例如文字的字体、字号、加粗及倾斜的格式设置等。即使某段落已整体应用了某种段落样式，该段中的字符仍可以有自己的样式。

③ 样式的应用

a. 应用段落样式：选定段落，在"样式"窗格中，单击样式名，或者单击"开始"选项卡中"样式"命令组中的样式按钮，即可将该样式的格式集一次应用到选定段落上。

b. 应用字符样式：选定部分文本，单击"样式"窗格中的样式名，只将字符格式（如加粗或倾斜格式）应用于选定内容。

④ 样式的管理

若需要段落包括一组特殊属性，而现有样式中又不包括这些属性，用户可以新建段落样式或修改现有样式。

a. 创建新样式：在"开始"选项卡中，单击"新样式"按钮"　"，弹出如图 4-149 所示的"新建样式"对话框，然后在"名称"文本框中输入新样式名，在"样式类型"列表框中的"字符"或"段落"选项中选择所需选项，单击"格式"按钮设置样式属性，最后单击"确定"即可创建新的样式。

b. 修改样式：在"样式"窗格中，右键单击样式列表中显示的样式，选择"修改样式"命令，将弹出如图 4-150 所示的"修改样式"对话框，然后单击"格式"按钮即可修改样式格式。

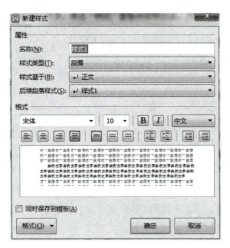

图4-149 "新建样式"对话框　　　　图4-150 "修改样式"对话框

c. 删除样式：在"样式"窗格中，右键单击样式列表的样式，在弹出的快捷菜单中，单击"删除"命令即可将选定的样式删除。

提示："正文"样式和"默认段落"样式不能被删除。

（3）创建文档模板

① 模板概述

任何 WPS 文字文档都是以模板为基础的。模板决定文档的基本结构和文档设置，例如自动图文集词条、字体、快捷键指定方案、菜单、页面布局、特殊格式和样式。

② 使用文档模板

除了通用型的空白文档和在线文档模板之外，WPS 文字还内置了多种文档模板，如求职简历模板、职场办公模板等。借助这些模板，用户可以创建比较专业的 WPS 文字文档。在 WPS 文字中使用模板创建文档的步骤如下。

a. 打开 WPS 文字文档窗口，单击"文件"→"新建"按钮。

b. 在打开的"新建"面板中，用户可以单击"求职简历""职场办公"等 WPS 自带的模板创建文档。

4.8.3　编制目录和索引

（1）编制目录

① 目录概述

目录是文档中标题的列表，可以在目录的首页通过按"Ctrl"键＋鼠标左键跳到目录所指向的章节，也可以打开视图导航窗格，然后列出整个文档结构。WPS 文字提供了目录编制与浏览功能，可使用 WPS 文字中的内置标题样式和大纲级别设置自己的标题格式。

a. 标题样式：应用于标题的格式样式。

b. 大纲级别：应用于段落格式等级。WPS 文字中有 9 级段落等级。

② 用大纲级别创建标题级别

a. 单击"视图"→"文档视图"命令组中的"大纲视图"按钮"，将文档显示在

大纲视图中。

b. 切换到"大纲"选项卡，如图4-151所示。在"大纲工具"命令组中选择目录中显示的标题级别数。

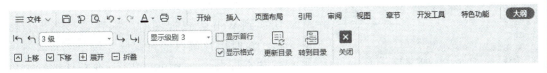

图4-151 "大纲"选项卡

c. 选择要设置为标题的各段落，在"大纲工具"命令组中分别设置各段落级别。

③ 用内置标题样式创建标题级别

a. 选择要设置为标题的段落。

b. 单击"开始"→"样式"命令组中的"标题样式"按钮即可（若需修改现有的标题样式，在标题样式上单击右键，选择"修改"命令，在弹出的"修改样式"对话框中进行样式修改）。

c. 对希望包含在目录中的其他标题重复步骤a和步骤b。

d. 设置完成后，单击"关闭大纲视图"按钮，返回到页面视图。

④ 编制目录

通过使用大纲级别或标题样式设置，指定目录要包含的标题之后，可以选择一种设计好的目录格式生成目录，并将目录显示在文档中。操作步骤如下。

a. 确定需要制作几级目录。

b. 使用大纲级别或内置标题样式设置目录要包含的标题级别。

c. 光标定位到插入目录的位置，单击"引用"选项卡下的"目录"按钮"圖"，选择"自定义目录"命令，打开如图4-152所示的"目录"对话框。

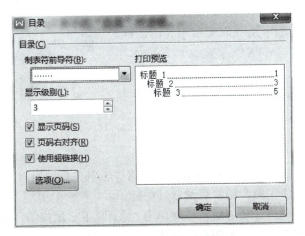

图4-152 "目录"对话框

d. 根据需要，设置其他选项。

e. 单击"确定"按钮即可生成目录。

⑤ 更新目录

在页面视图中，用鼠标右键单击目录中的任意位置，从弹出的快捷菜单中选择"更新域"

命令，在弹出的"更新目录"对话框中选择更新类型，单击"确定"按钮，目录即被更新。

⑥ 使用目录

当在页面视图中显示文档时，目录中将包括标题及相应的页码，在目录上通过"Ctrl"键+鼠标左键可以跳到目录所指向的章节；当切换到 Web 版式视图时，标题将显示为超链接，这时用户可以通过鼠标左键单击直接跳转到某个标题；在 WPS 文字中查看文档时可以快速浏览，可以打开视图导航窗格。

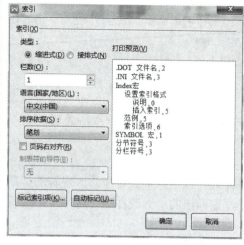

图 4-153 "索引"对话框

（2）编制索引

目录可以帮助读者快速了解文档的主要内容，索引可以帮助读者快速查找需要的信息。生成索引的方法是：单击"引用"选项卡下的"插入索引"按钮" 插入索引 "，打开如图 4-153 所示的"索引"对话框，在对话框中选择设置相关的项目，单击"确定"即可。

4.8.4 文档的修订与批注

（1）修订和批注的意义

为了便于联机审阅，WPS 文字允许在文档中快速创建修订与批注。

① 修订　显示文档中所作的诸如删除、插入或其他编辑、更改位置的标记，启动"修订"功能后，修改的文字下方会加一横线，字体为红色，当然，用户可以修改成自己喜欢的颜色。

② 批注　指作者或审阅者为文档添加的注释。为了保留文档的版式，WPS 文字在文档的文本中显示一些标记元素，而其他元素则显示在页边距中的批注框中。在文档的页边距或"审阅窗格"中显示批注，如图 4-154 所示。

图 4-154 修订与批注示意图

（2）修订操作

① 标注修订　单击"审阅"选项卡下的"修订"下三角按钮" 修订 "，选择"修订"命令（或按"Ctrl+Shift+E"组合键）启动修订功能。

② 取消修订　启动修订功能后，再次单击"修订"下三角按钮，选择"修订"命令（或按"Ctrl+Shift+E"组合键）可关闭修订功能。

③ 接受或拒绝修订　用户可对修订的内容选择接受或拒绝，在"审阅"选项卡下单击"接受"或"拒绝"按钮即可完成相关操作。

（3）批注操作

① 插入批注　选中要插入批注的文字或光标定位到插入点，在"审阅"选项卡中的

"批注"命令组中单击"插入批注"按钮"![插入批注]",并输入批注内容。

② 删除批注　若要快速删除单个批注,用鼠标右键单击批注,然后从弹出的快捷菜单中选择"删除批注"即可。

4.8.5 文档保护

WPS 文字文档保护提供自动备份、文档修复、保护文档(防止文档被非法使用)等功能。

(1) 自动备份

WPS 有自动备份功能,若突然断电或出现其他特殊情况,它能帮用户减少损失。选择"文件"→"备份与恢复"→"备份中心",可打开"备份中心"窗口,如图 4-155 所示。

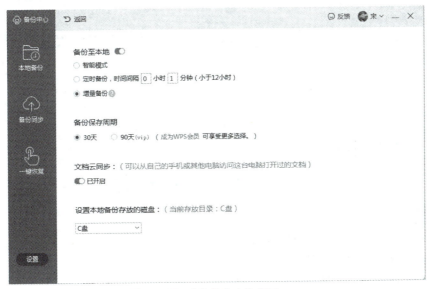

图 4-155　"备份中心"窗口

① 备份至本地　可以将文档备份在本地计算机中,除"智能模式"和"定时备份"外,还可以选择"增量备份",即 WPS 文字会记录用户对文件的操作步骤。读取备份时,这些步骤在原文件上快速重现,从而达到备份的目的。

② 文档云同步　用户凭注册的 WPS 账号登录后,开启"文档云同步"功能,可以在手机或其他计算机中访问同步过的文档。

(2) 文档修复

如果在试图打开一个文档时,计算机无响应,则该文档可能已损坏。WPS 文字提供了文档修复功能,修复的步骤如下。

① 单击"文件"→"备份与恢复"→"文档修复",打开"文档修复"窗口,如图 4-156 所示。

② 添加要修复的文档,即可开始对文档的修复。

图 4-156　"文档修复"窗口

（3）保护文档（防止文档被非法使用）

为保护文档信息（防止文档被非法使用），WPS文字提供了"文档权限"和"密码加密"功能，只有指定用户或持有密码的用户才能打开特定文件。完成此操作的方法为：单击"文件"→"文档加密"选项，单击"文档权限"按钮，打开"文档权限"窗口，如图4-157所示，可在此窗口中添加指定用户查看和编辑文档。单击"文件"→"文档加密"选项，单击"密码加密"按钮，打开"密码加密"窗口，如图4-158所示。可通过设置密码来添加查看和编辑文档的权限。

图4-157 "文档权限"窗口

图4-158 "密码加密"窗口

4.8.6 实训项目

WPS文字文档页面设置

【实训目的】

（1）掌握样式的修改和应用方法；
（2）掌握目录的插入和编辑方法；
（3）掌握页眉、页脚和页码的设置方法。

【实训要求】

（1）打开"学号+姓名"文档，将"标题1"样式格式修改为黑体、四号、加粗、左对齐，并将文档中"一、公司简介"等小标题设置为"标题1"样式。将"标题2"样式格式修改为黑体、小四、加粗、左对齐，并将文档中"1.销售任务"等小标题设置为"标题2"样式。

（2）在文档前插入一个空白页，用于制作文档目录，要求目录标题格式为黑体、小二、加粗、居中对齐、段后间距0.5行，目录格式为宋体、四号、1.5倍行距。

（3）文档目录页页脚居中位置添加页码，页码格式为大写罗马数字。文档页眉处插入横向文本框，文本框中输入文本"辽宁深蓝光电集团"。文本内容设置为楷体、小四、加粗、倾斜，将文本框固定在页面上的特定位置，要求水平方向对齐方式为"居中"，相对于"栏"；垂直方向对齐方式为"顶端对齐"，相对于"行"，文本框大小设置为高度是绝对值0.8厘米，宽度是绝对值4厘米，并设置文本框无线条颜色、无填充颜色。正文页脚插入"页脚外侧"的页码，页码格式为"1，2，3..."，页码从"1"开始编号。

（4）为文档添加图片水印，图片为素材图片"水印"，设置"冲蚀"的效果。

（5）将此文档保存。

【实训指导】

（1）打开"学号＋姓名"文档，将样式功能组中"标题1"格式修改为黑体、四号、加粗、左对齐，如图4-159所示。并将标题1样式应用于文档中"一、公司简介"等文档小标题。同样的方式将"标题2"格式修改为黑体、小四、加粗、左对齐，并应用于"1.销售任务"等小标题。

（2）光标定位在文档最前面，单击"插入"选项卡下的"空白页"按钮，在文档前增加1个空白页，单击"开始"选项卡字体区域中的清除格式" "按钮，清除空白页的所有格式。

单击"引用"选项卡下"目录"按钮，在下拉列表中选择"自动目录"命令，如图4-160所示。设置目录标题格式为黑体、小二、加粗、居中对齐、段后间距0.5行，目录格式为宋体、四号、1.5倍行距，如图4-161所示。

图4-159　修改样式

图4-160　插入目录

目录

一、公司简介..1

二、综合事务部..1

三、销售管理部..1

  1. 销售任务..2

  2. 绩效提成制度..2

  3. 激励制度..2

四、财务核算部..2

图4-161　目录格式

（3）插入页眉和页脚

① 将鼠标插入点置于目录页，选择"插入"选项卡下的"页码"按钮，在下拉列表中选择"页脚中间"命令，如图4-162所示。

单击页脚位置的"页码设置"按钮，选择页码样式为大写罗马数字，如图4-163所示。

图4-162 插入目录页码

图4-163 页码设置

② 双击页眉，进入页眉编辑状态。单击"插入"→"文本框"→"横向文本框"，在页眉处绘制一个横向文本框，输入文字"辽宁深蓝光电集团"，设置字体属性为楷体、小四、加粗、倾斜，如图4-164所示。选中文本框边框，单击"绘图工具"→"大小和位置"扩展按钮，打开"布局"对话框，设置水平对齐方式为"居中"，相对于"栏"，垂直对齐方式为"顶端对齐"，相对于"行"，如图4-165所示。切换到"大小"选项卡，设置高度为0.8厘米，宽度为4厘米，单击"确定"按钮。

图4-164 设置页眉

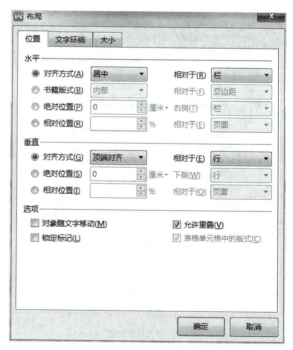

图4-165 设置"位置"

③ 选中文本框边框，单击"绘图工具"→"填充"→"无颜色填充"，单击"轮廓"→"无线条填充"。

④ 切换至正文第1页页脚位置，单击"页码设置"按钮，设置页码样式为"1，2，3..."，位置为"双面打印1"，相当于插入"页脚外侧"页码，选择应用范围为"本页及之后"，如图4-166所示，单击"确定"按钮。单击页脚处"重新编号"按钮，设置页码编号为"1"，如图4-167所示。单击"页眉和页脚"→"关闭"。

图4-166 页码设置

图4-167 重新编号

（4）单击"插入"→"水印"→"插入水印"命令，打开"水印"对话框，如图4-168所示。选择"图片水印"，单击"选择图片"，插入图片"水印"，单击"确定"按钮。

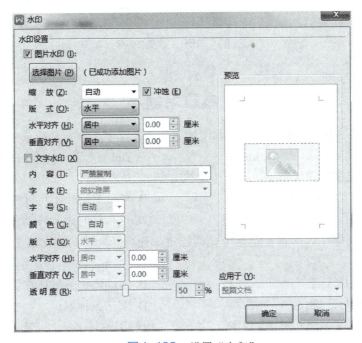
图4-168 设置"水印"

（5）保存文档。

【学习项目】

（1）打开模仿项目素材"大学生就业调查报告"文档，将"标题"样式格式修改为宋体、三号、加粗、居中、1.5倍行距，并将文档中的"引言"段落设置为"标题"样式；将"标题1"样式格式修改为宋体、三号、加粗、两端对齐、1.5倍行距、段前段后间距0.5行，并将文档中的"一、就业形势分析"等小标题设置为"标题1"样式。

（2）在文档前插入空白页，制作文档目录。

（3）除目录页外，其他正文页脚居中位置插入页码，页码格式为"1，2，3..."。

（4）为文档添加文字水印，文字内容为"大学生就业调查报告"，文字样式为倾斜。效果图如图4-169所示，保存文档。

图4-169 效果图

本章习题

1. 在WPS文字编辑状态下，要删除刚输入的一个汉字或字符，应按的键是"＿＿＿"。
   A. Enter　　　　　　B. Insert　　　　　　C. Del　　　　　　D. Backspace
2. 在WPS文字编辑状态下，对于选定的文字＿＿＿。
   A. 可以移动，不可以复制　　　　　　B. 可以复制，不可以移动
   C. 可以进行移动或复制　　　　　　　D. 可以同时进行移动和复制
3. 在WPS文字中，如果要把整个文档选定，先将光标移动到文档左侧的选定栏，然后＿＿＿。
   A. 双击鼠标左键　　　　　　　　　　B. 连续击3下鼠标左键
   C. 单击鼠标左键　　　　　　　　　　D. 双击鼠标右键
4. 在WPS文字编辑状态下，绘制一文本框，应使用的是"＿＿＿"选项卡功能区。
   A. 插入　　　　　　B. 开始　　　　　　C. 引用　　　　　　D. 视图
5. WPS文字中字形、字体、字号默认的设置值是＿＿＿。
   A. 常规型、宋体、四号　　　　　　　B. 常规型、宋体、五号
   C. 常规型、宋体、六号　　　　　　　D. 常规型、仿宋体、五号
6. 在WPS文字中，按下"Enter"键在文档中会产生＿＿＿。
   A. 段落标记符　　　　B. 软回车符　　　　C. 制表符　　　　D. 分节符
7. 在WPS文字文档中，要将光标移到本行行首的快捷键是"＿＿＿"。
   A. Page Up　　　　　B. Ctrl+Home　　　　C. Home　　　　　D. End
8. WPS文字中有＿＿＿视图方式。
   A. 三种　　　　　　B. 四种　　　　　　C. 五种　　　　　　D. 六种
9. 在WPS文字文档中，选定表格的一栏，再执行"开始"选项卡功能区中的"清除"命令，则＿＿＿。

A. 该栏中单元格中的内容被删除，变成空白

B. 该栏中单元格格式被删除

C. 沿该栏的左边把原表格剪切成两个表格

D. 沿该栏的右边把原表格剪切成两个表格

10. 要将其他软件绘制的图片调入 WPS 文字文档中，正确的操作是_____。

    A. 选择"开始"选项卡   B. 选择"页面布局"选项卡

    C. 选择"引用"选项卡   D. 选择"插入"选项卡

第五章

WPS电子表格软件

本章学习内容

- 理解WPS电子表格的基本概念
- 掌握WPS表格的基本操作方法
- 掌握公式、函数和图表的使用方法
- 掌握常用的数据管理与分析方法

WPS 表格是 WPS Office 系列办公软件中的重要组成部分，是功能完整、操作简易的电子表格软件，它为用户提供丰富的函数及强大的图表、数据处理等功能，技术先进，使用方便。通过它，可以简单快捷地对各种复杂数据进行处理、统计和分析。它具有强大的数据综合管理功能，可以通过各种统计图表的形式把数据形象地表示出来。它能够方便地与 WPS Office 其他组件相互调用数据，实现资源共享。它广泛应用于管理、财会、金融等领域。WPS 表格能够直接输出 PDF 格式或其他格式的文档，并兼容微软公司的 Excel 各种版本的文件格式。

WPS Office 不仅是一款优秀的国产办公软件，也是一个在线办公服务平台。金山软件通过跨终端的、多人实时在线协作填写与编辑的电子表格，实现了随时随地办公、处理数据的目标。

5.1 WPS表格概述

WPS 表格有什么特性？基本功能有哪些？工作界面是什么样的？可以应用在什么地方？使用 WPS 表格能完成什么工作？本节旨在帮助用户认识 WPS 表格，掌握 WPS 表格的特点和功能。

5.1.1 WPS表格的基本功能

WPS 表格是一款非常出色的电子表格软件，它具有界面友好、操作简便、易学易用等特点，在工作学习中起着越来越重要的作用。

WPS 表格到底能够解决用户日常工作中的哪些问题呢？下面简要地介绍 WPS 表格 4 个方面的实际应用。

（1）高效的表格制作

表格制作功能是 WPS 表格最主要的功能之一，通过 WPS 表格用户可以制作各式各样满足不同需求的表格。同时用户利用 WPS 表格强大的运算与数据处理功能，可以轻松地实现对表格数据的管理。

（2）强大的公式与函数

WPS 表格拥有非常强大的数据处理能力，用户可以编制各种公式来对表格中的数据进行运算，而且还可以使用系统提供的几百个函数，完成各种复杂的数据运算。

（3）便捷的数据加工与统计

在日常生活中，有许多数据都需要处理，WPS 表格具有强大的数据库管理功能，利用它所提供的有关数据库操作的命令和函数，可以十分方便地完成如排序、筛选、分类汇总、查询、制作数据透视表等操作，从而使 WPS 表格的应用更加广泛。

（4）直观的图表制作

WPS 表格可以根据工作表中的数据源迅速生成二维或三维的图表。用户只需使用系统提供的图表向导功能和选择表格中的数据，就可方便快捷地建立一个既实用又具有多种风格的图表。使用图表可以直观地表达工作表中的数据，增加了数据的可读性。

5.1.2 WPS表格的启动与退出

（1）WPS表格的启动方法

启动 WPS 表格的方法主要有以下三种。

① 单击"开始"→"所有程序"→"WPS Office"→"WPS Office 教育考试专用版"

命令，即可启动 WPS Office 软件窗口，在 WPS 窗口的"首页"左侧点击"新建"进入新建页，点击"表格"，再点击"新建空白文档"，即可启动 WPS 表格软件窗口并新建空白工作簿。

② 用户可在桌面上创建 WPS Office 的快捷方式，通过双击 WPS Office 的快捷方式图标启动 WPS Office 软件窗口，然后按照方法①启动 WPS 表格软件。

③ 双击扩展名为".et"的文件，也可以启动 WPS 表格软件。

（2）WPS 表格的退出方法

退出 WPS 表格有以下几种方法。

① 单击 WPS 表格窗口右上角的"关闭"按钮。

② 单击"文件"选项卡，在打开的页面中选择"退出"命令。

③ 单击 WPS 表格窗口左上角的控制菜单图标，在弹出的控制菜单中选择"关闭"命令，或直接双击该图标。

④ 按"Alt+F4"组合键。

5.1.3　WPS 表格的界面简介

启动 WPS 表格程序后，出现 WPS 表格的窗口界面，如图 5-1 所示。

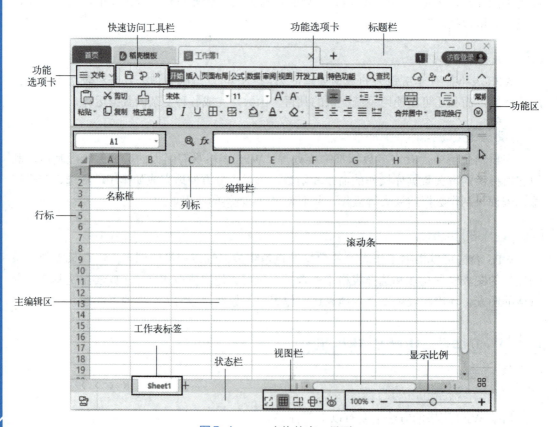

图 5-1　WPS 表格的窗口界面

(1) 标题栏

标题栏用来显示使用的程序窗口名和工作簿文件的标题。默认标题为"工作簿1",如果是打开一个已有的文件,该文件的名字就会出现在标题栏上。标题栏左端的图标是窗口图标" ",右端是窗口最小化、最大化 / 还原和关闭按钮。

(2) 快速访问工具栏

快速访问工具栏一般位于窗口的左上角,快速访问工具栏顾名思义就是将常用的工具摆放于此,帮助用户快速完成工作。预设的快速访问工具栏只有 6 个常用的工具,分别是"保存""输出为 PDF""打印""打印预览""撤销"及"恢复"按钮,通过单击其右侧的" "按钮,可以自定义快速访问工具栏。如图 5-2 所示。

图 5-2　自定义快速访问工具栏

(3) 功能选项卡(以下简称选项卡)

选项卡包括文件、开始、插入、页面布局、公式、数据、审阅、视图等,单击选项卡可打开相应的功能区,使用功能区按钮可以实现 WPS 表格的各种操作。

(4) 功能区

每一个选项卡都对应一个功能区,功能区命令按钮以逻辑组的形式分成若干组,目的在于帮助用户快速找到完成某一操作所需的命令。为了使屏幕更为简洁,可点击功能区控制按钮" ",显示或隐藏功能区。功能区的外观会根据显示窗口的大小自动改变。

(5) 名称框与编辑栏

名称框与编辑栏构成了数据编辑区,位于功能区的下方。名称框,用来显示当前单元格或单元格区域地址名称;编辑栏,用来编辑当前单元格的值或公式。

(6) 视图栏与显示比例

窗口底部右端为视图栏和显示比例,视图栏分别包括"全屏显示""普通视图""分页预览"和"阅读模式"四个视图控制方式按钮。视图栏的右面就是显示比例调节按钮，通过它可以调整当前窗口内容的显示比例。

（7）工作表标签

工作表是 WPS 表格操作的主体，每个新的工作簿有 1 张空白工作表，每一张工作表都会有一个标签（如"Sheet1、Sheet2…"），用户可根据需要，单击右侧的"+"按钮来添加工作表，可以通过工作表标签来切换工作表。

（8）主编辑区

编辑栏和工作表标签栏之间的一大片区域，就是主编辑区，也就是电子表格的工作区。该窗口由工作表区（由若干单元格组成）、水平滚动条、垂直滚动条组成。

5.1.4　工作簿、工作表和单元格

下面介绍 WPS 表格中的几个重要概念。

（1）工作簿

工作簿是存储数据和处理工作数据的 WPS 表格文件，其扩展名为".et"。每一个工作簿可由一张或多张工作表组成，默认情况下有一张工作表，这张工作表默认的名称是"Sheet1"。用户可根据需要插入或删除工作表。

（2）工作表

工作表位于工作窗口的中央，由行标、列标和网格线组成。一张工作表最多有 65536 行、256 列。行标用数字 1～65536 表示，列标用字母 A～Z，AA～AZ，BA～BZ，…，IV 表示。一个工作表最多可以有 256×65536 个单元格。

如果把一个工作簿看成一个活页本，那么活页本中的每一页就相当于一张工作表，即可以把若干工作表放在一个工作簿中。

（3）单元格与单元格的地址

单元格是组成工作表的基本元素，工作表中行列的交叉位置就是一个单元格，单元格的名称由列标和行标组成，如 A1。单元格内输入和保存的数据，既可以包含文字、数字或公式，也可以包含图片和声音等。除此之外，每一个单元格中还可以设置格式，如字体、字号、对齐方式等。所以，一个单元格由数据内容、格式等部分组成。

在工作表的上面有各列的列标"A、B、C…"，左边则有各行的行标"1、2、3…"，将列标和行标组合起来，就是单元格的地址。例如工作表最左上角的单元格位于第 A 列第 1 行，其地址便是 A1，如图 5-3 所示。单击某个单元格时，该单元格就成为当前单元格，在该单元格右下角有一个小方块，这个小方块被称为填充柄或复制柄，用来进行单元格内容的填充或复制。当前单元格和其他单元格的区别是当前单元格呈突出显示状态。

（4）单元格区域

在利用公式或函数的运算中，若参与运算的是由若干相邻单元格组成的连续区域，可以使用区域表示方法进行简化。区域表示方法：只写出区域的开始和结尾的两个单元格

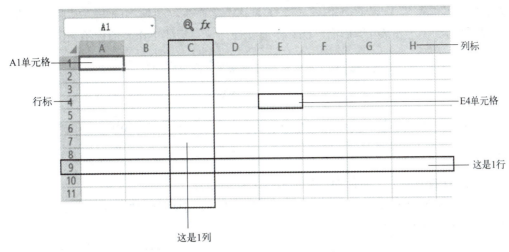

图 5-3　单元格与单元格的地址

的地址，两个地址之间用":"隔开，用来表示包括这两个单元格在内的它们之间所有的单元格。如表示 A1～A8 这 8 个单元格的连续区域，可表示为 A1:A8。

区域表示法有如下三种情况。

① 一行的连续单元格。如 A1:F1 表示第一行中的第 A 列到第 F 列的 6 个单元格，所有单元格都在同一行。

② 一列的连续单元格。如 A1:A10 表示第 A 列中的第 1 行到第 10 行的 10 个单元格，所有单元格都在同一列。

③ 矩形区域中的连续单元格。如 A1:C4 表示以 A1 和 C4 作为对角线两端的矩形区域，3 列 4 行共 12 个单元格。如果要对这 12 个单元格内的数值求平均值，就可以使用求平均值函数来实现，即 Average（A1:C4）。

5.1.5　实训项目

工作簿与工作表的基本操作

【实训目的】

了解 WPS 表格的工作界面，掌握工作簿与工作表的基本操作方法。

【实训要求】

（1）在 D 盘新建一个文件夹，名称为"学号 + 姓名"。

（2）打开 WPS 表格，自定义快速访问工具栏，在快速访问工具栏上增加"新建""打开""直接打印"三个按钮。

（3）将当前工作簿保存在新建的文件夹中，文件名为"WPS 工作簿 1.et"。

（4）当前文件有一个工作表，工作表名为"Sheet1"。在"Sheet1"工作表的第一个单元格输入"工作表 1"。

（5）将"Sheet1"工作表名改为"工作表 1"。

（6）增加两张新的工作表，工作表名分别为"工作表 2""工作表 3"，复制工作表 1，将新复制的工作表名称改为"工作表4",并将这个工作表移动到"工作表2"后面,将"工作表3"移动到"工作表1"后面,保存当前文件,保存后的工作表的标签如图5-4所示。

图5-4　工作表标签

(7) 新建一个工作簿,并保存到新建的文件夹中,文件名为"WPS工作簿2.et"。

【实训指导】

(1) 在D盘新建一个文件夹,名称为"学号+姓名"。

(2) 打开WPS表格新建一个工作簿后,窗口的左上角就是快速访问工具栏,按下" ▼ "按钮进行设定,如图5-5所示。

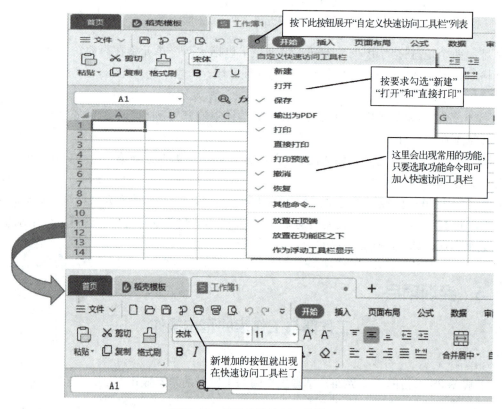

图5-5　设置快速访问工具栏

(3) 鼠标单击快速访问工具栏上的保存按钮,会弹出"另存为"对话框,如图5-6所示,在此对话框中选择文件存放的位置,即D盘的"学号+姓名"文件夹,并输入文件名"WPS工作簿1.et"。

(4) 通过点击工作表标签(在窗口的左下角位置)来切换不同的工作表,当前默认为"Sheet1"工作表,用鼠标单击Sheet1工作表的第一个单元格,并输入字符"工作表1"。

(5) 鼠标右键单击工作表标签上的"Sheet1",会弹出工作表标签快捷菜单,在菜单上单击"重命名"命令,如图5-7所示,将工作表名改为"工作表1";也可双击工作表名字"Sheet1",输入"工作表1"。

图5-6 "另存为"对话框

图5-7 工作表重命名

（6）单击两次工作表标签最右面的新建工作表按钮，就会增加两张新工作表，新增加的工作表的名称默认为"Sheet2""Sheet3"，分别将其修改为"工作表2""工作表3"。右键单击工作表标签上的"工作表1"，在弹出的快捷菜单中选择"移动或复制工作表"命令，会弹出"移动或复制工作表"对话框，如图5-8所示，勾选下面的"建立副本"，再单击"确定"按钮即可复制"工作表1"，将新生成的工作表"工作表1（2）"名改为"工作

表 4"，用鼠标左键单击工作表标签上的"工作表 4"并拖动，将其移动到"工作表 2"的后面，如图 5-9 所示。同样方法移动"工作表 3"到"工作表 1"后面。

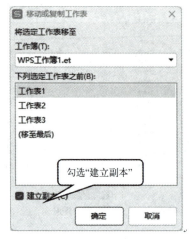

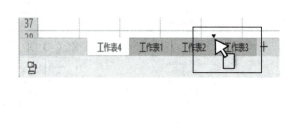

图 5-8 "移动或复制工作表"对话框　　　　图 5-9 移动工作表

（7）单击快速访问栏中的"新建"按钮，就会新建一个工作簿，单击"保存"按钮，将新建的工作簿保存在新建的文件夹中，文件名为"WPS 工作簿 2.et"。

【学习项目】

（1）在 E 盘新建一个文件夹，名称为"深蓝光电集团"。

（2）打开 WPS 表格，将当前工作簿保存在新建的文件夹中，文件名为"集团资料 .et"。

（3）当前文件有一个工作表，工作表名为"Sheet1"。在"Sheet1"工作表的第一个单元格输入"员工信息"。

（4）将"Sheet1"工作表名改为"员工信息工作表"。

（5）增加两张新的工作表，工作表名为"销售工作表""工资表"，复制"员工信息工作表"，将新复制的工作表名称改为"工作表 4"，并将这个工作表移动到"销售工作表"后面，将"工资表"移动到"员工信息工作表"后面，保存当前文件，设置"员工信息工作表"的工作表标签颜色为标准色红色。

5.2
WPS表格的基本操作

本节主要介绍如何操作工作簿与工作表，如何在工作表中输入数据，如何选择指定单元格的内容以及如何设置单元格的格式。

5.2.1 工作簿基本操作

工作簿文件的扩展名为".et"。对 WPS 表格文件进行管理，其实就是对工作簿进行管理。例如，打开文件，就是打开该工作簿下所有的工作表。新建立的工作簿中并没有数据，具体的数据要分别输入到不同的工作表中。因此，建立工作簿后首先要做的就是向工作表中输入数据。

（1）新建工作簿

WPS 表格启动后，系统会自动创建一个名为"工作簿 1"的新工作簿。用户可以使用该工作簿中的工作表输入数据并进行保存。新建立的工作簿，只是个临时的文件，必须进行保存才可以存储到硬盘上。

（2）切换多张工作簿

当打开多张工作簿时，可以通过点击标题栏工作簿名称切换工作簿，也可以通过任务栏来切换不同的工作簿，如图 5-10 所示。

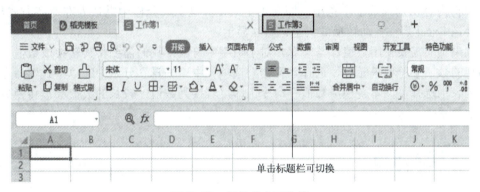

图 5-10　切换多个工作簿

5.2.2 在单元格中输入数据

（1）认识数据的种类

单元格的数据大致可分成两类：一种是可计算的数字资料（包括日期、时间），另一种则是不可计算的文字资料。

可计算的数字资料由数字 0～9 及一些符号（如小数点、+、-、$、% 等）组成，例如 15.36、-99、$350、75% 等都是数字资料。日期与时间也属于数字资料，只不过会含有少量的文字或符号，例如：2012/06/10、08：30PM、3 月 14 日等。

不可计算的文字资料包括中文字符、英文字符、文本数字的组合（如身份证号码）。不过，数字资料有时亦会被当成文本输入，如：电话号码、邮政号码等。

（2）输入数据的基本方法

不管是文本还是数字，其输入过程都是一样的，下面以"工资表"为例介绍一下如何输入数据。

要向 B2 单元格中输入"姓名"两个字时，就要先单击要输入数据的单元格，这时就可以输入"姓名"了，注意输入数据时，界面会发生一些变化。

单元格数据输入完成后请按下"Enter"键或是编辑栏中的输入按钮"✓"确认，数据便会存入 B2 单元格并回到就绪模式，如图 5-11 所示。

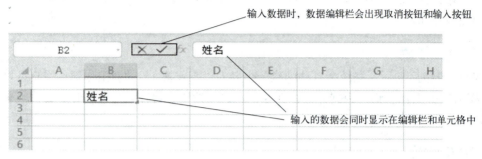

图5-11　在单元格中输入数据

在 WPS 表格中，输入的数值超过 11 位时，如输入身份证号码，WPS 表格会自动帮助用户将内容识别为数字字符串，即文本格式，并且在单元格中默认为左对齐方式显示，而不会像 Excel 那样自动转换成科学记数法显示。

如果确实需要使用数值参与计算，对于数字字符串，我们需要将其转换成数值。选定要转换的数字字符串单元格，选择"开始"选项卡中"编辑"分组中的"格式"命令，在下拉列表中选择"文本转换成数值"命令，即可转换为数值，较长的数值会被转换成科学记数法显示。

5.2.3　输入技巧

（1）单元格内换行

若想在一个单元格内输入多行资料，可在换行时按下"Alt+Enter"键，将插入点移到下一行，便能在同一单元格中继续输入下一行资料。

例如在 A2 单元格中输入"职工"，然后按下"Alt+Enter"键，将插入点移到下一行，再输入"编号"，如图 5-12 所示。

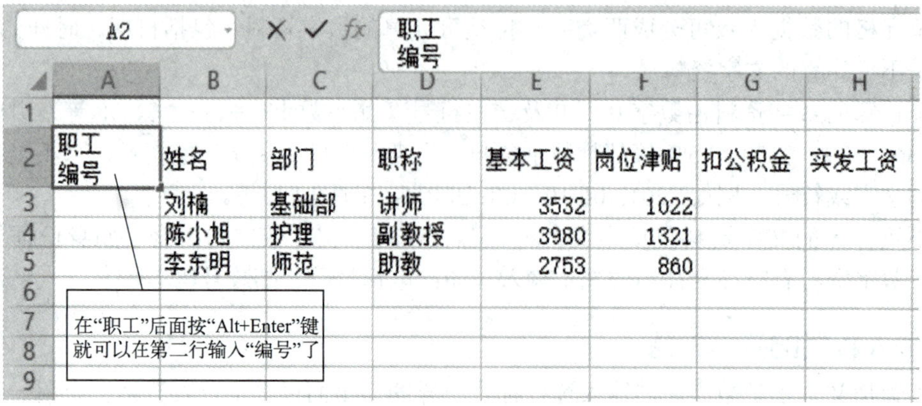

图5-12　单元格内换行

按要求输入其他的内容后，会发现文本类型的数据会自动地左对齐，而数值型的数据会右对齐，这主要是为了区分不同类型的数据，同时还要注意，尽量不要改变数值型数据的对齐方式，以免和文本类的数字混淆。

（2）输入文本型的数字

接下来继续输入各位职工的编号，假设刘楠的职工编号为0015，这时要怎么输入呢？首先要明确一个问题，职工的编号虽然是数字，但却应该具有文本的属性。

先按照老办法在A3单元格输入"0015"试试，结果如图5-13所示。

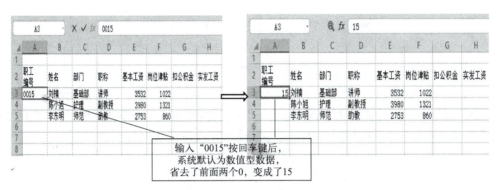

图5-13 输入文本型数据

这时必须要强制将"0015"定义成文本类型，方法有两种。

第一种方法为先设置单元格的数据类型为文本型，可以通过右键点击单元格，选择"设置单元格格式"命令，在弹出的单元格格式中设置，如图5-14所示。设置成"文本"后就可以直接输入了。

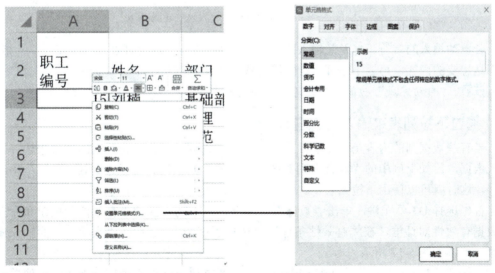

图5-14 设置单元格的数据类型为文本型

第二种方法就是先输入一个单引号（英文半角状态下），再接着输入"0015"，这里要说明下，单引号也叫文本类型引导符，可以强制将其后面的数值数据转换成字符，显示时并不显示单引号，如图5-15所示。

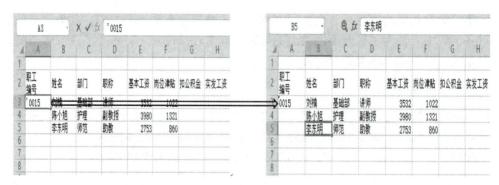

图5-15 使用文本类型引导符输入数值型字符

（3）快速填入已经输入过的数据

在输入同一列的资料时，若内容有重复，就可以通过"自动完成"功能快速输入。例如在上例中的C6单元格中也要输入"基础部"，仅在C6单元格中输入"基"字，此时"基"之后自动填入与C3单元格相同的文字，并以反白方式显示。如图5-16所示。

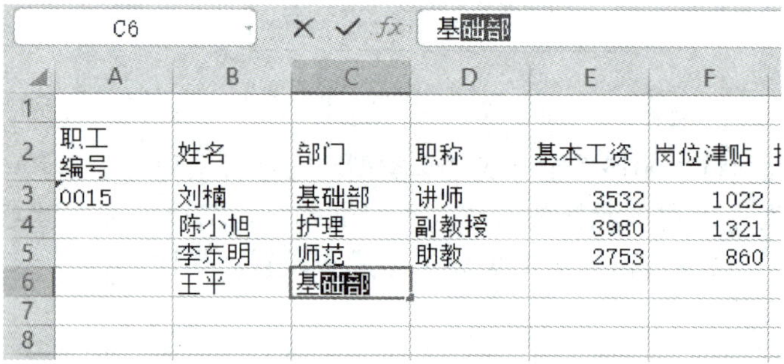

图5-16 快速填入已经输入过的数据

若自动填入的字符正好是想输入的文字，按下"Enter"键就可以将资料存入单元格中；若不是想要的内容，可以不予理会，继续完成输入文字的工作。

注意："自动完成"功能，只适用于文字资料。

（4）通过下拉列表来输入固定选项的数据

当有些数据列的内容是固定的几项内容时，可以通过制作下拉列表的方式来选择性地输入数据，比如上例中的"职称"列数据为"教授、副教授、讲师、助教、见习"中的某一种，这时就可以使用下拉列表了。

首先选择D3单元格，单击"数据"选项卡，点击功能区的"有效性"按钮和命令打开数据有效性对话框，在"有效性条件"里选择"序列"，之后在"来源"下面输入序列的值，具体如图5-17所示。

制作完D3单元格的内容下拉列表后，可以通过填充柄将其填充到下面的其他单元格中（关于填充的更多内容将在后面的章节中讲解），具体如图5-18所示。

（5）实例

通过以上的方法输入图5-19所示的内容。

图5-17 通过数据有效性制作下拉列表

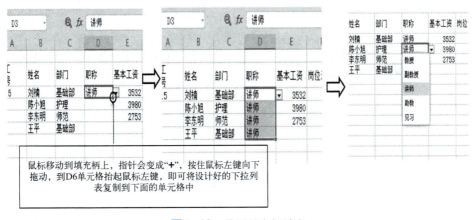

图5-18 使用填充柄填充

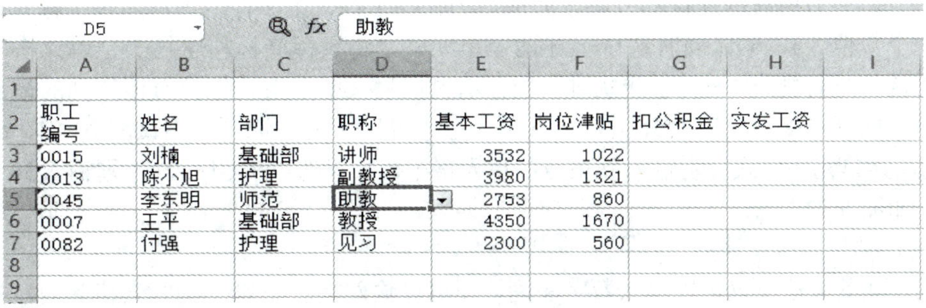

图5-19 完成图

（6）自动填充有规律的数据

如果要在连续的单元格中输入相同的数据或具有某种规律的数据，如数字序列中的等差序列、等比序列和有序文字，即文字序列等，使用 WPS 表格的自动填充功能可以方便快捷地完成输入操作。

① 自动填充相同的数据

在单元格的右下角有一个黑色的小方块，称其为填充柄或复制柄，当鼠标指针移至填充柄时，光标形状变成"+"字。选定一个已输入数据的单元格，拖动填充柄向相邻的单元格移动，可填充相同的数据，如图 5-20 所示。

图 5-20　自动填充相同数据

② 自动填充数字序列

要输入的数值型数据具有某种特定规律，如等差序列和等比序列，称之为数字序列。

等差数列：数列中相邻两数字的差相等，例如：1、3、5、7…

等比数列：数列中相邻两数字的比值相等，例如：2、4、8、16…

a. 建立等差数列

例如要在 A1:A7 单元格区域分别输入数字"1、3、5、7、9、11、13"，这时只需先在 A1 和 A2 单元格中分别输入"1"和"3"，然后选择 A1 和 A2 单元格，拖动填充柄到 A7 单元格即可，如图 5-21 所示。

 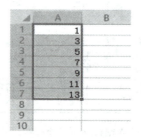

图 5-21　自动填充等差数列

b. 建立等比数列

快速输入有规律的数字有时需要输入一些不是成自然递增的数值（如等比序列：3、6、12…），然后用右键拖拉的方法来完成。先在第 1 行、第 2 行两个单元格中输入该序列的前两个数值（3、6）。同时选中上述两个单元格，将鼠标光标移至第 2 个单元格右下角的填充柄，待其变成"+"字线状时，按住右键向后（或向下）拖拉至该序列的最后一个单元格，松开右键，此时会弹出一个菜单，选"等比序列"选项，则该序列（3、6、12、24…）及其单元格格式分别输入到相应的单元格中，如果选"等差序列"，则输入 3、6、9、12…，如图 5-22 所示。

③ 自动填充文字序列

用上面的方法不仅可以输入数字序列，还可以输入文字序列，WPS 表格为用户提供了一些常用的文字序列，只要输入这些序列中的任意一个，都能按顺序填充出剩余的部分。

如在 C1 单元格输入"星期一",拖动填充柄向下填充就可以依次得到星期二～星期日,如图 5-23 所示。

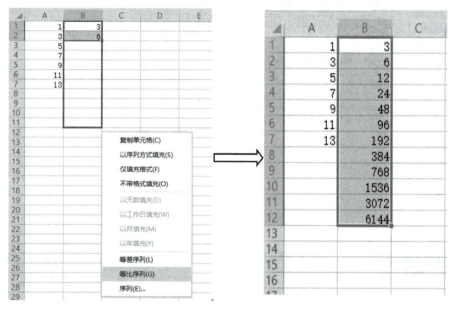

图 5-22 自动填充等比数列

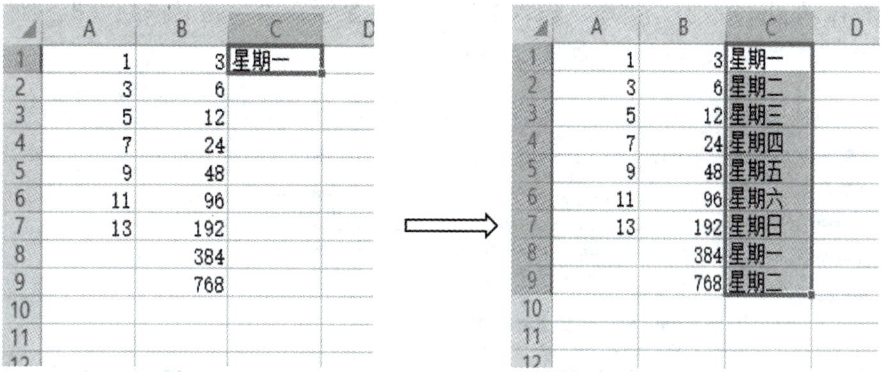

图 5-23 自动填充系统提供的文字序列

WPS 表格在系统中已经定义的常用文字序列如下。

a. 星期日、星期一、星期二、星期三、星期四、星期五、星期六。

b. Sunday、Monday、Tuesday、Wednesday、Thursday、Friday、Saturday。

c. Sun、Mon、Tue、Wed、Thu、Fri、Sat。

d. 一月、二月……

e. January、February…

f. Jan、Feb…

用户也可以自己定义新的文字序列,操作步骤如下。

步骤1:单击"文件"菜单,选择"选项"命令。

步骤2:在弹出的"选项"对话框中选择"自定义序列"选项卡,如图 5-24 所示。

步骤3:在右侧"输入序列"框中分别输入要定义的序列。

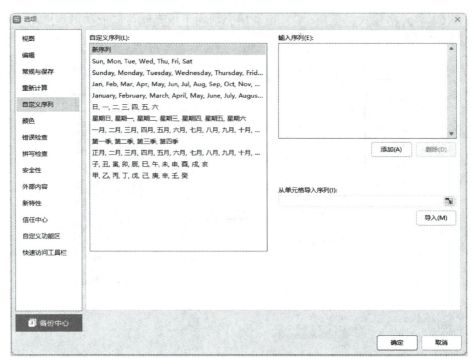

图5-24 "自定义序列"选项卡

步骤4：单击"添加"按钮，输入的序列即可显示在"自定义序列"框的最后一行，单击"确定"按钮，完成设置。如图5-25所示。

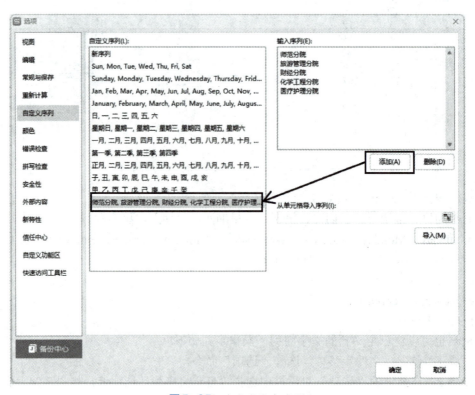

图5-25 自定义文字序列

5.2.4 工作表的基本操作

新建立的工作簿中只包含 1 个工作表，根据需要还可以添加工作表。对工作表的操作主要有选择、插入、删除、移动、复制和重命名等。所有这些操作都可以在 WPS 表格窗口的工作表标签上进行。

（1）选择工作表

选择工作表可以分为选择单张工作表和选择多张工作表。

① 选择单张工作表

选择单张工作表时，只需单击某个工作表的标签，则该工作表的内容将显示在工作窗口中，同时对应的标签变为白色。

② 选择多张工作表

a. 选择连续多张工作表，可先单击第一张工作表的标签，然后按住"Shift"键单击最后一张工作表的标签。

b. 选择不连续多张工作表，可按住"Ctrl"键后分别单击每一张工作表标签。

选择后的工作表可以进行复制、删除、移动和重命名等操作。在工作表标签上单击鼠标右键，会弹出工作表标签快捷菜单，如图 5-26 所示。通过快捷菜单可以完成对工作表的各种操作。

图 5-26　工作表标签的快捷菜单

（2）插入工作表

要在某个工作表前面或后面插入一张新工作表，操作步骤如下。

① 在工作表标签上单击鼠标右键，在弹出的快捷菜单中选择"插入"命令，弹出"插入工作表"对话框，如图 5-27 所示。

② 在"插入工作表"对话框中设定插入工作表的数目和位置后点击"确定"按钮，即可在当前活动工

图 5-27　"插入工作表"对话框

作表前面或后面插入设定数量的新的工作表。

插入新工作表最快捷的方法还是单击工作表标签右侧的"新建工作表"按钮"＋"。

（3）删除工作表

删除工作表的方法：首先选定要删除的工作表，然后使用工作表标签快捷菜单中的"删除"命令。

如果工作表中含有数据，则会弹出"确认删除"对话框，单击"删除"按钮后，该工作表被删除，工作表名也从标签中消失。同时被删除的工作表也无法用"撤销"命令来恢复。

如果该工作表中没有数据，则不会弹出"确认删除"对话框，该工作表将被直接删除。

（4）移动和复制工作表

工作表在工作簿中的顺序并不是固定不变的，可以通过移动来重新安排它们的次序。用户也可以复制某张工作表，得到和原来工作表完全一样的新工作表。移动和复制工作表有下面两种方法。

① 鼠标法：直接在要移动的工作表标签上按住鼠标左键拖动，在拖动的同时，可以看到鼠标指针上多了一个文档的标记，同时在工作表标签上有一个黑色箭头指示位置，拖到目标位置处释放左键，即可改变工作表的位置，如图5-28所示。按住"Ctrl"键拖动实现的就是复制。

② 快捷菜单法：使用工作表标签快捷菜单中的"移动或复制工作表"命令，弹出"移动或复制工作表"对话框，如图5-29所示，选择移动的位置。如果选中"建立副本"复选框，则实现的是复制。

图5-28 拖动工作表标签

图5-29 "移动或复制工作表"对话框

（5）工作表的重命名

WPS表格在建立一个新的工作簿时，所有的工作表都是以"Sheet1、Sheet2、Sheet3…"命名。但在实际工作中，这种命名不便于记忆和进行有效管理，用户可以为工作表重新命名。工作表重新命名的两种方法如下。

① 双击工作表标签。

② 使用工作表标签快捷菜单中的"重命名"命令。

上面两种方法均使工作表标签变成黑底白字，输入新的工作表名字，然后单击工作表中其他任意位置或按"Enter"键结束。

5.2.5 单元格的基本操作

已经建立好的数据表，可以进行编辑。编辑操作主要包括修改、复制、移动和删除内容以及增删行列等。

（1）选择操作对象

在进行编辑之前，一般情况下都要先选择对象，准确而又高效地选择需要的内容是很重要的。

选择操作对象主要包括选择单个单元格、连续区域、不连续多个单元格或区域以及选择整行、整列或是整张工作表。

① 单个单元格的选择

选择单个单元格，就是使某个单元格成为活动单元格。单击某个单元格，该单元格周围呈粗方框显示，表示该单元格被选中。

② 连续区域的选择

在操作过程中用户经常要选择一块连续区域，选择连续区域的方法很多，常用的主要有以下几种（以下操作均以选择 A1～E7 单元格区域为例）。

a. 鼠标操作：将鼠标移动到要选取区域的左上角单元格（A1）上，然后按住鼠标左键拖动到要选取范围的右下角单元格（E7）上，松开鼠标左键即可完成对 A1～E7 的选择。此方法比较适合选择较小的范围。

b. 鼠标和键盘配合操作：单击要选取区域的左上角单元格（A1），然后按住"Shift"键后，单击要选取区域的右下角单元格（E7）。通过此方法可以准确快速地选择相对较大的区域。

c. 键盘操作：在名称框中输入"A1:E7"，然后按"Enter"键，则选中了 A1:E7 单元格区域。此方法一般选择超大范围的区域。

③ 不连续多个单元格或区域的选择

如果要选取多个不连续的单元格范围，如 B2:D2 和 A3:A5，先选取 B2:D2 范围，然后按住"Ctrl"键，再选取第 2 个范围 A3:A5，选好后再放开"Ctrl"键，就可以同时选取多个单元格范围了，如图 5-30 所示。

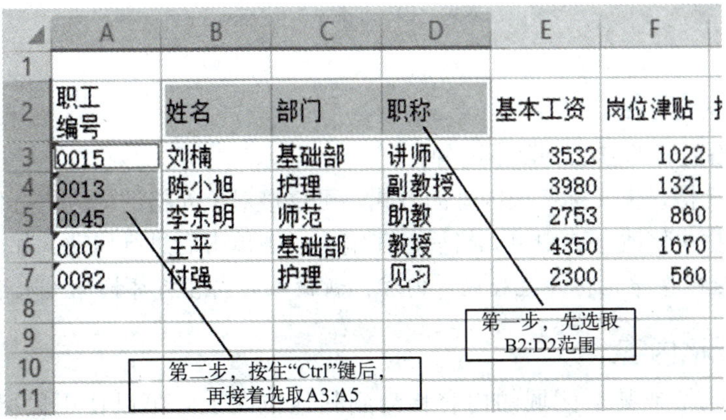

图 5-30 通过"Ctrl"键选择不连续的区域

④ 选择整行或整列

a. 选择某个整行：可直接单击该行的行标，如图5-31所示。
b. 选择连续多行：可以在行标区上从首行拖动到末行。
c. 选择某个整列：可直接单击该列的列标，如图5-31所示。
d. 选择连续多列：可以在列标区上从首列拖动到末列。
也可以配合使用"Ctrl"键选择不连续的行或列。

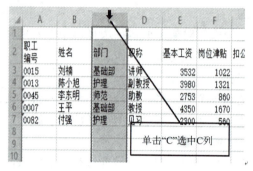

图5-31 选择整行或整列

⑤ 选择整张工作表

单击工作表的左上角即行标与列标相交处的"全选"按钮即可选择整张工作表。如图5-32所示。

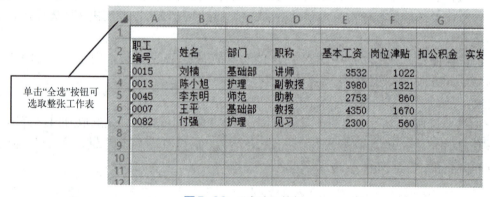

图5-32 "全选"按钮

（2）修改单元格内容

修改单元格内容的方法有以下两种。

① 双击单元格，使光标变成闪烁的方式，可直接对单元格的内容进行修改。

② 在编辑栏中修改：选中单元格后，在编辑栏中单击后进行修改。如图5-33所示。

注意：仅选中某单元格后直接输入内容，新输入的内容将替换原单元格中的内容。

（3）移动单元格内容

将某个单元格或某个区域的内容移动到其他位置上，可以使用鼠标拖动法或剪贴板法。

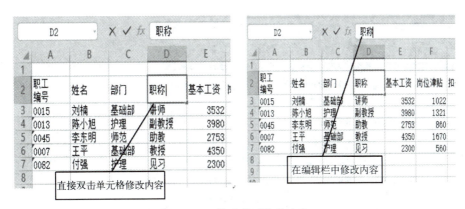

图5-33 修改单元格的内容

① 使用鼠标拖动法

首先将鼠标指针移动到所选区域的边框上，然后拖动到目标位置即可。在拖动过程中，边框显示为虚框。如图5-34所示。

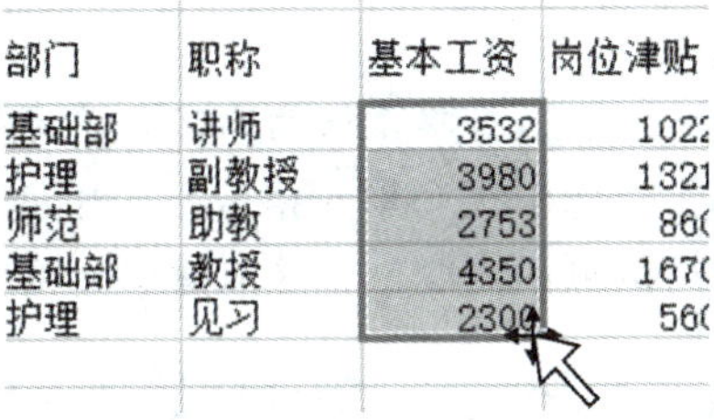

② 使用剪贴板的方法

操作步骤如下。

a. 选定要移动数据的单元格或单元格区域。

b. 单击"开始"选项卡，在打开的"剪贴板"功能组中，单击"剪切"按钮（或按"Ctrl+X"快捷键）。

图5-34 移动单元格内容

c. 单击目标单元格或目标单元格区域左上角的单元格。

d. 在"剪贴板"功能组中，单击"粘贴"按钮（或按"Ctrl+V"快捷键）。

（4）复制单元格内容

将某个单元格或某个单元格区域的内容复制到其他位置上，同样也可以使用鼠标拖动法或剪贴板的方法。

① 使用鼠标拖动法

首先将鼠标指针移动到所选单元格或单元格区域的边框，然后按住"Ctrl"键后拖动鼠标指针到目标位置即可，在拖动过程中，边框显示为虚框。同时鼠标指针的右上角有一个小的十字"+"符号。

② 使用剪贴板的方法

使用剪贴板复制的过程与移动的过程大体是一样的，只是在第2步时要选择"剪贴板"功能组中的"复制"命令（或按"Ctrl+C"快捷键），其他步骤完全一样。

（5）清除单元格

清除单元格或某个单元格区域，不会删除单元格本身，而只是删除单元格或单元格区域中的内容或格式等信息，如图5-35所示。

操作步骤如下。

① 选中要清除的单元格或单元格区域。

② 单击"开始"选项卡的"编辑"功能组中的"格式"按钮，选择"清除"命令，在弹出的菜单中分别选择"全部""格式""内容"等选项，即可实现对相应项的清除。

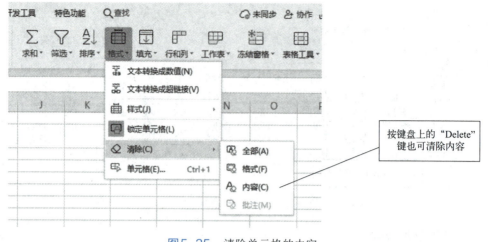

图5-35　清除单元格的内容

注意：单元格的内容和单元格的格式是相互独立存在的，操作中不要混淆。

选中某个单元格或某个单元格区域后，再按"Delete"键，只能清除该单元格或单元格区域的内容，无法清除单元格的格式。

（6）行、列、单元格的插入与删除

① 插入行、列

比如要在第2行和第3行中间插入1行，可以右键单击第3行的行标号，在弹出的快捷菜单中选择"插入"命令即可，插入行的操作和插入列的操作是类似的。如图5-36（左）所示。

也可以在"开始"选项卡的"编辑"功能组中，单击"行和列"按钮，在弹出的菜单中选择"插入单元格"中相应的命令完成操作，如图5-36（右）所示。

图5-36　插入行或列

② 删除行、列

首先选择要删除的行或列，在选择区域中的列标或行标上按鼠标右键，在弹出的快捷菜单中选择"删除"命令即可。

也可以在"开始"选项卡的"编辑"功能组中，单击"行和列"按钮，在弹出的菜单中选择"删除单元格"中相应的命令完成操作。

③ 插入或删除单元格

插入单元格：假设要在 B2:E2 插入 4 个空白单元格，则先选取要插入空白单元格的 B2:E2。在选择的区域内按鼠标右键，在弹出的快捷菜单上选择"插入"命令，在弹出的菜单中选择相应的命令，按图 5-37 所示进行选择即可。

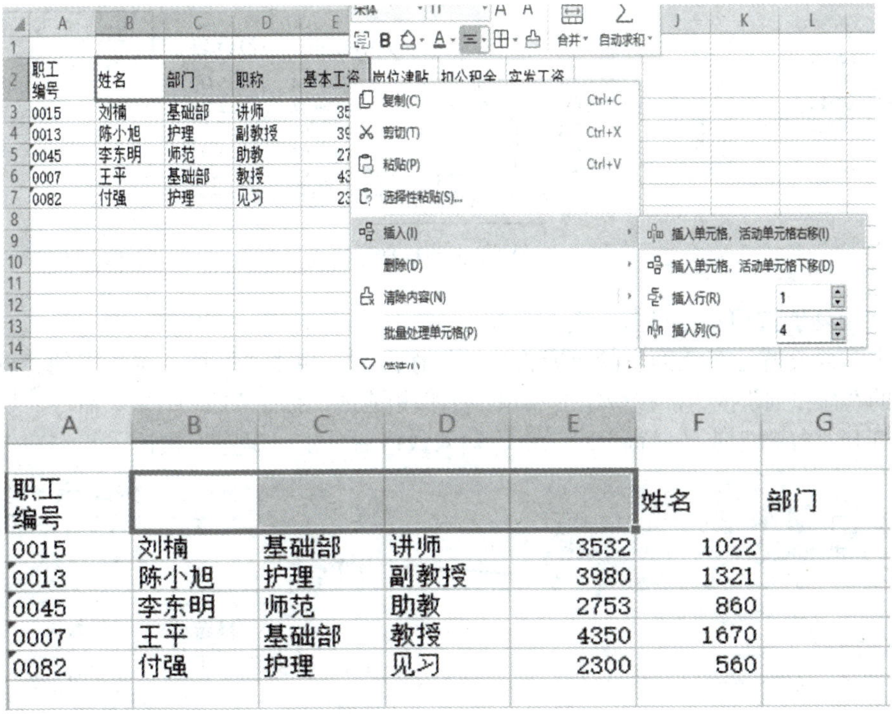

图 5-37　插入单元格

删除单元格：删除单元格的方法和插入单元格的方法类似，也是先选择要删除的单元格，按右键在弹出的快捷菜单中选择"删除"命令，在弹出的菜单中选择相应的命令完成操作即可。

5.2.6　工作表格式化

工作表由单元格组成，因此格式化工作表就是对单元格或单元格区域进行格式化。格式化工作表包括调整行高、列宽以及设置单元格的格式等内容。

（1）调整行高和列宽

工作表中的行高和列宽是 WPS 表格默认设定的，用户可以根据自己的实际需要调整行高和列宽。操作方法有以下几种。

① 使用鼠标拖动法调整行高和列宽

将鼠标指针指向行标或列标的分界线上，鼠标指针变成双向箭头时，按住左键拖动鼠标，即可调整行高或列宽，这时在箭头上方会自动显示行高或列宽的值，如图 5-38 所示。

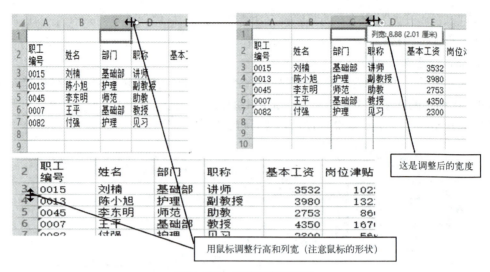

图5-38 调整行高和列宽

② 使用功能按钮精确设置行高和列宽

选定需要设置行高或列宽的单元格或单元格区域，单击"开始"选项卡的"编辑"功能组中的"行和列"按钮，在弹出的菜单中选择相应的"行高"或"列宽"命令，如图5-39所示，打开"行高"或"列宽"对话框，输入数值后单击"确定"按钮。

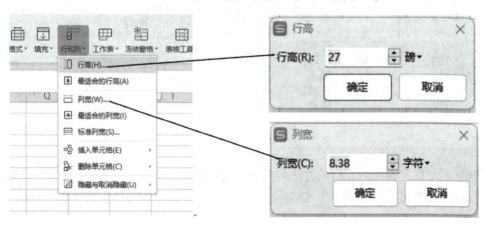

图5-39 精确设置行高与列宽

如果选择"最适合的行高"或"最适合的列宽"选项，系统将自动调整到最佳行高或列宽。

（2）设置单元格格式

一个单元格由数据内容和格式组成，输入了数据内容后，就可以对单元格中的格式进行设置。设置单元格格式可以使用"开始"选项卡中的相应功能组按钮，如图5-40所示。

图5-40 "开始"选项卡中的部分功能组

单击"开始"选项卡，在打开的功能区中，包括"字体""对齐方式""数字""样式""单元格"等功能组，这5个功能组主要用于单元格或单元格区域的格式设置。

除了可以使用以上5个功能组设置单元格的格式外，也能通过"单元格格式"对话框来设置单元格的格式。点击"开始"选项卡中"编辑"功能组中的"格式"按钮，在弹出的菜单中选择"单元格"菜单项，即可打开"单元格格式"对话框，在对话框中可以设置的格式包括"数字""对齐""字体""边框""图案"和"保护"6项，如图5-41所示。

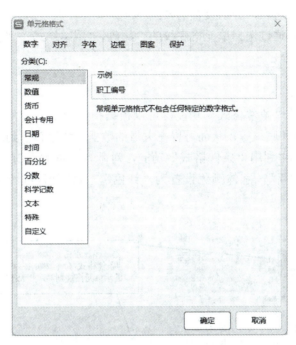

图5-41 "单元格格式"对话框

① 设置数字格式

根据输入内容的不同，WPS表格将输入的数字进行了分类，主要包括：数值类、货币类、日期类、时间类、文本类等。每一类又可进行更细微的设置，比如在设置数值格式时，可以通过设置小数位数、百分号、货币符号等来表示单元格中的数字。

② 设置字体格式

在"单元格格式"对话框中，选择"字体"选项卡，可对字体、字形、字号、颜色、下划线、特殊效果等进行设置。

③ 设置对齐方式

在"单元格格式"对话框中，选择"对齐"选项卡，可实现水平对齐、垂直对齐、改变文本方向、自动换行、合并单元格等功能的设置。在这里一定要注意"自动换行"和"缩小字体填充"两个选项的功能。

"自动换行"指当单元格中的文本内容长度超过单元格的列宽时，单元格的内容会自动在单元格内换行，单元格的高度自动增加。

"缩小字体填充"指当单元格中的文本内容长度超过单元格的列宽时，单元格中内容字号会自动变小，以保证能够在一行内显示全部内容。

这两个选项不可以同时选择。

④ 设置边框和图案

在 WPS 表格每张工作表中可以看到灰色的网格线，但如果不进行设置，这些网格线是打印不出来的，为了突出工作表或某些单元格的内容，可以为其添加边框和图案。设置边框和图案的方法：首先选定要设置边框和图案的单元格区域，然后在"单元格格式"对话框中选择"边框"或"图案"选项卡，进行相应的设置。

a. 设置"边框"：首先选择线条的"样式"和"颜色"，然后在"预置"选项组中选择"内部"或"外边框"选项，分别设置内外线条。

b. 设置"图案"：通过选择单元格底纹的"颜色""图案样式""图案颜色"，可以设置选定区域的底纹与填充色。

（3）设置条件格式

WPS 表格提供的"条件格式"功能，可以根据指定的条件设置单元格的格式，如改变字形、颜色、边框和底纹等，从而可以在大量的数据中快速查找到所需要的数据。

例如：在工资表中利用"条件格式"功能，对基本工资大于 3000 元的单元格，将其字形格式设置为"加粗"，字体颜色设置为"红色"，并添加浅红色底纹。操作步骤如图 5-42 所示。

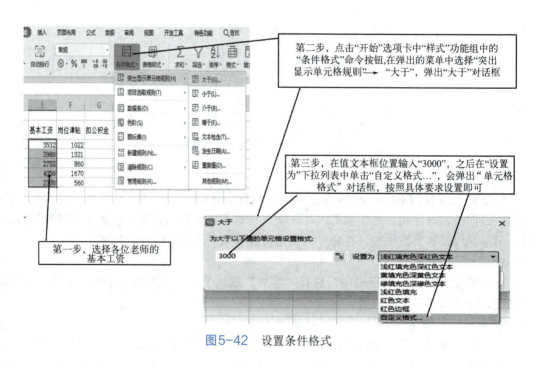

图5-42　设置条件格式

5.2.7　实训项目

数据的输入与单元格的格式化

【实训目的】

掌握单元格中数据的输入技巧，掌握单元格格式设置的方法。

【实训要求】

（1）输入如图 5-43 所示的内容；

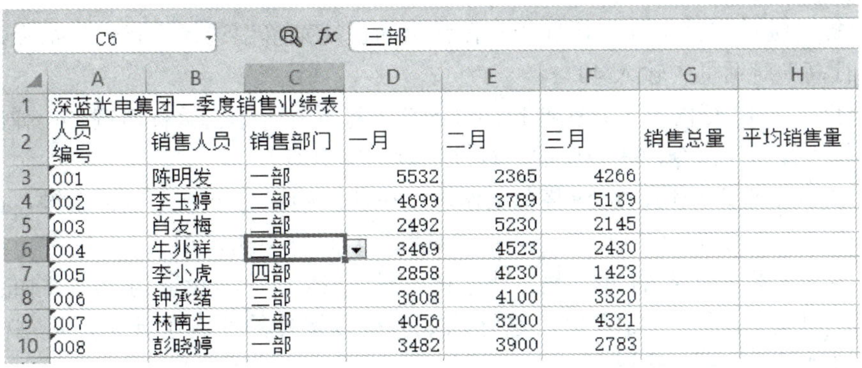

	A	B	C	D	E	F	G	H
1	深蓝光电集团一季度销售业绩表							
2	人员编号	销售人员	销售部门	一月	二月	三月	销售总量	平均销售量
3	001	陈明发	一部	5532	2365	4266		
4	002	李玉婷	二部	4699	3789	5139		
5	003	肖友梅	二部	2492	5230	2145		
6	004	牛兆祥	三部	3469	4523	2430		
7	005	李小虎	四部	2858	4230	1423		
8	006	钟承绪	三部	3608	4100	3320		
9	007	林南生	一部	4056	3200	4321		
10	008	彭晓婷	一部	3482	3900	2783		

图 5-43　原始数据表

（2）将 A1:H1 合并成一个单元格，居中对齐；

（3）行高与列宽设置，设置第 1 行的行高为 40 磅，2～10 行行高为 30 磅，设置所有列的列宽为 11 字符；

（4）将第 1 行文字的字体设置为黑体，字号设置为 30，加粗；

（5）除数值型数据外（人员编号不是数值型数据）其他所有字符型单元格的字号均设置为 12，居中对齐（要求一次性完成这部分设置）；

（6）将第 2 行的文字加粗；

（7）设置边框和图案：为表格中的 A2:H10 范围设置边框，其中外边框为双线边框、红色，第 2 行与第 3 行之间的边框线为粗单线，其他边框线为细单线。数值型区域图案设置为浅色底纹（颜色可自拟，但不要太深）；

（8）条件格式设置：将一月大于 3500 的单元格设置为"浅红填充色深红色文本"。

【实训指导】

（1）输入原始数据

① 先将表格中所有的汉字输入到对应的单元格中（"销售部门"列的内容除外），其中 A2 单元格的内容需要手动换行，具体操作过程为：先在 A2 单元格输入"人员"两个字，再按"Alt"+ 回车键，进行单元格内手动换行，接着在第 2 行输入"编号"两个字。

② 输入"一月""二月"和"三月"三列中的数据，由于这三列输入的都是数值，系统自动将对齐方式设置为右对齐。

③ 输入"人员编号"列的内容。

方法 1：鼠标单击 A3 单元格，先输入一个单引号（英文半角状态下），再接着输入"001"，这样就可以将 001 强制转换成文本类型了，使用同样的方法输入该列的内容。

方法 2：选中 A 列，设置单元格格式数字类型为文本，设置完成后可直接输入单元格内容。

④ 最后输入"销售部门"列的内容，由于该列的输入内容是固定的四项内容中的一个，所以这里选择使用下拉列表的方式输入数据。

（2）选择 A1:H1，单击"开始"选项卡中的"合并居中"按钮" "，将 A1:H1 这几个单元格合并后居中对齐。

（3）行高列宽设置

① 鼠标右键单击第 1 行的行标号，在弹出的快捷菜单中选择"行高"命令，之后在弹出的"行高"对话框中输入 40。

② 选择 2～10 行内容，并在选择部分的任一行标号上单击鼠标右键，在弹出的快捷菜单中选择"行高"命令，在弹出的"行高"对话框中输入 30。

③ 单击"全选"按钮，选择整个工作表，在任一列标号上单击鼠标右键，在弹出的快捷菜单中选择"列宽"命令，在弹出的"列宽"对话框中输入 11。

（4）字体设置，选择 A1 单元格，将字体设置为黑体，字号设置为 30，并加粗。

（5）使用鼠标配合"Ctrl"键，选择除数值型数据外的所有单元格，将字号设置为 12，再单击"居中对齐"按钮。

（6）选择第 2 行文字，单击"加粗"按钮。

（7）边框与图案的设置

① 选择 A2:H10 单元格范围，在选择区域的任意位置单击鼠标右键，在弹出的快捷菜单中选择"设置单元格格式"命令，在打开的"单元格格式"对话框中，单击"边框"选项卡，先点击"内部"按钮，绘制表格的内框线，然后线条"样式"中选择双线，再将线条"颜色"设置为红色，单击"外边框"按钮，将表格的外框线设置为红色双线，如图 5-44 所示。

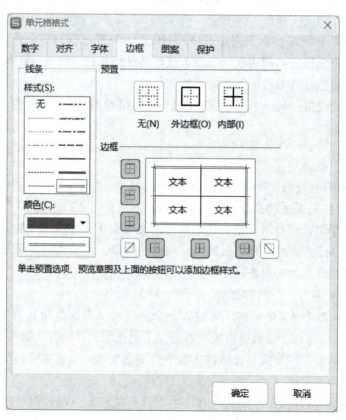

图 5-44 设置边框

② 选择 A2:H2 单元格区域，按照上面的方法打开"单元格格式"对话框，并选择"边框"选项卡，将线条"样式"设置为粗单线，颜色设置为黑色，在"边框"区域中单击"下线"按钮，将第 2 行和第 3 行之间的边框线设置为粗单线。

③ 选择 D3:F10 单元格区域，按照上面的方法打开"单元格格式"对话框，并选择"图案"选项卡，在"颜色"中选择一种较浅的颜色，单击"确定"按钮，即可完成底纹的设置。

（8）条件格式的设置

选择 D3:D10 单元格区域，单击"开始"选项卡中的"条件格式"按钮，进行条件格式设置，具体操作方法如图 5-45 所示。

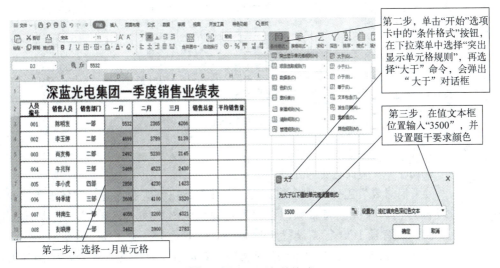

图 5-45　设置条件格式

（9）操作完成后的效果如图 5-46 所示。

	A	B	C	D	E	F	G	H
1	深蓝光电集团一季度销售业绩表							
2	人员编号	销售人员	销售部门	一月	二月	三月	销售总量	平均销售量
3	001	陈明发	一部	5532	2365	4266		
4	002	李玉婷	二部	4699	3789	5139		
5	003	肖友梅	二部	2492	5230	2145		
6	004	牛兆祥	三部	3469	4523	2430		
7	005	李小虎	四部	2858	4230	1423		
8	006	钟承绪	三部	3608	4100	3320		
9	007	林南生	一部	4056	3200	4321		
10	008	彭晓婷	一部	3482	3900	2783		

图 5-46　实训结果效果图

【学习项目】

新建一个 WPS 表格"光电集团员工信息 .et",打开该文件,在"Sheet1"工作表中输入图 5-47 内容,并对表格进行设置。

	A	B	C	D	E	F	G	H	I
1	员工信息表								
2	工号	姓名	性别	部门名称	岗位	出生年月	最高学历	工资	当前状态
3	21001	张小锅	男	财务部	财务主管	1989/3/1	硕士研究生	15000	在职
4	21002	刘一明	男	市场部	市场专员	1997/5/1	大专	4000	在职
5	21003	李无霞	女	财务部	财务专员	1995/3/1	本科	8000	离职
6	21004	王长生	男	研发部	研发专员	1993/6/1	本科	12000	在职
7	21005	贾明明	男	研发部	研发专员	1995/6/1	本科	12000	离职
8	21006	彭小婵	女	市场部	市场专员	1994/3/1	大专	4500	离职
9	21007	秦风	男	人事行政线	人事主管	1996/9/1	本科	9000	在职
10	21008	杨超军	男	研发部	研发主管	1985/12/1	本科	20000	在职
11	21009	周兵	男	研发部	研发专员	1991/9/1	硕士研究生	15000	在职
12	21010	李成红	女	市场部	市场经理	1990/8/1	本科	15000	在职

图 5-47 工作表内容

要求如下。

(1) 将"Sheet1"表重命名为"员工信息表";

(2) 在"员工信息表"工作表中,将 A1:I1 合并单元格并居中对齐,字体设置为楷体,加粗,字号设置为 32,单元格背景颜色设置为主题颜色"黑色,文本 1",字体颜色设置为主题颜色"白色,背景 1",行高设置为 25 磅;

(3) 在"员工信息表"工作表中,选择 A2:I2 单元格,设置文本内容水平两端对齐、垂直居中对齐,字体加粗;

(4) 在"员工信息表"工作表中,第 2~12 行设置行高为 18 磅,列宽设置为"最适合的列宽";

(5) 设置边框和图案:为表格中的 A2:I12 范围设置边框,其中外边框为粗实线边框,标准颜色蓝色,其他边框线为单细线,底纹图案颜色设置为"灰色 -50%,着色 3,浅色 80%";

(6) 利用条件格式将"当前状态"为"离职"的单元格设置为"黄填充色深黄色文本"。

5.3
公式与函数

WPS 表格系统除了能进行一般的表格处理外,还具有非常强大的数据计算功能。当用户需要对工作表中的数值数据做加、减、乘、除等运算时,可以把计算的过程交给 WPS 的公式去做,省去自行运算的时间,而且当数据有变动时,公式计算的结果还会立即更新。

5.3.1 公式的概念及常用的运算符

（1）公式的概念

WPS 中的公式由等号、运算符和运算数三部分构成，其中运算数包括常量、单元格引用值、名称和工作表函数等元素。使用公式是实现电子表格数据处理的重要手段，它可以对数据进行加、减、乘、除、比较等多种运算。

（2）运算符

可以使用的运算符有 4 种：算术运算符、比较运算符、文本连接运算符和引用运算符。

① 算术运算符

算术运算符有加号（+）、减号（-）、乘号（*）、除号（/）、百分号（%）、乘幂号（^）等，当一个公式中包含多种运算时，要注意运算符之间的优先级。算术运算符运算的结果为数值型。

② 比较运算符

比较运算符有等于（=）、大于（>）、小于（<）、大于等于（>=）、小于等于（<=）、不等于（<>）。比较运算符运算的结果为逻辑值"TRUE"或"FALSE"。例如，在 A1 单元格输入数字"8"，在 B1 单元格输入"=A1>5"，由于 A1 单元格中的数值 8>5，因此为真，在 B1 单元格显示"TRUE"，且居中显示；如果在 A1 单元格输入数字"3"，则在 B1 单元格居中显示"FALSE"。

③ 文本连接运算符

文本连接运算符（&）用于将两个或多个文本连接为一个组合文本。例如，"中国"&"北京"的运算结果为"中国北京"。

④ 引用运算符

引用运算符用于将单元格区域合并运算，分别是冒号":"、逗号","和空格。

a. 冒号运算符用于定义一个连续的数据区域。例如，A2:B4 表示 A2 到 B4 的 6 个单元格，即包括 A2、A3、A4、B2、B3、B4。

b. 逗号运算符被称为并集运算符，用于将多个单元格或区域合并成一个引用。例如，要求将 C2、D2、F2、G2 单元格的数值相加，结果数值放在单元格 E2 中，则单元格 E2 中的计算公式可以用"=SUM（C2,D2,F2,G2）"表示。

c. 空格运算符被称为交叉运算符，表示只处理区域中互相重叠的部分。例如，公式"=SUM（A1:B2 B1:C2）"表示求 A1:B2 区域与 B1:C2 区域相交部分，也就是单元格 B1、B2 的和。

> **说明：** 运算符的优先级由高到低依次为："："、空格、","、负号、"%""^"、"*"或"/"、"+"或"-""&"、比较运算符。相同优先级的运算按照从左到右的顺序进行。

5.3.2 输入公式

（1）公式的表示形式

WPS 表格中的公式和一般数学公式差不多，例如数学公式 A3=A2+A1，意思是将 A2

和 A1 的值相加赋值给 A3，那么在 WPS 表格中如何完成这个公式呢？

输入公式前，必须先选择存放运算结果的单元格，所以选定 A3 单元格，再输入"=A2+A1"即可。

（2）输入公式

输入公式必须以等号"="开始，例如"=A1+A2"，这样 WPS 才知道用户输入的是公式，而不是一般的文字或数值。接下来练习建立公式，以图 5-48 所示的工资表为例。

	A	B	C	D	E	F	G	H	I
1	职工编号	姓名	部门	职称	基本工资	岗位津贴	应发工资	扣公积金	实发工资
2	0015	刘楠	基础部	讲师	3532	1022			
3	0013	陈小旭	护理	副教授	3980	1321			
4	0045	李东明	师范	助教	2753	860			
5	0007	王平	基础部	教授	4350	1670			
6	0082	付强	护理	见习	2300	560			

图5-48　工资表

在 G2 单元格存放刘楠的应发工资，也就是要将刘楠的基本工资（E2）和岗位津贴（F2）加起来，放到 G2 单元格中，因此在 G2 单元格中输入公式"=E2+F2"。

具体操作步骤如下：

① 选定要输入公式的 G2 单元格，并将光标移到数据编辑栏中输入等号"="。

② 接着输入具体的公式，单击单元格 E2，WPS 便会将 E2 单元格的数据引用到公式中。

注意：在公式中，一般都需要引用某个单元格或单元格区域，操作中尽量不要直接输入，而是用这种鼠标拾取单元格的方式来完成单元格的引用。

③ 输入"+"，然后选取 F2 单元格，如此公式的内容便输入完成了。

④ 最后点击数据编辑栏上的输入按钮"✓"或按下回车键，公式计算的结果马上显示在 G2 单元格中。具体操作过程如图 5-49 所示。

注意：公式输入完成后，单元格内显示的是公式的结果，双击此单元格，在单元格内会显示公式，在此也可编辑公式。

（3）公式自动更新结果

公式的计算结果会随着单元格内容的变动而自动更新。以上例来说，假设当公式建好以后，才发现刘楠的基本工资打错了，应该是"3562"元，将单元格 E2 的值改成"3562"后，G2 单元格中的计算结果立即从"4554"更新为"4584"，如图 5-50 所示。

（4）复制公式

如果有多个单元格用的是同一种运算公式，可使用复制公式的方法来简化操作。操作方法：选中被复制的公式，先"复制"，然后在目标单元格中"粘贴"；或者使用公式单元格右下角的填充柄拖动复制。

例如在上例中继续求出其他人员的应发工资就可以使用这个方法。

具体操作过程如图 5-51 所示。

注意：双击填充柄可实现快速公式自动复制。

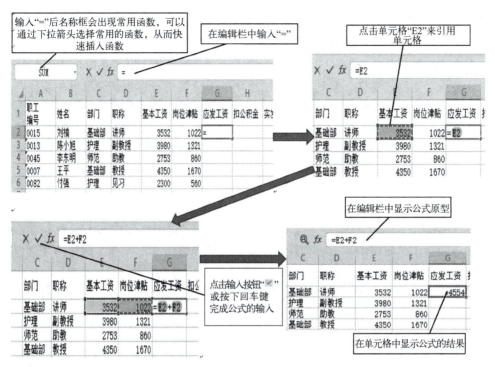

图5-49 输入简单的公式

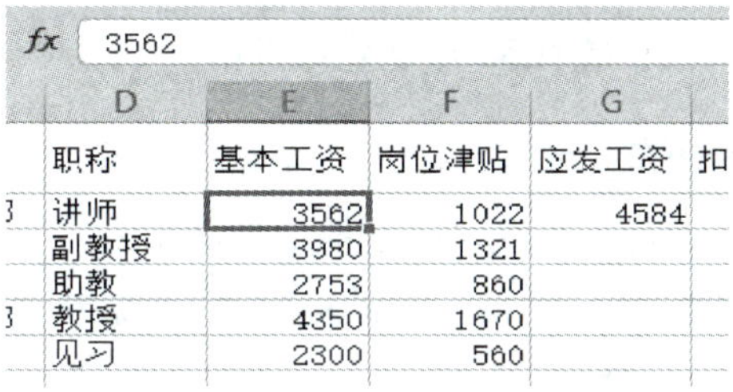

图5-50 公式自动更新结果

图5-51 使用填充柄复制公式

5.3.3 单元格引用

在进行公式复制时，WPS 表格并不是简单地将公式复制下来，而是根据公式原来位置和目标位置计算出单元格地址的变化。

原来在 G2 单元格插入的公式是“=E2+F2”，当复制到 G3 单元格时，由于目标单元格的行标发生了变化，这样，复制的函数中引用的单元格的行标也相应地发生变化，复制到 G3 单元格后的函数变成了“=E3+F3”。从而才使 G3 单元格的值变成“E3+F3”的值，也就是“陈小旭”的应发工资。

这实际上是 WPS 表格中单元格的一种引用方式，称为相对引用，除此之外，还有绝对引用和混合引用。

(1) 相对引用

WPS 表格默认的单元格引用为相对引用。相对引用是指在公式或者函数复制、移动时，公式或函数中单元格的行标、列标会根据目标单元格所在的行标、列标的变化自动进行调整。

相对引用的表示方法是单元格地址中只含有自身的列标和行标，即表示为“列标行标”，如单元格 A6、单元格区域 B5:E8 等，这些写法都是相对引用。

(2) 绝对引用

绝对引用是指在公式复制、移动时，不论目标单元格在什么位置，公式中引用单元格的行标和列标均保持不变。

绝对引用的表示方法是在列标和行标前面加上符号“$”，即表示为“$ 列标 $ 行标”，如单元格 $A$6、单元格区域 $B$5:$E$8 都是绝对引用。

(3) 相对引用和绝对引用的区别

下面以实例说明相对引用地址与绝对引用地址的区别。

如图 5-52 所示，先选取 G2 单元格，在其中输入公式“=E2+F2”并计算出结果，根据前面的说明可知，这是相对引用地址。

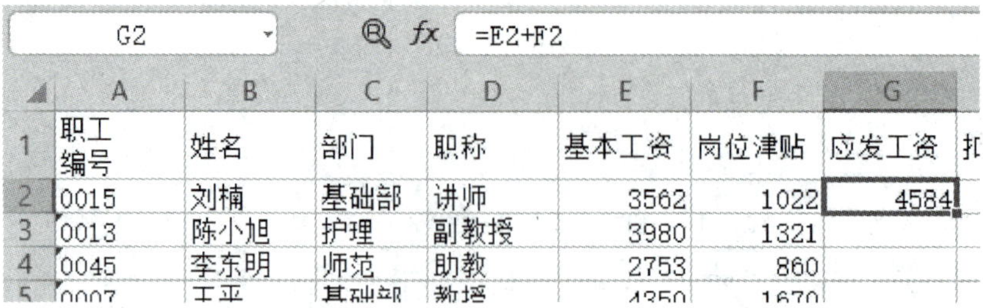
G2 fx =E2+F2

	A	B	C	D	E	F	G	
1	职工编号	姓名	部门	职称	基本工资	岗位津贴	应发工资	扣
2	0015	刘楠	基础部	讲师	3562	1022	4584	
3	0013	陈小旭	护理	副教授	3980	1321		
4	0045	李东明	师范	助教	2753	860		
5	0007	王平	基础部	教授	4350	1670		

图5-52　相对引用

接下来在 G2 单元格输入绝对引用地址的公式“=$E$2+$F$2”。

小技巧：可以通过“F4”功能键快速输入绝对引用，如图 5-53 所示。

“F4”键可循序切换单元格地址的引用类型，每按一次“F4”键，引用地址的类型就会改变一次，具体情况如表 5-1 所示（以 E2 单元格为例）。

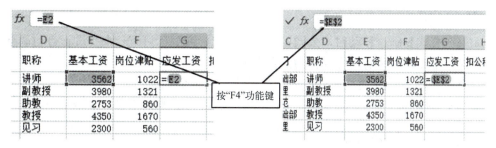

图5-53 使用"F4"功能键将相对引用变成绝对引用

表5-1 不同"F4"按键次数的引用方式

"F4"按键次数	单元格结果	引用方式
第一次	=$E$2	绝对引用
第二次	=E$2	只有行编号为绝对地址（这是混合引用）
第三次	=$E2	只有列编号为绝对地址
第四次	=E2	相对引用

公式输入好后按回车键，选择G2，并向下填充。如图5-54（a）所示。

按下"Ctrl+`"键显示公式的原型，就可以看到相对引用和绝对引用的区别，如图5-54（b）所示。

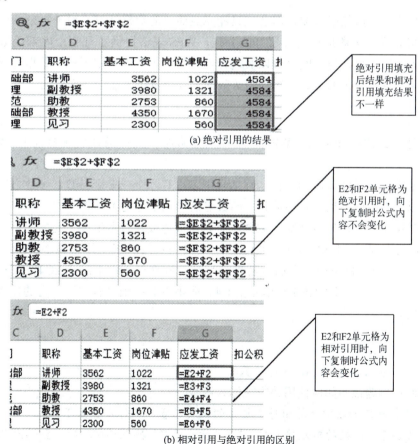

图5-54 相对引用与绝对引用

（4）混合引用

如果在公式复制、移动时，公式中单元格的行标或列标只有一个要进行自动调整，而另一个保持不变，这种引用方式称为混合引用。

混合引用的表示方法是在行标或列标其中一个前面加上符号"$"，即表示为"列标$行标"或"$列标行标"，如 A$1、B$5:E$8、$A1、$B5:$E8 等都是混合引用。

（5）跨工作表的单元格引用

WPS 表格进行公式或函数计算时，可以引用当前工作表的单元格或区域，也可以引用当前工作簿的其他工作表的单元格或区域，还可引用其他工作簿的其他工作表的单元格或区域。单元格引用的一般形式是：[工作簿文件名]工作表名!单元格地址。

在引用当前工作表的单元格或区域时，"[工作簿文件名]工作表名!"可以省略；在引用同一工作簿下其他工作表的单元格或区域时，"[工作簿文件名]"可以省略。例如单元格 F2 中的公式为"=(C2+D2)*Sheet2!E1"，其中"Sheet2!E1"表示的是当前工作簿下的"Sheet2"工作表中的 E1 单元格，"C2""D2"表示当前工作表的相应单元格。

5.3.4 使用函数

使用公式计算虽然很方便，但公式只能完成简单的数据计算，对于复杂的运算就需要使用函数来完成。函数是预先设置好的公式，WPS 表格提供了几百个内部函数，如常用函数、财务函数、日期与时间函数以及统计函数等，可以对特定区域的数据实施一系列操作。利用函数进行复杂的运算，比利用等效的公式计算更灵活、效率更高。

（1）函数的组成

函数是公式的特殊形式，WPS 表格中的函数格式为：函数名（参数1，参数2，参数3…）。

其中函数名是系统保留的名称，圆括号中可以有一个或多个参数，参数之间用逗号隔开，也可以没有参数，当没有参数时，函数名后的圆括号是不能省略的。

参数是用来执行操作或计算的数据，可以是数值或含有数值的单元格引用。例如函数 SUM(A1,B1,D2) 表示对 A1、B1、D2 三个单元格的数值求和，其中 SUM 是函数名，A1、B1、D2 为三个单元格引用，它们是函数的参数。函数 SUM(A1,B1:B3,C4) 中有三个参数，分别是单元格 A1、区域 B1:B3 和单元格 C4。而函数 PI() 则没有参数，它的作用是返回圆周率 π 的值。

（2）输入函数的方法

① 利用"插入函数"功能按钮"f_x"插入函数

下面通过例题说明如何使用该方法插入函数。

【例 5-1】在工资表中计算出每个员工的应发工资，操作步骤如下。

a. 单击要存放结果的单元格 G3，单击"插入函数"按钮"f_x"后，会弹出"插入函数"对话框，如图 5-55 所示。

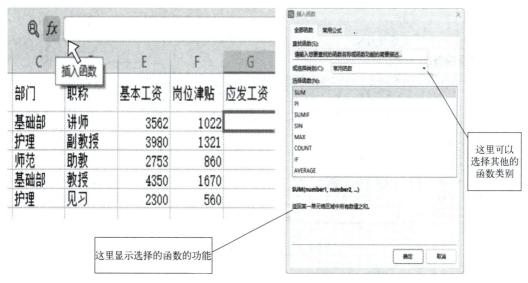

图5-55 "插入函数"对话框

b. 在"或选择类别"列表框中选择"常用函数"选项，在"选择函数"列表框中选择SUM函数，单击"确定"按钮，弹出"函数参数"对话框，如图5-56所示。

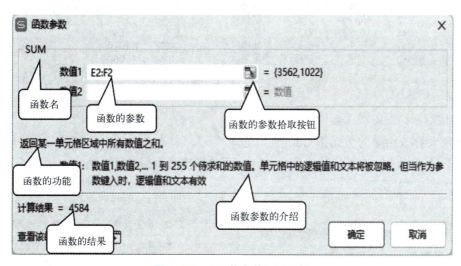

图5-56 "函数参数"对话框

c. 确定函数的参数是函数操作中最重要的一步，可以直接在"函数参数"对话框中输入函数的参数，如果函数的参数是表中的某个单元格或某块区域，可以点击参数右侧的"参数拾取"按钮" "，然后直接在工作表中选择相应区域来完成参数的输入，以E2:F2为例，详见图5-57。

注意：不点击拾取按钮，直接在表中选择也是可以的，这样操作会便捷一些。

d. 参数选择完成后，再点击一下"参数拾取"按钮会返回到"函数参数"对话框，此时点击"确定"按钮就完成了函数的插入。如图5-58所示。然后再通过填充柄来得到其他员工的应发工资。

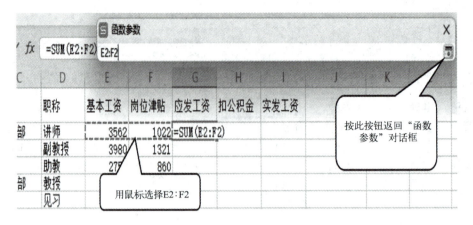

图5-57 拾取参数的方法

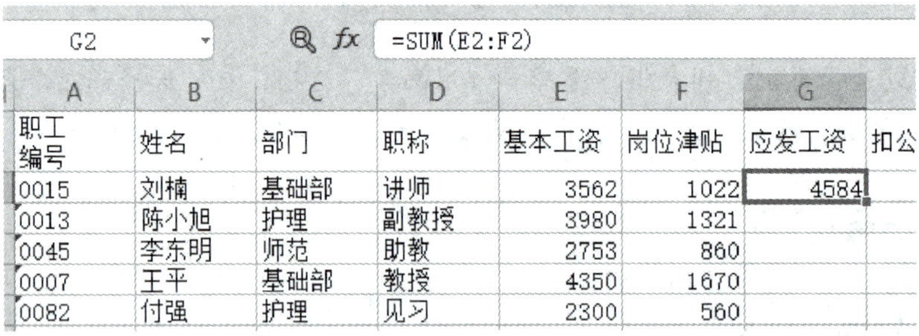

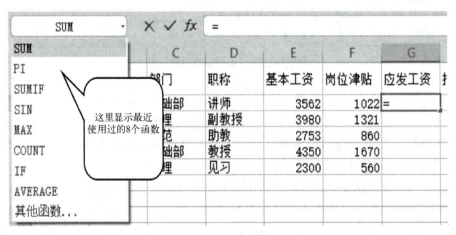

图5-58 完成函数插入

② 利用名称框中的函数选项插入函数

选定要存放结果的单元格 G3，然后输入"="，单击名称框右边的下三角按钮，弹出下拉函数选项列表，选择相应的函数，其后面的操作同利用功能按钮插入函数的方式完全相同，如图 5-59 所示。

图5-59 使用名称框插入函数

③ 使用"自动求和"按钮插入函数

通过"开始"选项卡的"编辑"功能组中的"自动求和"按钮也可以插入一些常用的函数。

④ 手动输入函数

对函数有了一定的了解之后，就可以直接在编辑框里手动输入各种各样的复杂函数了。比如要在 G3 中求应发工资，可以直接在编辑栏内输入"=sum（"后用鼠标选择 E2:F2 范围，再输入"）"，最后按回车键即可完成函数的输入，如图 5-60 所示。

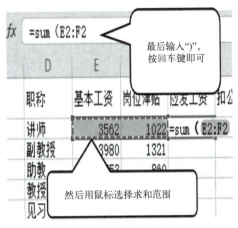

图5-60 手动输入函数

（3）常用的函数介绍

WPS 表格中提供的函数有很多，下面介绍几个较为常用的函数。

a. 求和函数 SUM()

该函数计算各参数的和，参数可以是区域引用、单元格引用、数组、常量、公式或另一个函数的结果。

b. 求平均值函数 AVERAGE()

该函数计算各参数的平均值，参数可以是区域引用、单元格引用、数组、常量、公式或另一个函数的结果。

c. 求最大值函数 MAX()

该函数返回各参数中的最大值。

d. 求最小值函数 MIN()

该函数返回各参数中的最小值。

e. 计数函数 COUNT()

该函数统计各参数中数字型数据的个数。如果要统计非数字型数据的个数可以使用 COUNTA() 函数。

f. 求绝对值函数 ABS()

该函数返回给定数值的绝对值，即不带符号的数值。

g. 求众数函数 MODE()

该函数返回一组数据或数据区域中的众数（出现频率最高的数）。

以上七个函数的功能不同，但这七个函数的使用方法基本相同，只要稍加练习就能熟练掌握，下面的函数可能会有些难度，尤其当函数的参数较多时，必须要弄明白每个参数的具体功能才行。

h. 求余函数 MOD()

该函数格式为 MOD(nExp1,nExp2)。

功能：两个数值表达式作除法运算后的余数。

注意：在 WPS 表格中，MOD 函数是用于返回两数相除的余数，返回结果的符号与除数（即第二个参数）的符号相同。

例如：MOD(3,2) 等于 1，MOD(-3,2) 等于 1，MOD(3,-2) 等于 -1，MOD(-3,-2) 等于 -1。

i. 条件函数 IF()

该函数的格式是 IF(logical_test,value_if_true,value_if_false)。

IF 函数也叫条件函数，函数有三个参数，第 1 个 logical_test 是计算结果可能为逻辑值的任意值或表达式，如果 logical_test 的值为真，则函数的值为表达式 value_if_true 的值，如果 logical_test 的值为假，则函数的值为表达式 value_if_false 的值。具体执行过程见图 5-61。

例如，IF(5>4,"A","B") 的结果为 "A"。

IF 函数可以嵌套使用，最多可以嵌套 7 层。

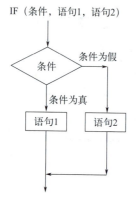

图 5-61　IF 语句执行流程图

j. 条件计数函数 COUNTIF()

函数格式：COUNTIF(range,criteria)。

功能：计算某个区域中满足给定条件的单元格个数。其中，range 为要统计的区域；criteria 为以数字、表达式或文本形式定义的条件。

k. 条件求和函数 SUMIF()

函数格式：SUMIF(range,criteria,[sum_range])。

功能：根据指定条件对若干单元格求和。其中，range 为用于条件判断的单元格区域；criteria 为以数字、表达式或文本形式定义的条件；sum_range 为需要求和的实际单元格，另外，sum_range 可以省略，若 sum_range 省略，则使用 range 中的单元格求和。

l. 条件求平均值函数 AVERAGEIF()

函数格式：AVERAGEIF(range,criteria,[average_range])。

功能：根据指定条件对若干单元格求平均值。此函数各参数的功能与 SUMIF 函数各参数的功能基本相同，只是此函数用于求平均值。

m. 排名函数 RANK()

函数格式：RANK(number,ref,[order])。

功能：返回某数字在一列数字中相对于其他数值的大小排名。其中，number 为指定的数字；ref 为一组数或对一个数据列表的引用（绝对地址引用）；order 为指定排位的方式，0 值或省略表示降序，非 0 值表示升序。

5.3.5　常见出错信息及解决方法

在使用 WPS 表格中公式计算时，有时不能正确地计算出结果，并且在单元格内会显示出各种错误信息。下面介绍几种常见的错误信息及处理的方法。

（1）####错误

这种错误常见于列宽不够时。

解决方法：调整列宽。

（2）#DIV/0！错误

这种错误表示除数为0。常见于公式中除数为0或在公式中除数引用了空单元格时。

解决方法：修改单元格的引用，用非零数字填充。如果必须使用"0"或引用空单元格，那么也可以用 IF 函数使该错误信息不再显示。例如，该单元格的公式原本是"=A5/B5"，若 B5 可能为零或空单元格，那么可将该公式修改为"=IF(B5=0," ",A5/B5)"，这样，当 B5 为零或为空单元格时，就不显示任何内容，否则显示 A5/B5 的结果。

（3）#N/A错误

这种错误通常出现在当数值对函数或公式不可用时。例如，想在 F2 单元格使用函数"=RANK(E2,$E$2:$E$96)"，求 E2 单元格数据在 E2:E96 单元格区域中的名次，但 E2 单元格中却没有输入数据时，会出现此类错误信息。

解决方法：在单元格 E2 中输入新的数值。

（4）#REF！错误

这种错误出现在移动或删除单元格导致了无效的单元格引用，或者是函数返回了引用错误信息时。例如，在"Sheet2"工作表的 C 列单元格引用了"Sheet1"工作表的 C 列单元格数据，后来删除了"Sheet1"工作表中的 C 列，就会出现此类错误。

解决方法：重新更改公式，恢复被引用的单元格范围或重新设定引用范围。

（5）#！错误

这种错误常表现为公式的参数类型错误。例如，要使用公式"=A7+A8"以计算 A7 与 A8 两个单元格的数字之和，但是 A7 或 A8 单元格中存放的数据是姓名不是数字，这时就会出现此类错误。

解决方法：确认所引用的公式参数没有错误，并且公式引用的单元格中包含有效的数字。

（6）#NUM！错误

这种错误出现在公式或函数中使用无效的数值或公式计算的结果过大或过小，超出了 WPS 表格中的范围时。例如，在单元格中输入公式"=$10^{300}*100^{50}$"，按"Enter"键后，就会出现此错误。

解决方法：确认函数中使用正确的参数且数据计算结果在 WPS 表格的范围内。

（7）#NULL！错误

这种错误出现在试图为两个并不相交的区域指定交叉点时。例如，使用 SUM 函数对 A1:A5 和 B1:B5 两个区域求和，使用公式"=SUM(A1:A5 B1:B5)"（注意：A5 与 B1 之间有空格），会因为对并不相交的两个区域使用交叉运算符（空格）而出现此错误。

解决方法：取消两个区域范围之间的空格，用逗号来分隔不相交的区域。

（8）#NAME？错误

这种错误表现为公式中出现了 WPS 表格中不能识别的文本。例如，函数拼写错误，公式中引用某区域时没有使用冒号，公式中的文本没有用双引号等。

解决方法：尽量使用 WPS 表格中所提供的各种向导完成某些输入。比如使用插入函数的方法来插入各种函数，用鼠标拖动的方法来完成各种数据区域的输入等。

另外，在某些情况下不可避免地会产生错误。如果为了打印时不打印那些错误信息，可以单击"文件"选项卡，在打开的面板中单击"打印"右侧的三角，选择"打印预览"命令，再单击"页面设置"按钮，弹出"页面设置"对话框，选择"工作表"选项卡，在"错误单元格打印为"右侧的下拉列表框中选择"<空白>"选项，点击"确定"后将不会打印出这些错误信息。

5.3.6 实训项目

公式与函数

【实训目的】

掌握单元格中数据的输入技巧，掌握单元格格式设置的方法。

【实训要求】

（1）新建一个工作簿，将"Sheet1"工作表重命名为"公式"，并输入图 5-62 所示的内容。

	A	B	C	D	E	F	G	H	I	J
1	深蓝光电集团一季度销售业绩表									
2	人员编号	销售人员	销售部门	一月	二月	三月	销售总量	平均销售量	业绩评定	销售排名
3	001	陈明发	一部	5532	2365	4266				
4	002	李玉婷	二部	4699	3789	5139				
5	003	肖友梅	二部	2492	5230	2145				
6	004	牛兆祥	三部	3469	4523	2430				
7	005	李小虎	四部	2858	4230	1423				
8	006	钟承绪	三部	3608	4010	3320				
9	007	林南生	一部	4056	3200	4321				
10	008	彭晓婷	一部	3482	3900	2783				
11	009	邓同波	四部	2438	5100	5532				
12	010	王璧芬	二部	3608	3425	2631				
13	011	俞芳芳	二部	4231	4010	3341				
14	012	邓世仁	四部	2589	1240	2356				
15	013	程一敖	三部	3655	2352	3120				
16	014	金莉莉	一部	4700	3542	2145				
17	015	朱仙致	二部	3608	2456	2456				
18	016	齐杰芬	一部	4560	4580	4102				
19	017	严冬英	三部	2890	2340	2431				
20	018	李敬	一部	4600	3540	2389				
21	019	杨新宇	二部	3245	4010	3541				
22	020	黄小凡	一部	2891	2453	2145				
23										
24										
25	各月最高销售量									
26	各月最低销售量									
27	各月销售量众数									
28	一部销售人数					一部销售总量				

图 5-62 Sheet1 内容

（2）完成相应单元格中公式的插入，各公式的具体要求和计算方法如表 5-2 所示。

表 5-2　公式的具体要求和计算方法

项目	公式要求和计算方法
销售总量	="一月"销量+"二月"销量+"三月"销量
平均销售量	三个月平均销售量，结果保留两位小数
业绩评定	使用 IF() 函数，"平均销售量"列中的数据大于等于 3000 的销售员，在"业绩评定"列中显示"及格"，其余显示"不及格"
销售排名	使用 RANK() 函数制作销售排名
各月最高、最低销售量	使用 MAX()、MIN() 函数计算出"一月""二月""三月"的最高销售量和最低销售量
各月销售量众数	使用 MODE() 函数分别求"一月""二月""三月"销售量众数
一部销售人数	使用 COUNTIF() 函数求解，结果放到 D28 单元格
一部销售总量	使用 SUMIF() 函数求解，结果放到 F28 单元格

（3）使用自动套用格式的方法，为表格中的数据套用一种格式样式，适当修改各单元格的格式，具体设置内容自拟。

（4）参照效果图 5-63。

图 5-63　实训结果效果图

【实训指导】

（1）录入数据：本实训内容中使用的数据具体录入方法参见实训 5.2.7。

（2）公式的制作：

① 求销售总量。根据题干要求，销售总量="一月"销量+"二月"销量+"三月"销量，对于 WPS 表格来说，这是一个非常简单的公式，首先求出陈明发的销售总量，从数据上看，陈明发的销售总量 (G3)=5532(D3)+2365(E3)+4266(F3)，也就是要在 G3 单元格中输入"=D3+E3+F3"，在实际的操作中最简单、最不易出错的方法如下。

首先选择 G3 单元格，通过键盘输入"="，然后再用鼠标指针单击 D3 单元格，这时会将 D3 拾取到公式中，再输入"+"，同样再用鼠标指针单击 E3 单元格，这时 E3 也被拾取到了公式中，同理将 F3 拾取到公式中，这样公式就输入完成了，最后按回车键，G3 单元格显示计算的结果。具体过程见图 5-64。

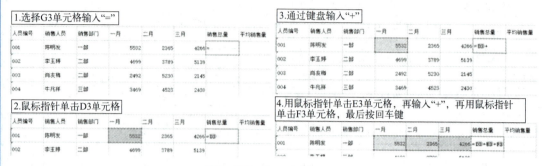

图 5-64　输入公式的过程

求出陈明发的销售总量后，就可以使用填充柄来计算其他人的销售总量了，具体方法如下：

鼠标单击 G3 单元格，这时 G3 单元格的右下角会出现填充柄，双击填充柄就可实现当前列的填充了。

② 求平均销售量。这里要使用 AVERAGE() 函数，这是个简单的函数，只有一个参数，即求平均值的范围（D3:F3）。和 AVERAGE() 函数类似的函数还有 SUM()、MAX()、MIN()、COUNT()。

首先选择 H3 单元格，单击"插入函数"按钮" fx "后，会弹出"插入函数"对话框，选择"统计"类别，找到 AVERAGE() 函数，如图 5-65 所示。

图 5-65　插入 AVERAGE 函数

单击"确定"按钮,输入计算平均数的参数范围"D3:F3",如图 5-66 所示。单击"确定"按钮,计算出 H3 的值,再通过填充柄完成这列的计算。注意保留两位小数。

图5-66 AVERAGE 函数的参数

③ 求业绩评定公式比前两个公式要难一些,这里要用到 IF() 函数。

首先选择 I3 单元格,单击"插入函数"按钮" ![fx] "后,会弹出"插入函数"对话框,选择"逻辑"类别,找到 IF 函数,如图 5-67 所示。

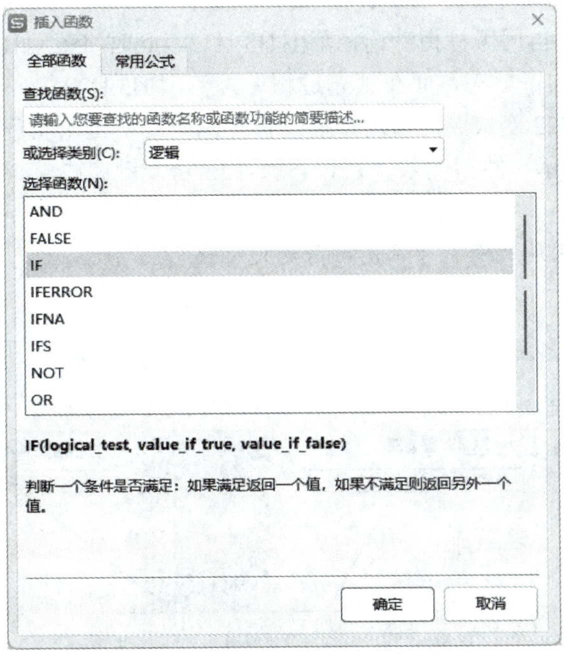

图5-67 插入 IF 函数

单击"确定"按钮,弹出 IF"函数参数"对话框,根据题干要求当销售员的平均销售量 >=3000 时,其成绩评定为及格,否则为不及格,从而分析出 IF 函数的三个参数。以第三行数据为例,三个参数分别为"H3>=3000""及格""不及格"。将这三项内容分别输入到 IF"函数参数"对话框中的对应位置上就可以了,单击"确定"按钮完成公式的录入。如图 5-68 所示。最后使用填充柄完成 I3 列公式的计算。

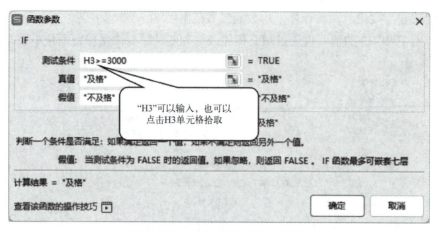

图5-68 IF"函数参数"对话框

④ 求销售排名。这里要用到函数 RANK()，同时还需要使用绝对引用的知识，有一定的难度，希望用户在操作中一定要注意，具体操作过程如下。

这次采用直接输入公式的方式来录入这个函数（如果在操作过程中掌握不好，也可以使用"函数参数"对话框来录入这个函数）。

首先选择 J3 单元格，输入"=rank("，然后用鼠标指针单击 H3 单元格，将 H3 拾取到公式中，再输入","，再用鼠标指针选择范围 H3:H22，此时将范围 H3:H22 拾取到公式中。因为 J 列的公式需要向下填充，而在填充过程中，范围 H3:H22 是不能发生变化的，因此这时需要将范围 H3:H22 变成绝对引用，通过按"F4"功能键来实现相对引用到绝对引用的转变，如图 5-69 所示，然后输入"）"，再按"Enter"键完成整个公式，最后通过填充柄进行填充。

注意： 本例中使用的所有符号都是半角英文符号。

图5-69 RANK函数与绝对引用

⑤ 求各月最高、最低销售量，各月销售量众数。这里分别要使用 MAX()、MIN() 和 MODE() 函数，这些是简单的函数，只有一个参数，即求值的范围，具体操作过程不再叙述。

⑥ 求一部销售人数。求人数可以用 COUNT() 函数，而这道题求的是一部销售人数，这里要用 COUNTIF() 函数，具体函数参数如图 5-70 所示。

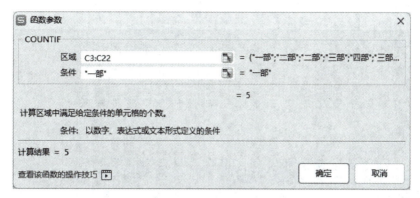

图5-70　COUNTIF()"函数参数"对话框

⑦ 求一部销售总量。求总量可以用 SUM() 函数，而这道题求的是一部销售总量，要用 SUMIF() 函数。具体函数的参数如图 5-71 所示。和 SUMIF() 函数相似的函数还有 AVERAGEIF()。

图5-71　SUMIF()"函数参数"对话框

⑧ 对表格进行适当的格式设置，参照效果图 5-63。
⑨ 各单元格内具体的公式原型如图 5-72 所示。

【学习项目】

新建打开"期末成绩 .et"工作簿，在"成绩单"工作表中进行数据计算（图 5-73）。要求如下：

（1）将 A1:M1 单元格合并居中，字体黑体，字号 20；
（2）使用 SUM()、AVERAGE() 函数计算学生总分和平均分，"平均分"列结果保留两位小数；

	A	B	C	D	E	F	G	H	I	J
1	深蓝光电集团一季度销售业绩表									
2	人员编号	销售人员	销售部门	一月	二月	三月	销售总量	平均销售量	业绩评定	销售排名
3	001	陈明发	一部	5532	2365	4266	=D3+E3+F3	=AVERAGE(D3:F3)	=IF(H3>=3000,"及格","不及格")	=RANK(H3,$H$3:$H$22)
4	002	李玉婷	二部	4699	3789	5139	=D4+E4+F4	=AVERAGE(D4:F4)	=IF(H4>=3000,"及格","不及格")	=RANK(H4,$H$3:$H$22)
5	003	肖友梅	二部	2492	5230	2145	=D5+E5+F5	=AVERAGE(D5:F5)	=IF(H5>=3000,"及格","不及格")	=RANK(H5,$H$3:$H$22)
6	004	牛兆祥	三部	3469	4523	2430	=D6+E6+F6	=AVERAGE(D6:F6)	=IF(H6>=3000,"及格","不及格")	=RANK(H6,$H$3:$H$22)
7	005	李小虎	四部	2858	4230	1423	=D7+E7+F7	=AVERAGE(D7:F7)	=IF(H7>=3000,"及格","不及格")	=RANK(H7,$H$3:$H$22)
8	006	钟承绪	三部	3608	4010	3320	=D8+E8+F8	=AVERAGE(D8:F8)	=IF(H8>=3000,"及格","不及格")	=RANK(H8,$H$3:$H$22)
9	007	林南生	一部	4056	3200	4321	=D9+E9+F9	=AVERAGE(D9:F9)	=IF(H9>=3000,"及格","不及格")	=RANK(H9,$H$3:$H$22)
10	008	彭晓婷	一部	3482	3900	2783	=D10+E10+F10	=AVERAGE(D10:F10)	=IF(H10>=3000,"及格","不及格")	=RANK(H10,$H$3:$H$22)
11	009	邓同波	四部	2438	5100	5532	=D11+E11+F11	=AVERAGE(D11:F11)	=IF(H11>=3000,"及格","不及格")	=RANK(H11,$H$3:$H$22)
12	010	王璧芬	二部	3608	3425	2631	=D12+E12+F12	=AVERAGE(D12:F12)	=IF(H12>=3000,"及格","不及格")	=RANK(H12,$H$3:$H$22)
13	011	俞芳芳	三部	4231	4010	3341	=D13+E13+F13	=AVERAGE(D13:F13)	=IF(H13>=3000,"及格","不及格")	=RANK(H13,$H$3:$H$22)
14	012	邓世仁	四部	2589	1240	2356	=D14+E14+F14	=AVERAGE(D14:F14)	=IF(H14>=3000,"及格","不及格")	=RANK(H14,$H$3:$H$22)
15	013	程一敏	二部	3655	2352	3120	=D15+E15+F15	=AVERAGE(D15:F15)	=IF(H15>=3000,"及格","不及格")	=RANK(H15,$H$3:$H$22)
16	014	金莉莉	一部	4700	3542	2145	=D16+E16+F16	=AVERAGE(D16:F16)	=IF(H16>=3000,"及格","不及格")	=RANK(H16,$H$3:$H$22)
17	015	朱仙致	三部	3608	2456	2456	=D17+E17+F17	=AVERAGE(D17:F17)	=IF(H17>=3000,"及格","不及格")	=RANK(H17,$H$3:$H$22)
18	016	齐杰芬	四部	4560	4580	4102	=D18+E18+F18	=AVERAGE(D18:F18)	=IF(H18>=3000,"及格","不及格")	=RANK(H18,$H$3:$H$22)
19	017	严冬英	三部	2890	2340	2431	=D19+E19+F19	=AVERAGE(D19:F19)	=IF(H19>=3000,"及格","不及格")	=RANK(H19,$H$3:$H$22)
20	018	李敏	二部	4600	3540	2389	=D20+E20+F20	=AVERAGE(D20:F20)	=IF(H20>=3000,"及格","不及格")	=RANK(H20,$H$3:$H$22)
21	019	杨新宇	四部	3245	4010	3541	=D21+E21+F21	=AVERAGE(D21:F21)	=IF(H21>=3000,"及格","不及格")	=RANK(H21,$H$3:$H$22)
22	020	黄小凡	一部	2891	2453	2145	=D22+E22+F22	=AVERAGE(D22:F22)	=IF(H22>=3000,"及格","不及格")	=RANK(H22,$H$3:$H$22)
23										
24										
25	各月最高销售量			=MAX(D3:D22)	=MAX(E3:E22)	=MAX(F3:F22)				
26	各月最低销售量			=MIN(D3:D22)	=MIN(E3:E22)	=MIN(F3:F22)				
27	各月销售量众数			=MODE(D3:D22)	=MODE(E3:E22)	=MODE(F3:F22)				
28	一部销售人数			=COUNTIF(C3:C22,"一部")	一部销售总量	=SUMIF(C3:C22,"一部",G3:G22)				

图5-72 公式原型

	A	B	C	D	E	F	G	H	I	J	K	L	M
1	初三年级第一学期期末成绩单												
2	学号	姓名	班级	语文	数学	英语	生物	地理	历史	政治	总分	平均分	成绩评定
3	C120305	王大伟	3班	91.5	89	94	92	91	86	86			
4	C120101	陈令全	1班	97.5	106	108	98	99	99	96			
5	C120203	李近南	2班	93	99	92	86	86	73	92			
6	C120104	赵海江	1班	102	116	113	78	88	86	73			
7	C120301	孙祥	3班	99	98	101	95	91	95	78			
8	C120306	古丽丽	3班	101	94	99	90	87	95	93			
9	C120206	周海	2班	100.5	103	104	88	89	78	90			
10	C120302	李娜娜	3班	78	95	94	82	90	93	84			
11	C120204	刘永顺	2班	95.5	92	96	84	95	91	92			
12	C120201	王瑞祥	2班	93.5	107	96	100	93	92	93			
13	C120304	倪秋生	3班	95	97	102	93	95	92	88			
14	C120103	齐东飞	1班	95	85	99	98	92	92	88			
15	C120105	苏强	1班	88	98	101	89	73	95	91			
16	C120202	吴昊	2班	86	107	89	88	92	88	89			
17	C120205	王清晔	2班	103.5	105	105	93	93	90	86			
18	C120102	钱东升	1班	110	95	98	99	93	93	92			
19	C120303	闫朝花	3班	84	100	97	87	78	89	93			
20	C120106	孙芳芳	1班	90	111	116	72	95	93	95			
21													
22													
23	学生人数												
24	各班语文平均分												
25	各班学生总分占全部学生总分的百分比												

图5-73 “成绩单”工作表

（3）使用 IF() 函数，“平均分”列中的数据大于等于 90 的学生，在“成绩评定”列中显示“及格”，其余显示“不及格”；

（4）使用 COUNT() 函数统计学生人数，填在 D23 单元格中；

（5）使用 AVERAGEIF() 函数统计各班语文平均分，分别填在 D24、E24、F24 单元格；

（6）使用公式计算各班学生总分占全部学生总分的百分比，填在 D25:F25 单元格；

（7）使用自动套用格式的方法，为表格套用“表样式浅色 9”表格样式。

5.4 WPS表格的图表

图表是 WPS 表格将工作表中的数据用图形表示出来的一种形式。图表可以使数据更加有趣、吸引人、易于阅读和评价。它也可以帮助用户分析和比较数据。

WPS 表格中提供了 8 种标准的图表类型，每一种图表类型都分为几种子类型，包括二维图表和三维图表。虽然图表的种类不同，但每一种图表的绝大部分组件是相同的。

5.4.1 图表的构成

在用 WPS 表格做图表之前，先了解一下图表的各种构成元素。一个图表主要由图表标题、图例和绘图区构成，绘图区又包括数据系列、数据标签、坐标轴、网格线等元素。如图 5-74 所示。

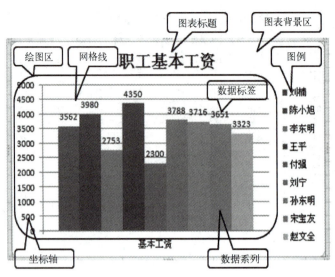

图5-74 图表的构成

图表标题是显示在绘图区上方的文本框且只有一个。图表标题的作用就是简明扼要地概述图表的内容。

图例指出了图表中的符号、颜色或形状定义的数据系列所代表的内容。图例由两部分构成，图例标识代表数据系列的图案，即不同颜色的小方块；图例项是与图例标识对应的数据系列名称，一种图例标识只能对应一种图例项。

绘图区是指图表区内图形所在的范围，即以坐标轴为边的长方形区域。对于绘图区的格式，可以改变绘图区边框的样式和内部区域的填充颜色及效果。绘图区中包含以下几个项目：数据系列、数据标签、坐标轴、网格线、其他内容。

数据系列对应工作表中的一行或者一列数据。

坐标轴按位置不同可分为主坐标轴和次坐标轴，默认显示的是绘图区左边的主 y 轴和下边的主 x 轴。

网格线用于显示各数据点的具体位置，同样有主次之分。

在生成的图表上鼠标指针移动到哪里都会显示要素的名称，熟识这些名称能让用户更好更快地对图表进行设置。

5.4.2 创建图表的基本方法

在 WPS 表格中建立图表，首先需要对需建立图表的 WPS 表格中的工作表进行认真分析，一要考虑选取工作表中的哪些数据，即创建图表的可用数据；二要考虑用什么类型的图表；三要考虑如何对图表的内部元素进行编辑和格式设置。只有这样，才能使创建的图表形象、直观、具有专业化和可视化效果。

创建一个 WPS 表格中的图表一般采用如下步骤。

① 选择数据源：从工作表中选定要用图表呈现的数据区域。

② 选择合适的图表类型及其子类型：单击"插入"选项卡，在"图表"功能组中选

择一个合适的主图表和子图表，如图 5-75 所示，就可以轻松创建一个没有经过编辑和格式设置的初始化图表。

③ 对如上第②步创建的初始化图表进行编辑和格式化设置以满足用户的需要。

对于第②步，也可以打开"插入图表"对话框来创建初始化图表，点击"插入"选项卡下"全部图表"按钮就可以打开"插入图表"对话框，如图 5-76 所示。

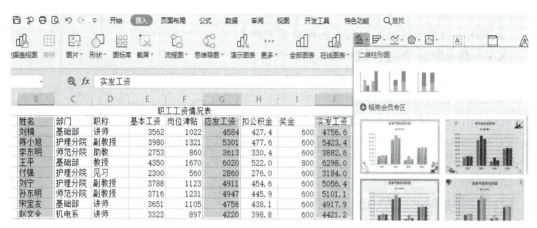

图5-75 选择图表类型

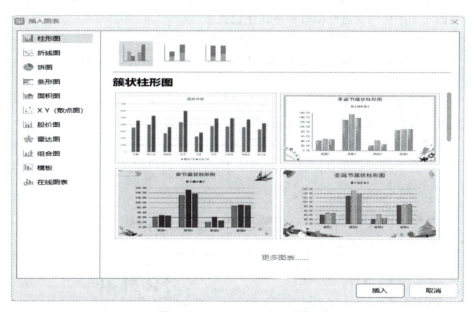

图5-76 "插入图表"对话框

从图 5-76 中可以看出，WPS 表格中提供了多种图表类型，每一种图表类型中又包含了少到几种多到十几种不等的若干子图表类型，用户在创建图表时需要针对不同的应用场合和不同的使用范围，选择不同的图表类型及其子类型。为了便于用户创建不同类型的图表，以满足不同场合的需要，下面对其中 9 种图表类型及其用途作简要说明。

柱形图：柱形图通过柱形的高度或长短变化显示数据的大小。通常用于表示一段时间内的数据变化和比较情况，使人们易于比较数据的差别。

折线图：折线图通过折线的上升或下降来显示数据的增减变化。折线图通常用来显示随时间变化的连续数据，用于观察数据趋势。

饼图：饼图是圆形图，通过圆内扇形的大小来直观显示数据的大小。饼图通常用于显示数据在总体中所占的比例，通常用来研究结构性问题。

条形图：在水平方向上比较不同类型的数据。

面积图：强调一段时间内数值的相对重要性。

ＸＹ（散点图）：描述两组相关数据的关系。

股价图：综合了柱形图和折线图，专门设计用来跟踪股票价格。

雷达图：表明数据或数据频率相对于中心点的变化。

组合图：以列和行的形式排列的数据可以绘制为组合图。组合图将两种或多种图表类型组合在一起，让数据更容易被理解，特别是数据变化范围较大时，由于采用了次坐标轴，所以这种图表更容易被看懂。

5.4.3 图表的编辑和格式化设置

初始化图表建立之后，往往还不能满足用户的要求，因此用户常常还需要使用"图表工具"下功能区的相应工具按钮，或者在图表区单击右键出现的快捷菜单中，选择相应的命令，从而对初始化图表进行编辑和格式化设置。

下面就通过一个实例来简单介绍一下如何编辑和格式化图表。

【例5-2】根据职工工资表创建各位职工的应发工资与实发工资的簇状柱形图表。

首先要创建初始化图表，步骤如下。

（1）选择姓名列、应发工资列和实发工资列。（使用"Ctrl"键选择不连续的区域，选择合适的数据区域是图表操作中最重要的一步，不能有丝毫差错。）

（2）单击"插入"选项卡，在"图表"功能区中单击"插入柱形图"按钮，在打开的子图表功能区中选择"簇状柱形图"，如图5-77所示，这样就可以生成初始化图表了，如图5-78所示。

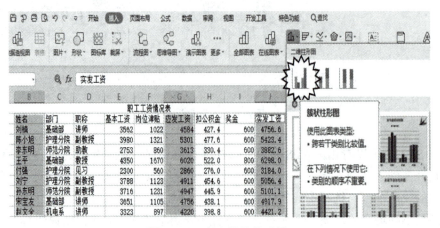

图5-77　插入簇状柱形图

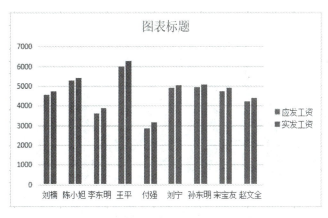

图5-78 图表的初始化结果

接下来对图表进行编辑和格式化设置，用鼠标左键单击选中图表或图表区的任何位置，会自动显示"绘图工具""文本工具"和"图表工具"选项卡，可根据需要使用这三个选项卡编辑图表，如图5-79所示为"图表工具"选项卡组。

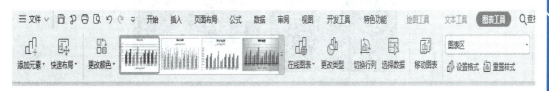

图5-79 "图表工具"选项卡

① "图表工具"选项卡功能

a. "图表样式"功能用于图表样式的选择，图表样式主要是指图表颜色和图表区背景色的搭配。更改图表样式：选中图表，单击"图表工具"选项卡，点击"图表样式"右侧的下三角按钮，如图5-80所示，在打开的下拉列表中选择一种图表样式。

b. "更改类型"按钮用于重新选择图表类型。

c. "数据"组用于按行或者是按列产生图表以及重新选择数据源。本例中如果单击"切换行列"按钮，图例"工资类型"将转换成横坐标，原来横坐标"姓名"将转换成纵坐标，在此为"图例"，转换后的图表如图5-81所示。

d. "快速布局"功能用于图表中各元素的相对位置调整，适当地调整图表布局有时能够得到意想不到的效果。比如选择"布局4"，则图5-81的图表会变成图5-82所示的布局格式。

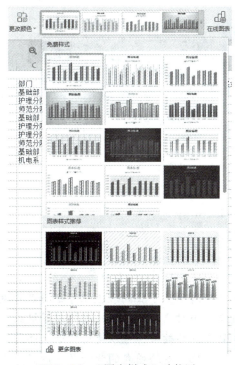

图5-80 "图表样式"功能区

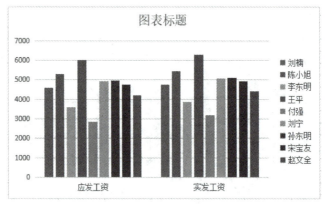

图5-81 行列转换后的簇状柱形图

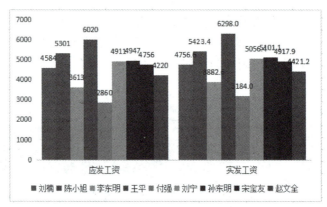

图5-82 布局4的簇状柱形图

图5-83 "添加元素"下拉菜单

e."移动图表"功能用于设置图表是"嵌入式图表"或者是"独立式图表",用户建立的初始化图表都属于"嵌入式图表",如果想让图表成为一张独立的工作表,可以通过"移动图表"按钮来完成。

f."添加元素"功能:在WPS表格中,可以通过添加数据标签、趋势线、数据表等图表元素,或更改图表的颜色,来调整图表的整体布局,使图表内容结构更加合理、美观。

选中图表,单击"图表工具"选项卡中的"添加元素"下拉按钮,在弹出的下拉菜单中选择相应选项进行设置,如图5-83所示。

g."当前所选内容"为一个下拉列表框和两个选项,下拉列表框用于选择某个对象(也可以直接在图表中选择),选择好图表中的某一个对象后,可以通过"设置格式"按钮来设置选定对象的格式;如果设置的格式未达到满意的效果,可以使用"重置样式"按钮清除自定义的格式,恢复原匹配格式。

比如要给图表的背景区域设置一个纹理填充效果,就可以先选择图表区,再点击"设置格式"按钮,这时会弹出一个属性面板,按实际需要进行设置即可,如图5-84所示。

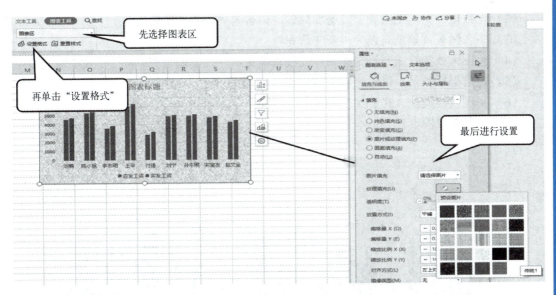

图5-84 修改图表背景区域的填充效果

② 选中图表，单击"绘图工具"或"文本工具"选项卡，打开相应的功能区，如图5-85所示。

图5-85 "绘图工具"和"文本工具"功能区

"形状样式"功能组用于设置图表边框及内部填充的样式和颜色。
"艺术字样式"功能组可以将图表中的文字变成艺术字体。
"排列"功能组可以对当前工作表中的多张图表的位置进行设置。
"大小"功能组用于精确设置图表的总体大小。

5.4.4 实训项目

绘制图表

【实训目的】

认识图表，掌握制作图表的方法。

【实训要求】

使用5.3.6小节实训项目中的结果，绘制一个"簇状柱形图"，用于比较销售人员的各月销售量，具体要求如下：

（1）布局格式采用"布局4"；

（2）无数据标签，在图表上方增加标题，内容为"销售业绩图"；
（3）图表区域背景填充设为"渐变填充"；
（4）绘图区域背景填充设为"图片或纹理填充"→"纹理填充"→"纸纹 2"；
（5）数值坐标轴最小值设置为 1000，最大值为 6000；
（6）将图表放置于 A30:J50 范围内；
（7）参照效果图 5-86。

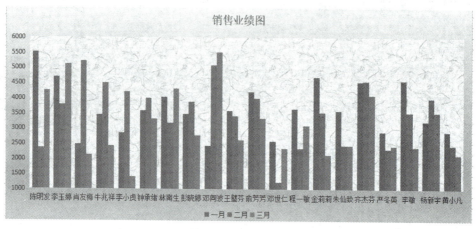

图5-86　实训结果效果图

【实训指导】

（1）插入图表。首先要选择数据，按照要求，选择"销售人员""一月""二月"和"三月"四列，具体选择范围是 B2:B22，D2:F22（配合"Ctrl"键进行选择）。单击"插入"选项卡中的"插入柱形图"，之后在弹出的下拉菜单中选择"簇状柱形图"。此时会在工作表中生成一个浮于单元格上方的原始图表，如图 5-87 所示。

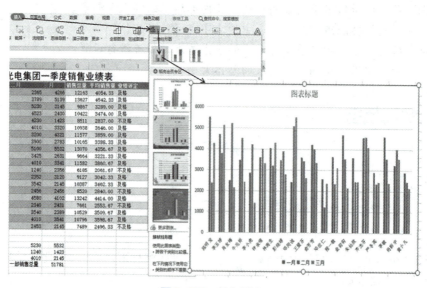

图5-87　插入图表

（2）修改布局格式。原始图表建成后，会增加三个功能选项卡，用于设置图表的属性，首先选择"图表工具"选项卡，单击"快速布局"按钮，在下拉列表中选择"布局4"，如图5-88所示。

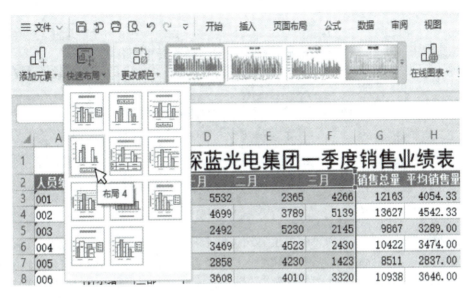

图5-88　设置图表布局格式

操作完成后图表效果如图5-89所示。

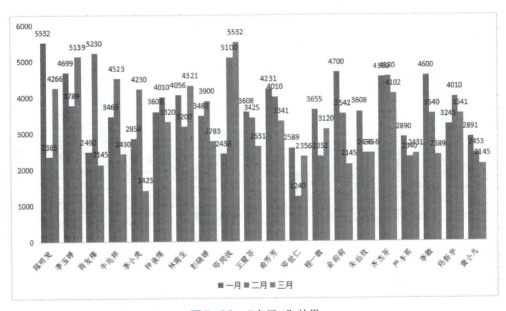

图5-89　"布局4"效果

（3）取消数据标签。使用"布局4"格式后，图表自动出现了数据标签，选择"图表工具"选项卡，单击"添加元素"按钮，在弹出的下拉菜单中选择"数据标签"，选择"无"命令就可以取消数据标签了，如图5-90所示。

图5-90 取消数据标签

（4）增加图表标题。选择"图表工具"选项卡，单击"添加元素"按钮，在弹出的下拉菜单中选择"图表标题"，选择"图表上方"命令，这时会在图表绘图区的上方出现图表标题，标题的默认内容为"图表标题"，将其修改为"销售业绩图"；操作完成后图表如图 5-91 所示。

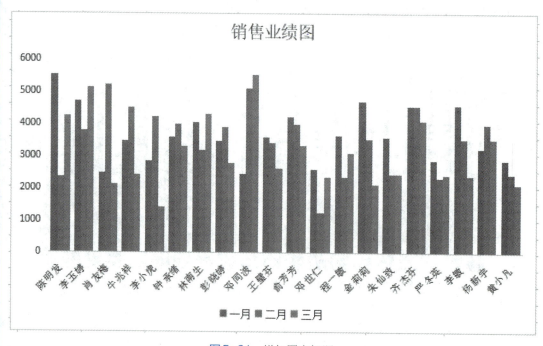

图5-91 增加图表标题

（5）修改图表区域背景填充。选择"图表工具"选项卡，在"当前所选内容"的下拉列表选择"图表区"选项，再点击"设置格式"按钮，这时会弹出一个"属性"面板，选择"填充"，再选择"渐变填充"，具体过程如图 5-92 所示。

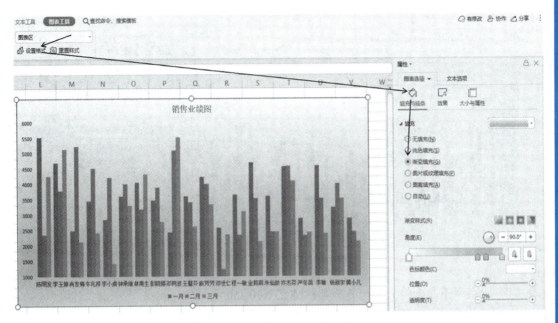

图 5-92 设置图表区域背景填充

（6）修改绘图区域背景填充。方法同步骤（5），只是在选择对象时选择"绘图区"。同时填充内容设置为"图片或纹理填充"，选择"纹理填充"，在预设图片中选择"纸纹 2"。

步骤（5）和步骤（6）完成后，图表的效果如图 5-93 所示。

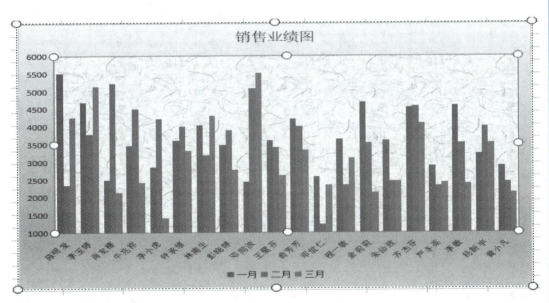

图 5-93 效果图

（7）修改数值坐标轴。选择"图表工具"选项卡，在"当前所选内容"的下拉列表中选择"垂直（值）轴"选项，再点击"设置格式"按钮，这时会弹出"属性"面板，在"坐标轴选项"中，设置最小值为"1000"，再设置最大值为"6000"，如图 5-94 所示。

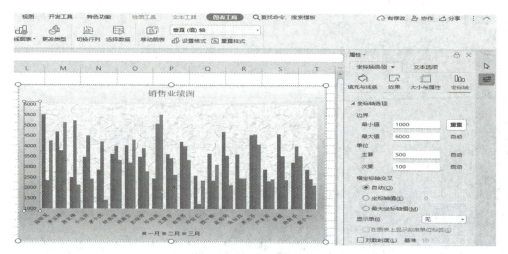

图5-94　设置数值坐标轴

（8）适当调整图表的大小，并将其移动到 A30:J50 区域中。

【学习项目】

打开“国家税收 .et”工作簿，在“税收情况统计”工作表中绘制图表（图 5-95）。

近十年国家财政各项税收情况统计

年度	国内增值税	营业税	国内消费税	关税	个人所得税	企业所得税	其他税收
2020年	24266.63	13679	6936.21	2559.12	6054.11	16769.64	19473.68
2019年	21093.48	11157.91	6071.55	2027.83	4837.27	12843.54	15179.21
2018年	18481.22	9013.98	4761.22	1483.81	3949.35	11536.84	10295.17
2017年	17996.94	7626.39	2568.27	1769.95	3722.31	11175.63	9364.3
2016年	15470.23	6582.17	2206.83	1432.57	3185.58	8779.25	7965.34
2015年	12784.81	5128.71	1885.69	1141.78	2453.71	7039.6	4370.05
2014年	10792.11	4232.46	1633.81	1066.17	2094.91	5343.92	3615.16
2013年	9017.94	3581.97	1501.9	1043.77	1737.06	3957.33	3325.71
2012年	7236.54	2844.45	1182.26	923.13	1418.03	2919.51	3493.39
2011年	6178.39	2450.33	1046.32	704.27	1211.78	3082.79	2962.57

图5-95　“税收情况统计”工作表

要求如下：

（1）选择数据区域 A2:H12 创建一个“堆积柱形图”，以年度为分类 x 轴。

（2）图表标题为“近十年各项税收比较”，以粗体显示。

（3）图例显示在图表右侧。

（4）整个图表的“填充颜色”设置为主题颜色“灰色 -25%，背景 2”；水平轴的文本颜色设置为“深红”色，垂直轴的文本颜色设置为“蓝色”。

5.5 WPS表格的数据处理

WPS 表格的数据处理内容包括排序、筛选、分类汇总、数据透视表等。

5.5.1 了解数据清单

（1）数据清单

WPS 表格中的数据清单是包含一组相关数据的一系列行，WPS 表格允许采用数据库管理的方式管理数据清单。数据清单由标题行（表头）和数据部分组成。

如图 5-96 所示，其实一张数据表就是一张二维表，由若干行和若干列组成。数据表的第一行是每一列的标题，叫作标题行，如"职工号""姓名"等；各数据列可称为字段，各字段的标题名就可称为字段名，各列的标题在进行数据处理时是非常重要的参数；从第二行开始是具体的数据，也可以叫作记录。一般情况下，每个数据表都有一个表名（本表表名为"职工工资情况表"），在进行数据处理时，表名一般都不参与数据处理，因此在选择数据的时候千万不要选择表名。

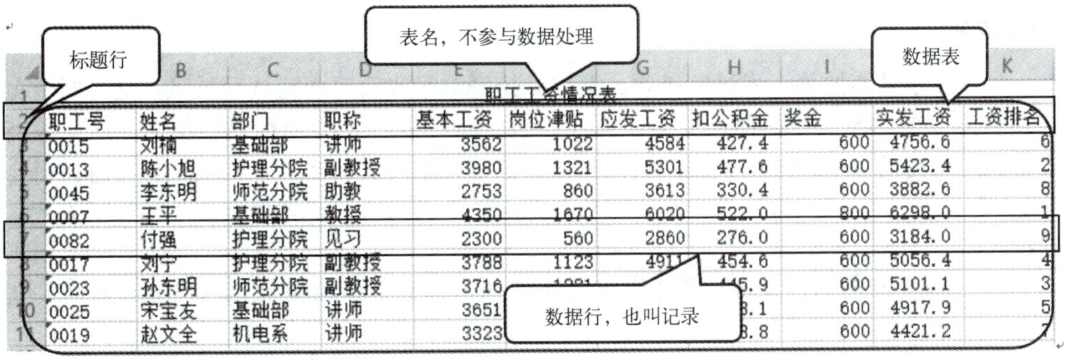

图5-96 数据表简介

（2）建立数据清单

建立数据清单可以采用先建立工作表然后录入相应数据的方式，如直接在 WPS 表格中录入数据。此外，也可以先在数据库管理软件中建立好数据库（或者使用现有数据库），然后点击 WPS 表格窗口中"文件"菜单右侧的下拉按钮，选择"数据"→"导入外部数据"→"导入数据"，通过获取外部数据的方式来建立数据清单。

5.5.2 数据排序

数据排序就是对数据清单的行（记录）按照某一个或某几个字段设定的规则排序，重新调整行与行之间的显示顺序，这种顺序的调整是在设定排序规则后自动实现的。用户可对数据表中一列或多列数据按升序（数字 1→9，字母 A→Z）或降序（数字 9→1，字母 Z→A）排序。数据排序分为简单排序和多重排序。

（1）简单排序

简单排序也叫单关键字排序，可以使用"数据"选项卡中的排序按钮" ↓ "或" ↑ "来实现升序或降序的排序操作。

【例 5-3】对图 5-96 的职工工资情况表，按基本工资由高到低进行降序排序。

操作方法如下。

① 首先单击职工工资情况表中"基本工资"所在列的任一个单元格。

② 然后单击"数据"选项卡中的降序按钮"⬇"，简单排序就完成了，如图 5-97 所示。

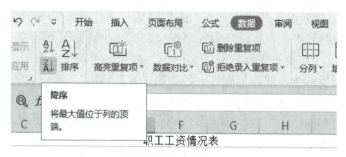

图5-97 简单排序

（2）多重排序

简单排序只能按某一列进行排序。有时候排序的字段会出现相同数据项，这个时候就必须要按多个字段进行排序，即多重排序。多重排序就一定要使用对话框来完成。WPS 表格为用户提供了多级排序依据，包括主要关键字、次要关键字、次次要关键字等，每个关键字就是一个字段，每一个字段均可按"升序"即递增方式，或"降序"即递减方式进行排序。

【例 5-4】在职工工资情况表中，要求先按部门升序进行排序，若部门相同时再按基本工资降序进行排序。

操作步骤如下。

① 选定职工工资情况表中的任一单元格。

② 然后单击"数据"选项卡中的"排序"按钮"⬇"，此时打开"排序"对话框，进行相应的设置即可，如图 5-98 所示。

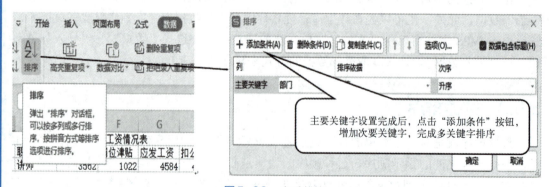

图5-98 多重排序

5.5.3 数据的分类汇总

数据的分类汇总实际上包含了两部分操作，即分类和汇总。

分类：是将某个字段上数据相同的记录分类集中在一起，这个字段就是分类汇总的分类字段,排序操作可以将某个字段上数据相同的记录集中在一起。

汇总:对分类后的每个类别的指定数据进行计算,包括求和、计数、最大值、最小值、平均值等汇总类型,默认的汇总方式为求和。

需要特别指出的是,在分类汇总之前,必须先对需要分类的数据项进行排序,然后再按该字段进行分类,并分别对各类数据的数据项进行统计汇总。

【例5-5】根据图5-99所示的职工工资情况表,分别计算各部门奖金和实发工资的平均值。

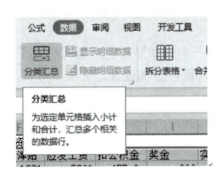

	A	B	C	D	E	F	G	H	I	J	K
1					职工工资情况表						
2	职工号	姓名	部门	职称	基本工资	岗位津贴	应发工资	扣公积金	奖金	实发工资	工资排名
3	0015	刘楠	基础部	讲师	3562	1022	4584	427.4	600	4756.6	6
4	0013	陈小旭	护理分院	副教授	3980	1321	5301	477.6	600	5423.4	2
5	0045	李东明	师范分院	助教	2753	860	3613	330.4	600	3882.6	8
6	0007	王平	基础部	教授	4350	1670	6020	522.0	800	6298.0	1
7	0082	付强	护理分院	见习	2300	560	2860	276.0	600	3184.0	9
8	0017	刘宁	护理分院	副教授	3788	1123	4911	454.6	600	5056.4	4
9	0023	孙东明	师范分院	副教授	3716	1231	4947	445.9	600	5101.1	3
10	0025	宋宝友	基础部	讲师	3651	1105	4756	438.1	600	4917.9	5
11	0019	赵文全	机电系	讲师	3323	897	4220	398.8	600	4421.2	7

图5-99 职工工资情况表

操作步骤如下。

① 首先对需要分类汇总的字段进行排序。在本例中需要对"部门"字段进行排序。即选择"部门"列任意一个单元格,然后点击"排序"按钮进行升序或降序排序。

② 选中工作表A2:K11单元格区域,单击"数据"选项卡中的"分类汇总"按钮,打开"分类汇总"对话框,如图5-100所示。

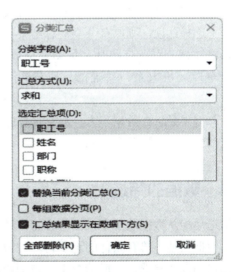

图5-100 "分类汇总"对话框

③ 在"分类字段"下拉列表框中选择"部门"选项。

④ 在"汇总方式"下拉列表框中有"求和""计数""平均值""最大值""最小值"等,这里选择"平均值"选项。

⑤ 在"选定汇总项"列表框中选中"奖金""实发工资"复选框，并同时取消其余默认的汇总项，本例中是"工资排名"。

⑥ 单击"确定"按钮，完成分类汇总。结果如图5-101所示。

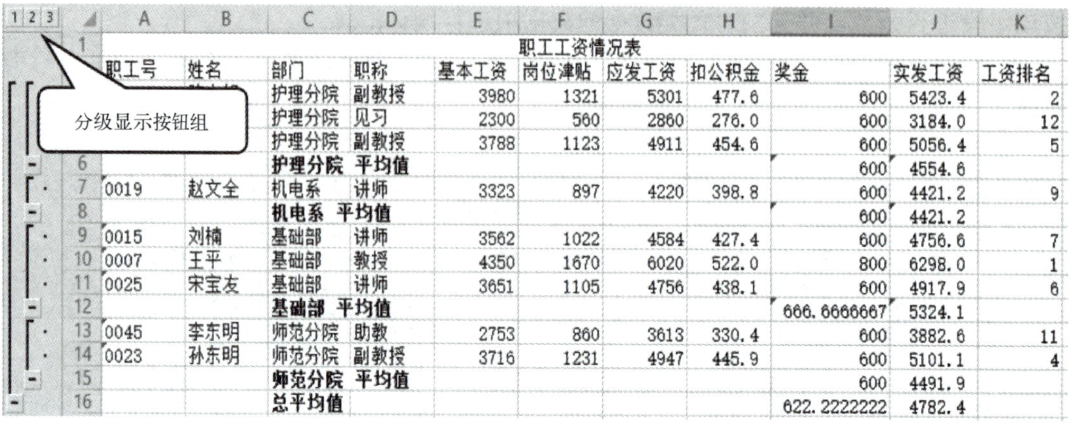

	A	B	C	D	E	F	G	H	I	J	K
1					职工工资情况表						
2	职工号	姓名	部门	职称	基本工资	岗位津贴	应发工资	扣公积金	奖金	实发工资	工资排名
3			护理分院	副教授	3980	1321	5301	477.6	600	5423.4	2
4			护理分院	见习	2300	560	2860	276.0	600	3184.0	12
5			护理分院	副教授	3788	1123	4911	454.6	600	5056.4	5
6			护理分院 平均值						600	4554.6	
7	0019	赵文全	机电系	讲师	3323	897	4220	398.8	600	4421.2	9
8			机电系 平均值						600	4421.2	
9	0015	刘楠	基础部	讲师	3562	1022	4584	427.4	600	4756.6	7
10	0007	王平	基础部	教授	4350	1670	6020	522.0	800	6298.0	1
11	0025	宋宝友	基础部	讲师	3651	1105	4756	438.1	600	4917.9	6
12			基础部 平均值						666.6666667	5324.1	
13	0045	李东明	师范分院	助教	2753	860	3613	330.4	600	3882.6	11
14	0023	孙东明	师范分院	副教授	3716	1231	4947	445.9	600	5101.1	4
15			师范分院 平均值						600	4491.9	
16			总平均值						622.2222222	4782.4	

（分级显示按钮组）

图5-101 汇总结果

分类汇总的结果通常按三级显示，可以通过单击分级显示区上方的三个按钮进行控制，单击"1"按钮只显示列表中的列标题和总的汇总结果；单击"2"按钮显示列标题和各分类的汇总结果；单击"3"按钮显示全部数据和所有的汇总结果。

在分级显示区中还有"+""-"等分级显示符号，其中"+"按钮表示将高一级展开为低一级数据，"-"按钮表示将低一级折叠为高一级的数据。

"分类汇总"对话框中其他选项的含义如下。

替换当前分类汇总：如果此前做过分类汇总操作，选中此项，则原有分类汇总结果不保留；不选择此项，则原有分类汇总结果保留。

每组数据分页：打印时，每类汇总数据为单独一页，如果选定此项，本示例中部门为护理分院、机电系、基础部、师范分院的每类数据将自动设置好分页，可直接分页打印。

汇总结果显示在数据下方：汇总计算的结果显示在每个分类的下方。

全部删除：取消分类汇总。

5.5.4 数据的筛选

筛选是指从数据清单中找出符合特定条件的数据记录，也就是把符合条件的记录显示出来，而把其他不符合条件的记录暂时隐藏起来。在WPS表格中，提供了两种筛选方法：自动筛选和高级筛选。一般情况下，自动筛选就能够满足用户大部分的需要。但是，当需要利用复杂的条件来筛选数据时，就必须要使用高级筛选才能达到目的。

（1）自动筛选

自动筛选给用户提供了快速访问大数据清单的方法。

【例5-6】在职工工资情况表中显示"实发工资"高于4800元的职工记录。

操作步骤如下。

① 选定数据清单中的任意一个单元格。

② 单击"数据"选项卡中的"自动筛选"命令,此时数据表中每个字段名的右侧将出现一个下三角的下拉按钮,此为筛选器箭头。

③ 单击"实发工资"字段名旁边的筛选器箭头,弹出其下拉列表,再单击"数字筛选"→"大于"选项,打开"自定义自动筛选方式"对话框,如图5-102所示。

图5-102　自动筛选

④ 在"自定义自动筛选方式"对话框中,指定"显示行"的条件为"大于""4800"。

⑤ 最后单击"确定"按钮,在数据清单中显示出"实发工资"高于4800元的职工记录,其他记录被暂时隐藏起来。被筛选出来的记录行号显示为其他色,"实发工资"列的列号右边的筛选器箭头也发生了变化,筛选结果如图5-103所示。

图5-103　筛选结果

如需取消筛选,在"数据"选项卡中再次点击"自动筛选"按钮即可,或点击"数据"选项卡中的"全部显示"按钮。对于某个字段来说,可进行筛选的条件是非常多的,这里就不一一列举了,当然也可以对多列进行筛选,当多列都有筛选条件时,各列的条件是"与"的关系,也就是交集。

（2）高级筛选

高级筛选一般用于条件较复杂的筛选,主要根据条件区域中设定的条件进行。筛选结果可显示在原数据区域中，不符合条件的记录被隐藏起来；也可以显示在新的位置，不符合条件的记录同时保留在原数据表中而不会被隐藏起来，这样更便于进行数据的比对。高级筛选的操作要复杂得多，对于有些无法用自动筛选完成的功能可以通过高级筛选来完成，如多列之间的“或”关系。

下面通过【例 5-7】来具体说明如何进行高级筛选。

【例 5-7】在职工工资情况表中筛选出“护理分院”或“基础部”的“实发工资”高于 5000 元的职工记录。

【分析】要将符合两个及两个以上条件的数据筛选出来，倘若使用自动筛选来完成，需要对“护理分院”和“基础部”两个字段分别进行筛选，即双重筛选来完成。双重筛选的方法与【例 5-6】相似，在此不再介绍。

如果使用高级筛选的方法来完成，则必须在工作表的一个区域设置条件，即条件区域。条件区域中各条件之间的逻辑关系有“与”和“或”的关系，“与”和“或”的关系表达方式是不同的，二者表达方式如下。

“与”条件：将两个条件放在同一行，表示的是“护理分院”且“实发工资”大于 5000 元的职工。如图 5-104（a）所示。

“或”条件：将两个条件放在不同行，表示的是“护理分院”的职工和“实发工资”大于 5000 元的职工。如图 5-104（b）所示。

部门	实发工资
护理分院	>5000

(a)“与”条件排列图

部门	实发工资
护理分院	
	>5000

(b)“或”条件排列图

图5-104　不同条件排列图

具体操作步骤如下。

① 插入行，并设置条件区域。在工作表的第一行行标处单击鼠标右键，在弹出的快捷菜单中选择“插入”，再反复此操作三次即可在数据清单前插入 4 行（或者在弹出的快捷菜单中输入要插入的行数“4”，可一次插入 4 行）。选中单元格区域 C6，按“Ctrl+C”组合键复制，单击单元格 C1，按“Ctrl+V”组合键粘贴；在 C2 单元格中输入“护理分院”，在 C3 单元格中输入“基础部”；选中单元格区域 J6，按“Ctrl+C”组合键复制，单击单元格 J1，按“Ctrl+V”组合键粘贴；在 J2 和 J3 单元格中分别输入“>5000”。

② 在工作表中，选中 A6:K15 单元格区域或其中的任意一个单元格。

③ 进行高级筛选。点击“数据”选项卡中“ ”右下角的对话框启动器，弹出“高级筛选”对话框。

④ 在对话框中选中“将筛选结果复制到其他位置”单选按钮。

⑤ 在“列表区域”（即待筛选的区域）中输入“$A$6:$K$15”（也可点击其右侧的“ ”按钮，通过鼠标指针拖动的方式选定数据区域，自动填入该参数）。

⑥ 在“条件区域”中输入“$C$1:$J$3”（也可点击“ ”按钮，通过鼠标指针拖动的方式选定数据区域，自动填入该参数）。

⑦ 再单击"复制到"右侧的"■"按钮,选择筛选结果显示区域的第一个单元格 A18。

⑧ 单击"确定"按钮,即可完成高级筛选。

操作过程如图 5-105 所示。

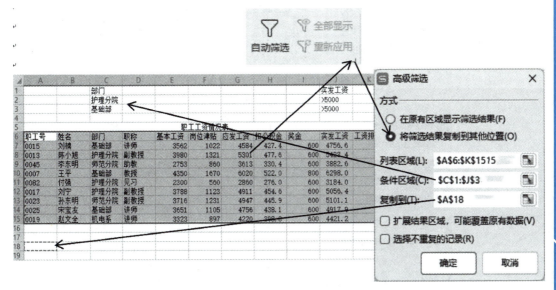

图 5-105　高级筛选

5.5.5　数据透视表

数据透视表是 WPS 表格中强大的数据处理分析工具,通过数据透视表,用户可以快速分类汇总、筛选、比较海量数据。如果把 WPS 表格中的海量数据看作一个数据库,那么数据透视表就是根据数据库生成的动态汇总报表,这个报表可以存放在当前工作表中,也可以存放在外部的数据文件中。

在工作中,如果遇到含有大量数据、结构复杂的工作表,可以使用数据透视表快速整理出需要的报表。

为工作表创建数据透视表之后,用户就可以插入专门的公式执行新的计算,从而快速制作出需要的数据报告。

(1) 建立数据透视表

下面通过实例来说明如何创建数据透视表。

【例 5-8】在图 5-106 所示的职工工资情况表中,建立数据透视表显示按部门统计职工各种职称人数。

操作步骤如下。

① 首先选定职工工资情况表 A2:K11 区域中的任意一个单元格。

② 单击"插入"选项卡中的"数据透视表"按钮,打开"创建数据透视表"对话框,如图 5-107 所示。

职工工资情况表

职工号	姓名	部门	职称	基本工资	岗位津贴	应发工资	扣公积金	奖金	实发工资	工资排名
0015	刘楠	基础部	讲师	3562	1022	4584	427.4	600	4756.6	6
0013	陈小旭	护理分院	副教授	3980	1321	5301	477.6	600	5423.4	2
0045	李东明	师范分院	助教	2753	860	3613	330.4	600	3882.6	8
0007	王平	基础部	教授	4350	1670	6020	522.0	800	6298.0	1
0082	付强	护理分院	见习	2300	560	2860	276.0	600	3184.0	9
0017	刘宁	护理分院	副教授	3788	1123	4911	454.6	600	5056.4	4
0023	孙东明	师范分院	副教授	3716	1231	4947	445.9	600	5101.1	3
0025	宋宝友	基础部	讲师	3651	1105	4756	438.1	600	4917.9	5
0019	赵文全	机电系	讲师	3323	897	4220	398.8	600	4421.2	7

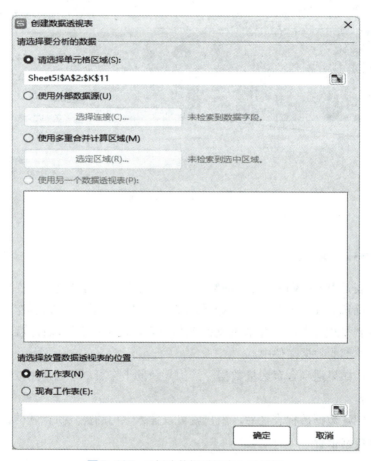

图5-106 职工工资情况表

图5-107 “创建数据透视表”对话框

③ 要分析的数据，可以是当前工作簿中的一个数据表，或者是一个数据表中的部分数据区域，甚至还可以是外部数据源。数据透视表的存放位置可以是现有工作表，也可以新建一个工作表来单独存放。本例中将单独存放数据透视表，用户按图示设置后，单击“确定”按钮，打开如图 5-108 所示的任务窗格。

④ 拖动右侧“字段列表”栏中的按钮到“行”字段区中、“列”字段区中以及“值”字段区中。本例将“部门”拖动到“行”字段区中，“职称”拖动到“列”字段区中，“职称”拖动到“值”字段区中，汇总方式为计数，结果如图 5-109 所示。

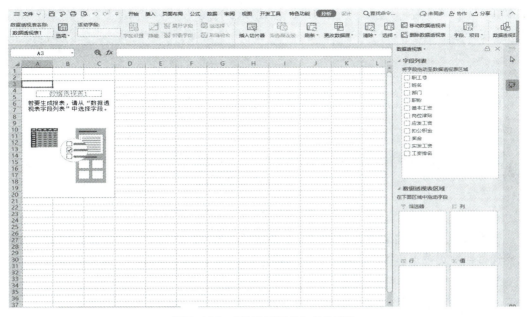

图5-108 "数据透视表"任务窗格

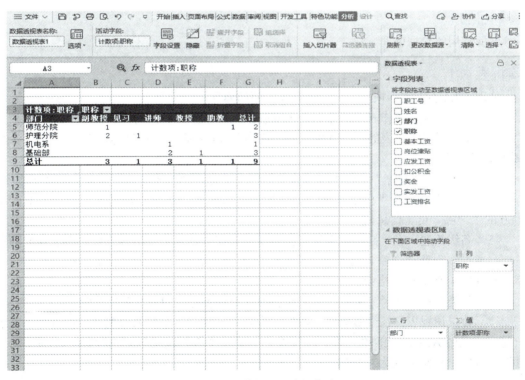

图5-109 数据透视表操作结果

(2)数据透视表的编辑和格式化

单击选中数据透视表,随即弹出"分析"和"设计"两个选项卡。

单击"分析"选项卡,打开如图5-110所示的"分析"功能区。

图5-110 "数据透视表工具→分析"功能区

单击"设计"选项卡,打开如图5-111所示的"设计"功能区。

图5-111 "数据透视表工具→设计"功能区

数据透视表的编辑和格式设置,主要是通过这两个功能区的相应功能按钮进行设置,当然通过快捷菜单也可以完成相应的一些操作。

5.5.6 实训项目

数据处理

【实训目的】

掌握常用的数据处理方法。

【实训要求】

使用5.3.6小节实训项目中的结果完成下面的操作。

(1) 将"公式"工作表中的数据表再复制出五份,生成五张同样的工作表。

(2) 将这五张工作表的名称分别改为"排序""自动筛选""高级筛选""分类汇总"和"数据透视表"。

(3) 排序:将"排序"工作表按销售部门升序排序,部门相同时按销售总量降序排序。

(4) 自动筛选:在"自动筛选"工作表中,通过自动筛选,显示"一月"销量大于4000的"一部"员工信息。

(5) 高级筛选:在"高级筛选"工作表中,先在表格最上方增加三行,用于存放筛选条件,通过高级筛选命令,显示"二月"销量大于4200的"四部"员工信息,筛选结果存放到A29开始的单元格中。

(6) 分类汇总:在"分类汇总"工作表中,统计各部门的各月销售总额。

(7) 数据透视表:在"数据透视表"工作表中,建立一个数据透视表,将透视表放于当前工作表中A24开始的单元格中,设置行标签为"销售部门",数值项为"一月""二月""三月",汇总方式为求平均。

【实训指导】

(1) 右键单击"公式"工作表的标签,通过快捷菜单复制该工作表,连续使用此方法,共复制出五个工作表。

(2) 通过工作表标签上的快捷菜单,将复制出来的五张工作表分别重命名为"排序""自动筛选""高级筛选""分类汇总"和"数据透视表"。

（3）打开"排序"工作表，在数据区域 A2:J22 范围内的任意一个单元格中单击鼠标左键，之后选择"数据"选项卡中"排序"按钮，弹出"排序"对话框，在"排序"对话框中设置主要关键字为"销售部门"，之后单击"选项"按钮，在弹出的"排序选项"对话框中选择方式为"笔画排序"，单击"确定"按钮。然后单击"添加条件"按钮，此时会出现"次要关键字"，选择"销售总量"作为次要关键字，并设置次要关键字的排序次序为"降序"。如图 5-112 所示。

注意：本次实训的所有项目，在具体操作前都是要先保证光标位于数据区域的某一个单元格中，这一点看似简单，但千万不要忽略。

图5-112　排序设置

（4）打开"自动筛选"工作表，在数据区域 A2:J22 范围内的任意一个单元格中单击鼠标左键，之后选择"数据"选项卡中的"自动筛选"按钮，这时数据表的列标题右侧会出现一个小箭头，如"销售部门"，通过这个小箭头就可以设置筛选条件了。本题中要设置两个条件，首先单击"销售部门"右侧的小箭头，在弹出对话框的选项区选择"一部"，单击"确定"按钮，然后再单击"一月"右侧的小箭头，在弹出的对话框中选择"数字筛选"，之后再选择"大于"，这时会弹出一个新的对话框，在这个对话框中输入数值"4000"，按"确定"按钮，就完成了筛选操作。如图 5-113 所示。

图5-113　自动筛选

筛选后的结果如图 5-114 所示。

图5-114 自动筛选的结果

（5）打开"高级筛选"工作表，右键单击第一行的行号，在弹出的快捷菜单中选择"插入"命令后在行数中输入"3"，单击"插入"命令，这时会在第一行前插入三个空行，使用这三个空行来插入高级筛选要用到的条件。接下来要手动输入条件，本题中要求的筛选条件有两个，一是销售部门为"四部"，二是"二月"销量>4200，这两个条件是并且的关系。首先在C1单元格中输入"销售部门"，在C2单元格中输入"四部"，这样就完成了条件一的输入，同样在E1单元格中输入"二月"，在E2单元格输入">4200"，这样条件就输入完成了，结果如图5-115所示。

高级筛选的准备工作完成后，就要进行高级筛选了，首先用鼠标光标单击工资情况表中的任一位置，点击"数据"选项卡中" "按钮右下角的对话框启动器，弹出"高级筛选"对话框。该对话框主要包括三项内容，即筛选结果存放的位置、数据列表区域、条件区域。如图5-116所示。

图5-115 高级筛选条件制作

图5-116 "高级筛选"对话框

首先是结果存入位置，要把筛选结果存放到A29开始的单元格，因此选择第二项"将筛选结果复制到其他位置"，这时在"条件区域"下面的"复制到"文本框由不可用变成可用，鼠标光标单击这个文本框，然后再用鼠标光标单击A29单元格，将A29拾取到文本框中。

接下来制作"列表区域"，也就是要进行筛选的数据区域，需要用鼠标光标将该区域（也就是A5:J25）拾取到文本框中。

最后制作"条件区域"，也就是之前在插入的三个空行中输入的条件，只需要用鼠标光标将该区域（也就是C1:E2）拾取到文本框中就可以了。最后按"确定"按钮完成高级筛选的制作。高级筛选对话框的具体设置情况如图5-117所示。

高级筛选后的结果如图5-118所示。

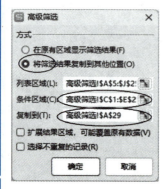

图5-117 高级筛选设置

5	人员编号	销售人员	销售部门	一月	二月	三月	销售总量	平均销售量	业绩评定	销售排名
6	001	陈明发	一部	5532	2365	4266	12163	4054.33	及格	4
7	002	李玉婷	二部	4699	3789	5139	13627	4542.33	及格	1
8	003	肖友梅	二部	2492	5230	2145	9867	3289.00	及格	13
9	004	牛兆祥	三部	3469	4523	2430	10422	3474.00	及格	10
10	005	李小虎	四部	2858	4230	1423	8511	2837.00	不及格	17
11	006	钟承绪	三部	3608	4010	3320	10938	3646.00	及格	7
12	007	林南生	一部	4056	3200	4321	11577	3859.00	及格	6
13	008	彭晓婷	二部	3482	3900	2783	10165	3388.33	及格	12
14	009	邓同波	四部	2438	5100	5532	13070	4356.67	及格	3
15	010	王璧芬	二部	3608	3425	2631	9664	3221.33	及格	14
16	011	俞芳芳	三部	4231	4010	3341	11582	3860.67	及格	5
17	012	邓世仁	一部	2589	1240	2356	6185	2061.67	不及格	20
18	013	程一敏	二部	3655	2352	3120	9127	3042.33	及格	15
19	014	金莉莉	一部	4700	3542	2145	10387	3462.33	及格	11
20	015	朱仙致	三部	3608	2456	2456	8520	2840.00	不及格	16
21	016	齐杰芬	四部	4560	4580	4102	13242	4414.00	及格	2
22	017	严冬英	三部	2890	2340	2431	7661	2553.67	不及格	18
23	018	李敏	一部	4600	3540	2389	10529	3509.67	及格	9
24	019	杨新宇	四部	3245	4010	3541	10796	3598.67	及格	8
25	020	黄小凡	一部	2891	2453	2145	7489	2496.33	不及格	19
26										
27										
28										
29	人员编号	销售人员	销售部门	一月	二月	三月	销售总量	平均销售量	业绩评定	销售排名
30	005	李小虎	四部	2858	4230	1423	8511	2837.00	不及格	17
31	009	邓同波	四部	2438	5100	5532	13070	4356.67	及格	3
32	016	齐杰芬	四部	4560	4580	4102	13242	4414.00	及格	2

图5-118　高级筛选的结果

（6）分类汇总前要先对分类字段进行排序，这里的分类字段为"销售部门"，因此要先对销售部门进行简单排序，具体操作过程如下。打开"分类汇总"工作表，首先选择"销售部门"列的任意一个单元格，选择"数据"选项卡中的"排序"按钮，弹出"排序"对话框，在"排序"对话框中设置主要关键字为"销售部门"，之后单击"选项"按钮，在弹出的"排序选项"对话框中选择方式为"笔画排序"，单击两次"确定"按钮，排序就完成了。

排序完成后，选中工作表A2:J22单元格区域，选择"数据"选项卡中的"分类汇总"命令，会弹出"分类汇总"对话框，分类字段选择"销售部门"，汇总方式选择"求和"，选定汇总项勾选"一月""二月""三月"，取消默认选项"销售排名"，具体设置如图5-119所示。单击"确定"按钮就完成了分类汇总。

分类汇总之后的结果如图5-120所示。

（7）打开"数据透视表"工作表，首先用鼠标单击数据区域的任意一个位置，选择"插入"选择卡中最左面的"数据透视表"按钮，会弹出"创建数据透视表"对话框，在这个对话框中只需要设置数据透视表的存放位置就可以了，选择"现有工作表"选项，之后用鼠标单击A24单元格，如图5-121所示。

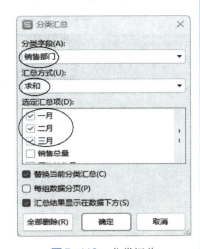

图5-119　分类汇总

设置完成后按"确定"按钮，会在A24开始的单元格中显示一个空的数据透视表，同时在右面会出现"数据透视表"任务窗格，具体的设置都要在这个任务窗格中完成。用鼠标光标先将"销售部门"拖动到"行"字段区中，将"一月""二月""三月"拖动到"值"字段区中，具体操作如图5-122所示。

	A	B	C	D	E	F	G	H	I	J
1	深蓝光电集团一季度销售业绩表									
2	人员编号	销售人员	销售部门	一月	二月	三月	销售总量	平均销售量	业绩评定	销售排名
3	001	陈明发	一部	5532	2365	4266	12163	4054.33	及格	4
4	007	林南生	一部	4056	3200	4321	11577	3859.00	及格	6
5	008	彭晓婷	一部	3482	3900	2783	10165	3388.33	及格	12
6	014	金莉莉	一部	4700	3542	2145	10387	3462.33	及格	11
7	020	黄小凡	一部	2891	2453	2145	7489	2496.33	不及格	19
8			一部 汇总	20661	15460	15660				
9	002	李玉婷	二部	4699	3789	5139	13627	4542.33	及格	1
10	003	肖友梅	二部	2492	5230	2145	9867	3289.00	及格	13
11	010	王鳌芬	二部	3608	3425	2631	9664	3221.33	及格	14
12	013	程一敬	二部	3655	2352	3120	9127	3042.33	及格	15
13	018	李敏	二部	4600	3540	2389	10529	3509.67	及格	9
14			二部 汇总	19054	18336	15424				
15	004	牛兆祥	三部	3469	4523	2430	10422	3474.00	及格	10
16	006	钟承绪	三部	3608	4010	3320	10938	3646.00	及格	7
17	011	俞芳芳	三部	4231	4010	3341	11582	3860.67	及格	5
18	015	朱仙致	三部	3608	2456	2456	8520	2840.00	不及格	16
19	017	严冬英	三部	2890	2340	2431	7661	2553.67	不及格	18
20			三部 汇总	17806	17339	13978				
21	005	李小虎	四部	2858	4230	1423	8511	2837.00	不及格	17
22	009	邓同波	四部	2438	5100	5532	13070	4356.67	及格	3
23	012	邓世仁	四部	2589	1240	2356	6185	2061.67	不及格	20
24	016	齐杰芬	四部	4560	4580	4102	13242	4414.00	及格	2
25	019	杨新宇	四部	3245	4010	3541	10796	3598.67	及格	8
26			四部 汇总	15690	19160	16954				
27			总计	73211	70295	62016				

图5-120 分类汇总结果

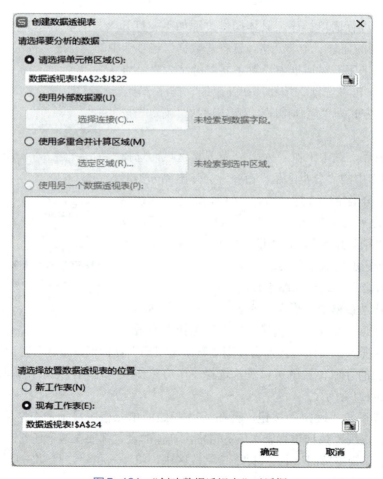

图5-121 "创建数据透视表"对话框

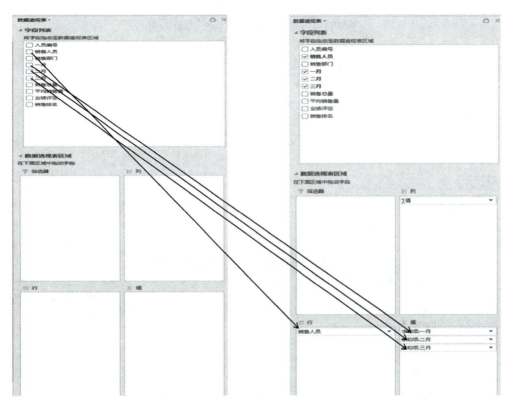

图5-122　添加数据透视表中的各关键项

完成之后，将数值的汇总方式更改为"平均值"，操作过程见图 5-123。

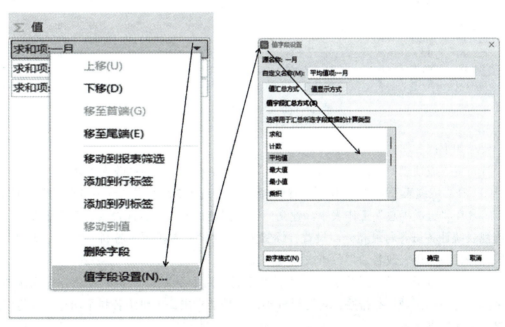

图5-123　设置数值汇总方式

数据透视表完成后的结果如图 5-124 所示。

	销售部门	平均值项:一月	平均值项:二月	平均值项:三月
25	二部	3810.8	3667.2	3084.8
26	三部	3561.2	3467.8	2795.6
27	四部	3138	3832	3390.8
28	一部	4132.2	3092	3132
29	总计	3660.55	3514.75	3100.8

图5-124　数据透视表的结果

【学习项目】

打开“学生期末成绩 .et”工作簿，在“成绩表”工作表中进行数据汇总（图 5-125）。

	A	B	C	D	E	F	G	H	I	J	K	L
1	初三年级第一学期期末成绩单											
2	学号	姓名	班级	语文	数学	英语	生物	地理	历史	政治	总分	平均分
3	C120305	王大伟	3班	91.5	89	94	92	91	86	86	629.5	89.93
4	C120101	陈令全	1班	97.5	106	108	98	99	99	96	703.5	100.50
5	C120203	李近南	2班	93	99	92	86	86	73	92	621	88.71
6	C120104	赵海江	1班	102	116	113	78	88	86	73	656	93.71
7	C120301	孙祥	3班	99	98	101	95	91	95	78	657	93.86
8	C120306	古丽丽	3班	101	94	99	90	87	95	93	659	94.14
9	C120206	周海	2班	100.5	103	104	88	89	78	90	652.5	93.21
10	C120302	李娜娜	3班	78	95	94	82	90	93	84	616	88.00
11	C120204	刘永顺	2班	95.5	92	96	84	95	91	92	645.5	92.21
12	C120201	王瑞祥	2班	93.5	107	96	100	93	92	93	674.5	96.36
13	C120304	倪秋生	3班	95	97	102	93	95	92	88	662	94.57
14	C120103	齐东飞	1班	95	85	99	98	92	92	88	649	92.71
15	C120105	苏强	1班	88	98	101	89	73	95	91	635	90.71
16	C120202	吴昊	2班	86	107	89	88	92	88	89	639	91.29
17	C120205	王清晔	2班	103.5	105	105	93	93	90	86	675.5	96.50
18	C120102	钱东升	1班	110	95	98	99	93	93	92	680	97.14
19	C120303	闫朝花	3班	84	100	97	87	78	89	93	628	89.71
20	C120106	孙芳芳	1班	90	111	116	72	95	93	95	672	96.00

图5-125　“成绩表”工作表

要求如下：

（1）将“成绩表”工作表复制一份副本，并将副本工作表名称改为“分类汇总”；

（2）在“成绩表”工作表中，利用自动筛选，筛选出 3 班总分大于 650 分的学生信息；

（3）在“分类汇总”工作表中，建立一个数据透视表，将透视表放于新工作表中，利用透视表统计各班各科最高分，设置行标签为“班级”，数值项为各科，汇总方式为求最大值，并将新工作表改名为“各班成绩统计表”；

（4）在“分类汇总”工作表中，按照“班级”为主要关键字升序、“总分”为次要关键字降序对数据区域进行排序，再通过分类汇总功能求出每个班级各科平均分，并将汇总结果显示在数据下方。

本章习题

1. 在 WPS 表格中，工作簿名称放置在工作区域顶端的标题栏中，默认的名称为_____。

  A. 工作簿 1   B. Sheet1、Sheet2…

  C. xlsx   D. book1、book2…

2. 在 WPS 表格中，单元格引用的表示方式为_____。

  A. 列号加行号   B. 行号加列号   C. 行号   D. 列号

3. 在 WPS 表格中，一般工作簿文件的默认文件扩展名为_____。

  A. .wps   B. .et   C. .xlsx   D. .dps

4. 下列 WPS 表格的表示中，属于绝对地址引用的是_____。

  A. $A2   B. C$ C. E8   D. $G$9

5. 在 A2 单元格内输入"3"，在 A3 单元格内输入"5"，然后选中 A2:A3 后，拖动填充柄，得到的数字序列是_____。

  A. 等差序列   B. 等比序列   C. 整数序列   D. 日期序列

6. 选定工作表全部单元格的方法是：单击工作表的_____。

  A. 列标   B. 编辑栏中的名称

  C. 行号   D. 左上角行号和列号交叉处的空白方块

7. 某公式中引用了一组单元格（C3:D7,A2,F1），该公式引用的单元格总数为_____。

  A. 4   B. 8   C. 12   D. 16

8. 在单元格中输入公式时，输入的第一个符号是_____。

  A. =   B. +   C. -   D. $

9. WPS 表格中活动单元格是指_____。

  A. 可以随意移动的单元格

  B. 随其他单元格的变化而变化的单元格

  C. 已经改动了的单元格

  D. 正在操作的单元格

10. 在对数字格式进行修改时，如出现"######"，其原因为：_____。

  A. 格式语法错误   B. 单元格宽度不够

  C. 系统出现错误   D. 以上答案都不是

第六章

WPS 演示软件

本章学习内容

- WPS演示的基础知识
- WPS中幻灯片的基本操作
- WPS演示中主题、背景等的设置
- WPS演示中插入文本、图形等对象
- WPS演示中切换页面、动画效果的设置

　　WPS 演示是一个优秀的演示制作软件。它能将文本与图形、图表、影片、声音、动画等多媒体信息有机结合，将演说者的思想、意图生动明快地展现出来。WPS 演示不仅功能强大而且易学易用、兼容性好、应用面广，是多媒体教学、演说答辩、会议报告、广告宣传、商务演说最有力的辅助工具之一。

　　本章主要介绍如何利用 WPS 演示软件制作出一份出色的演示文稿。

6.1
了解WPS演示

学习 WPS 演示的功能、窗口的布局以及软件的启动与退出。

6.1.1　WPS演示的基本功能

（1）方便快捷的文本编辑功能

在幻灯片的占位符中输入的文本，WPS 演示会自动添加各级项目符号，层次关系分明，逻辑性强。

（2）类型丰富、控制灵活的多媒体信息

WPS 演示支持文本、图形、图表、艺术字、表格、影片、声音等多种媒体信息，而且排版灵活。

（3）强大的模板、母版功能

使用模板和母版能快速生成风格统一、独具特色的演示文稿。模板提供了演式文稿的格式、配色方案、母版样式及产生特效的字体样式等，WPS 演示提供了多种美观大方的模板，也允许用户创建和使用自己的模板。使用母版可以设置演示文稿中各张幻灯片的共有信息，如日期、文本格式等。

（4）灵活的放映形式

制作演示文稿的目标是展示放映，WPS 提供了多样的放映形式。既可以由演说者一边演说一边控制放映，又可以应用于自动服务终端由观众控制放映流程，也可以按事先排练好的模式在无人看守的展台放映。WPS 演示还可以手机遥控，控制电脑上的文档进行演示。

（5）动态演绎信息

动画效果是 WPS 演示不可缺少的组成部分，它可以使演示文稿的主题更突出。WPS 动画设计加强了动画效果的表现力，并将动画效果的设置与任务窗格相结合，使用更简单。用户可以根据实际需要选取不同的动画创建方式。

（6）多种打印输出方式

可以通过页面设置中的纸张设置选取不同的幻灯片打印输出大小，支持多种排列形式的讲义打印、备注页打印、大纲打印，支持每页幻灯片数量的设置，同时还支持双面打印和 WPS 传统的反片打印，可以满足用户的多种打印输出需求。

（7）良好的兼容性

WPS 演示兼容了 Microsoft Office PowerPoint 的所有版本的 ppt、pps、pot 文件，可以打开多种格式的 Office 文档、网页文件等，保存的格式也更加丰富。

6.1.2 WPS演示的工作界面

(1) WPS演示的启动与退出

① 启动 WPS 演示

启动 WPS 演示常用以下几种方法。

a. 单击任务栏的"开始"菜单按钮,选择"所有程序"→"WPS Office"命令。
b. 若桌面上有"WPS Office"的快捷方式,则双击该快捷图标即可启动程序。
c. 双击打开扩展名为".dps"的文件,则启动 WPS 之后打开该文件。

② 退出 WPS 演示

退出 WPS 演示有以下几种方法。

a. 单击 WPS 演示窗口右上角的"关闭"按钮。
b. 单击 WPS 演示窗口左上角的"文件"→"退出"命令。
c. 按快捷键"Alt+F4"。

如果 WPS 演示幻灯片进行过编辑操作,那么在关闭时会出现提示保存对话框,按需求选择是否保存即可。

(2) WPS演示的窗口组成

WPS 演示的窗口如图 6-1 所示,它与 WPS 文字有一些相似之处,窗口大致分为标题栏、菜单栏、快速访问工具栏、功能区、缩略图窗格、编辑区、状态栏等七部分。

图6-1 WPS窗口构成

① 标题栏

标题栏位于窗口的最上方,最左侧是 WPS Office "首页"标签,之后是"稻壳模板",紧接着是用于显示正在编辑的文档的文件名,如果打开了一个已有的文件,该文件的名字就会出现在标题栏上,最右侧是"WPS Office 的个人账号""最小化""最大化/还原"及"关闭"按钮。

② 菜单栏

菜单栏位于标题栏下方,其中"文件"菜单包括新建、打开、保存、另存为、输出为PDF、输出为图片、输出为 PPTX、打印、分享文档、文档加密、备份与恢复、文档定稿、帮助、选项和退出命令,以及最近使用过的文档列表。

③ 快速访问工具栏

与 WPS 文字类似,快速访问工具栏一般位于"文件"菜单右侧,通常放一些最常用的命令按钮如"保存""输出为 PDF""打印""撤销""恢复"等。单击右边的下拉按钮,打开下拉菜单,可以根据需要添加或者删除常用命令按钮,如图 6-2 所示。

图6-2 快速访问工具栏

④ 功能区

与 WPS 文字类似,WPS 演示的功能区设置了"开始""插入""设计""动画"等多个选项卡,单击不同选项卡功能区将展示不同命令。还有一些选项卡只有在处理相关任务时才会出现在选项卡界面中,例如选中一个图片,才会出现"图片工具"选项卡。有时为了扩大幻灯片的编辑区域,可使用功能区右上方的"隐藏功能区"按钮,隐藏功能区。

下面介绍一下 WPS 演示的常用功能区选项卡。

a."开始"选项卡:"开始"选项卡包含了剪贴板、幻灯片、字体、段落、绘图、编辑等主要分组,如图 6-3 所示。

图6-3 "开始"选项卡

b."插入"选项卡:"插入"选项卡包含了幻灯片、表格、图像、图形、流程图、批注、文本、符号、媒体、超链接等分组,如图 6-4 所示。

图6-4 "插入"选项卡

c."设计"选项卡:"设计"选项卡包含了设计模板、背景、页面设置等主要分组,如图 6-5 所示。

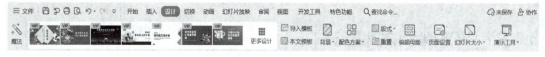

图6-5 "设计"选项卡

d. "切换"选项卡:"切换"选项卡包含了所有幻灯片的切换效果设置以及切换方式设置等分组,如图 6-6 所示。

图6-6 "切换"选项卡

e. "动画"选项卡:"动画"选项卡包含了预览、动画设置等分组,如图 6-7 所示。

图6-7 "动画"选项卡

f. "幻灯片放映"选项卡:"放映"选项卡包含了放映幻灯片、幻灯片放映设置等主要分组,如图 6-8 所示。

图6-8 "幻灯片放映"选项卡

⑤ 编辑区

编辑区又名"工作区",是 WPS 演示的主要工作区域,在此区域可以对幻灯片进行各种操作,如添加文字、图片、图形、影片、声音,创建超链接,设置动画效果等。工作区只能同时显示一张幻灯片的内容。

⑥ 缩略图窗格

缩略图窗格也叫大纲窗格,显示了幻灯片的排列结构,每张幻灯片前会显示对应编号,常在此区域编排幻灯片顺序。单击此区域中的不同幻灯片,可以实现工作区内幻灯片的切换。

⑦ 状态栏

状态栏包含了幻灯片的页数、显示/隐藏备注面板、视图切换按钮、显示比例调节器等命令按钮。

a. 显示/隐藏备注面板　通过显示/隐藏备注面板,可以显示或隐藏备注信息。备注区可以添加演说者与观众共享的信息或者供以后查询的其他信息。若需要向备注中加入图形,必须切换到备注页视图下操作。

b. 视图切换按钮　WPS 演示窗口默认是普通视图,通过单击视图切换按钮能方便快捷地实现不同视图方式的切换,从左至右依次是"普通视图""幻灯片浏览视图""阅读视图"按钮。

c. 显示比例调节器　通过拉动滑块或者点击左右两侧的加、减按钮来调节编辑区幻灯片的大小。建议单击左边的"最佳显示比例"按钮,系统会自动设置幻灯片的最佳比例。

6.1.3　WPS演示的视图方式

所谓视图,即幻灯片呈现在用户面前的方式。WPS 演示提供了五种视图方式,其中常用的有"普通视图""幻灯片浏览视图""备注页视图""阅读视图""幻灯片母版视图",可以通过单击 WPS 演示窗口右下方的视图切换按钮进行切换,而切换到"备注页视图"需要单击"视图"选项卡,在功能区选择"备注页"按钮。

(1) 普通视图

普通视图是制作演示文稿的默认视图,也是最常用的视图方式,如图 6-1 所示,几乎所有的编辑操作都可以在普通视图下进行。它包括"编辑区""缩略图窗格"和"备注窗格",拖动各窗格间的分隔边框可以调节各窗格的大小。

(2) 幻灯片浏览视图

幻灯片浏览视图占据整个 WPS 演示文稿窗口,如图 6-9 所示,演示文稿的所有幻灯片以缩略图方式显示,用户可以方便地完成以整张幻灯片为单位的操作,如复制、删除、移动、隐藏幻灯片,设置幻灯片切换效果等,这些操作只需要选中要编辑的幻灯片后单击鼠标右键,在弹出的快捷菜单中选择相应命令即可。幻灯片浏览视图不能针对幻灯片内部的具体对象进行操作,例如不能插入或编辑文字、图形、艺术字、自定义动画等。

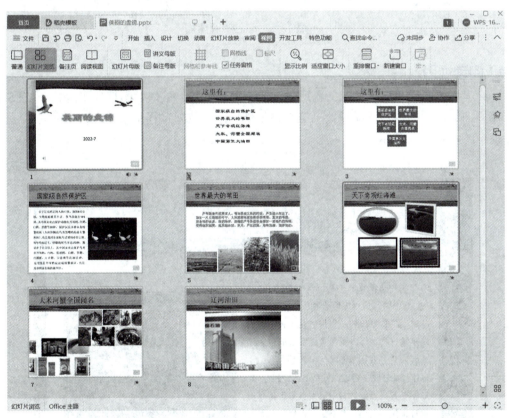

图6-9 幻灯片浏览视图

(3) 备注页视图

备注页视图用于显示和编辑备注页内容,通过单击"视图"→"备注页"按钮实现。备注页视图如图 6-10 所示,上方显示幻灯片,下方显示该幻灯片的备注信息。

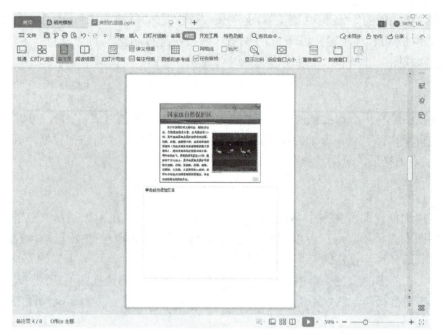

图6-10 备注页视图

（4）阅读视图

阅读视图向用户展示演示文稿所包含的全部幻灯片，放映时幻灯片布满整个 WPS 演示窗口，幻灯片的内容、动画效果等都将呈现出来，放映过程中按"Esc"键可以立刻退出视图，如图 6-11 所示。

图6-11 阅读视图

（5）幻灯片母版视图

幻灯片母版是用来存储有关应用的设计模板信息的幻灯片，可以统一页面元素从而提高用户制作演示文稿的效率。在幻灯片母版视图中的大部分操作和普通视图下的操作方法大致相同，如图 6-12 所示。

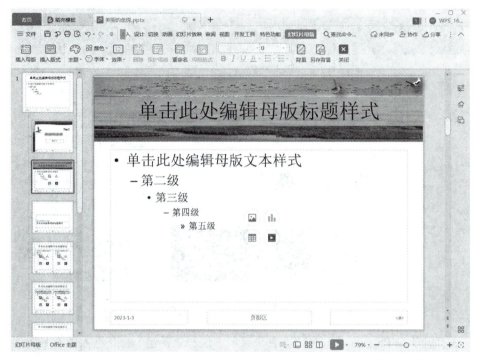

图6-12　幻灯片母版视图

6.2
演示文稿的管理

演示文稿可以生动直观地表达内容，图表和文字都能够清晰、快速地呈现出来，可以插入图片、动画、备注和讲义等丰富的内容。要想深入学习 WPS 演示的操作，就必须掌握幻灯片的一些基本操作技能，如新建、移动、复制、删除等。

6.2.1　创建演示文稿

（1）创建空白演示文稿

WPS 演示提供了多种新建演示文稿的方法，通过每种方法都可以进入演示文稿的操作界面。

① 启动 WPS Office，在"首页"中单击"新建"，然后点击"演示"→"新建空白文档"，创建一个空白演示文档，如图 6-13 所示。

图6-13 创建空白演示文档

② 在打开的 WPS 演示程序的"文件"菜单中选择"新建"命令进入图 6-13 所示界面，创建一个空白演示文档。

③ 在打开的 WPS 演示程序中，利用快捷键"Ctrl+N"键创建一个空白演示文档。

④ 在电脑磁盘空白处，单击鼠标右键，在弹出的快捷菜单中选择"新建"→"WPS 演示文稿"命令，自动创建一个新的 WPS 演示文稿，鼠标左键双击该文件，打开文件即是一个新的空白演示文稿。

（2）利用主题模板创建新的演示文稿

WPS Office 为用户提供了各种设计好的模板，来帮助用户美化幻灯片的整体效果。选择"新建"→"演示"按钮，会出现许多类型的主题模板，WPS 提供了 5000 份免费模板可供用户使用。用户可以根据自己的需求在搜索栏中输入自己想要查找的"免费模板"，选择中意的模板，进行下载使用，如图 6-14 所示。

6.2.2 插入幻灯片

用户的演示文稿一般都是由多张幻灯片构成的，可以使用多种方式添加新幻灯片。

① 选择"开始"或"插入"选项卡中的"新建幻灯片"下拉按钮，从列表中选择"新建"命令，点击"母版"版式，并在其下方选择一种合适的幻灯片版式插入即可，如图 6-15 所示。

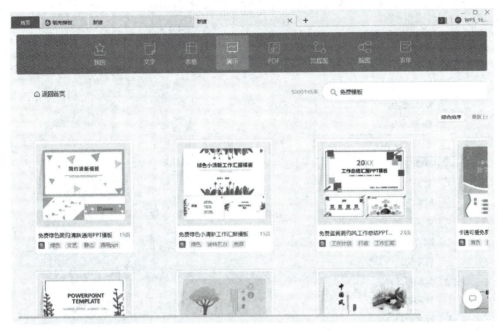

图6-14 免费模板

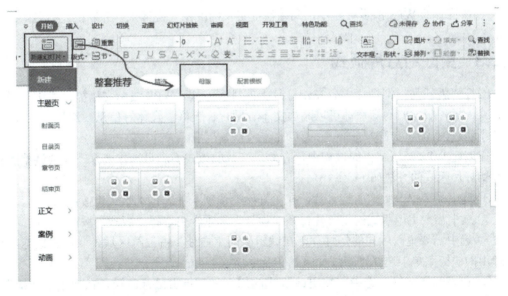

图6-15 "开始"或"插入"选项卡中"新建幻灯片"

② 在缩略图窗格选中需要插入新幻灯片位置的前一张幻灯片或者选中两张幻灯片的中间缝隙处（新幻灯片位置），单击鼠标右键，在弹出的快捷菜单中选择"新建幻灯片"命令，即可插入一张新的幻灯片，如图6-16所示。

③ 鼠标光标移动到缩略图窗格需要插入新幻灯片位置的前一张幻灯片上，会出现"+"

按钮，单击该按钮，或者单击缩略图窗格最下方的"+"按钮，如图 6-17 所示，都会出现如图 6-15 所示的"母版"版式，在其下方选择一种合适的幻灯片版式插入即可。

图6-16 幻灯片快捷菜单

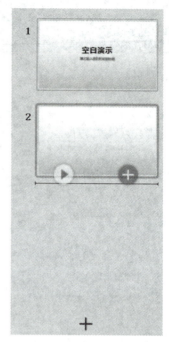

图6-17 使用"+"按钮新建幻灯片

④ 在打开的 WPS 演示程序中，利用快捷键"Ctrl+M"键插入一张新的幻灯片。

6.2.3 更改幻灯片版式

幻灯片版式是指幻灯片内容在幻灯片上的排列方式。WPS 演示文稿提供了 11 种幻灯片版式，每种版式的幻灯片都可以添加文本、图片、表格、媒体等信息。幻灯片版式如图 6-18 所示。

在创建 WPS 演示文稿的过程中，有些幻灯片的版式不满足操作要求，需要调整版式，更改幻灯片版式的方法如下。

① 选中需要更改版式的幻灯片，在"开始"选项卡中选择"版式"按钮。

② 选中需要更改版式的幻灯片，在"设计"选项卡中选择"版式"按钮。

③ 选中需要更改版式的幻灯片，在编辑区的空白处（占位符区域外）单击鼠标右键，在弹出的快捷菜单中选择"幻灯片版式"命令。

④ 在缩略图窗格中选中需要更改版式的幻灯片，单击鼠标右键，在弹出的快捷菜单中选择"幻灯片版式"命令。

6.2.4 隐藏、显示幻灯片

如果用户不想将某张幻灯片放映出来，可以将其隐藏，需要放映的时候再将其显示出来。

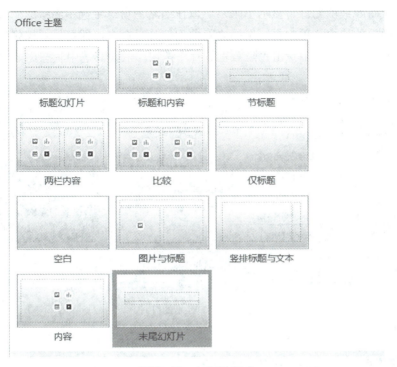

图6-18　幻灯片版式

（1）隐藏幻灯片

在缩略图窗格中选中需要隐藏的幻灯片，单击鼠标右键，从弹出的快捷菜单中选择"隐藏幻灯片"命令，即可隐藏该张幻灯片。幻灯片隐藏后，在该幻灯片序号上会出现隐藏符号"\"，如图 6-19 所示。

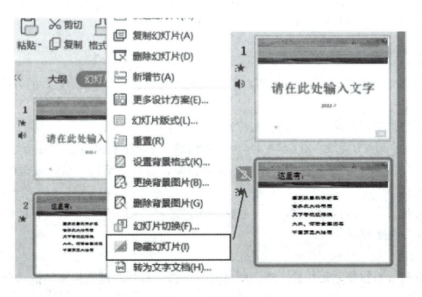

图6-19　隐藏幻灯片

（2）显示幻灯片

如果需要将隐藏的幻灯片显示出来，可以在缩略图窗格中选中隐藏的幻灯片，单击鼠标右键，从弹出的快捷菜单中再次选择"隐藏幻灯片"命令，即可显示该张幻灯片。或者在"幻灯片放映"选项卡中点击"隐藏幻灯片"按钮，取消其选中状态，如图6-20所示。

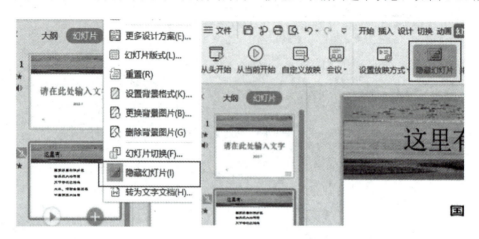

图6-20　显示幻灯片

6.2.5　复制、移动和删除幻灯片

（1）复制幻灯片

对内容相同的幻灯片，在制作时可以进行复制操作，以节省时间，具体方法如下。

① 在缩略图窗格中选中需要复制的幻灯片，如果要选择多张幻灯片，可以按"Ctrl"键进行选择。

② 对选择的幻灯片进行复制操作，在选定的幻灯片上单击鼠标右键，在弹出的快捷菜单中选择"复制幻灯片"命令。

（2）移动幻灯片

移动幻灯片，会改变幻灯片的位置，影响放映的先后顺序。移动幻灯片的方法有两种。

① 移动命令法

选择要移动的幻灯片，可以是一张，也可以是多张。

注意：选中的应该是缩略图窗格中的幻灯片缩略图或者幻灯片浏览视图下的幻灯片缩略图。

在选中的对象上单击鼠标右键，弹出快捷菜单，选择"剪切"命令或选中对象后按"Ctrl+X"快捷键。

到目标位置上单击鼠标右键，弹出快捷菜单，选择"粘贴"命令或到目标位置上直接按"Ctrl+V"快捷键。

② 直接拖动法

用鼠标指针直接拖动最快捷。选中幻灯片后，按住鼠标左键直接将其拖动到目标位置处松开。

（3）删除幻灯片

删除幻灯片一般有以下几种方式。

① 在缩略图窗格中要删除的幻灯片上单击鼠标右键，选择快捷菜单中的"删除幻灯片"命令。

② 缩略图窗格中选择要删除的幻灯片，按"Delete"键进行删除。

6.2.6 实训项目

WPS 演示文稿的创建

【实训目的】

（1）掌握 WPS 演示的启动与退出方法；
（2）掌握演示文稿中幻灯片的创建及编辑方法。

【实训要求】

小陈毕业后入职辽宁深蓝光电集团的销售管理部，担任销售管理部经理助理，主要负责协助销售管理部经理进行公司市场推广。今年公司有新产品推出，经理让小陈根据新产品的相关资料做一个产品展示的演示文稿，通过演示文稿更好地把公司的产品展示给客户。

具体要求如下。

（1）在桌面上创建一个名为"产品展示"的演示文稿。

（2）为"产品展示"演示文稿创建 8 张幻灯片。其中第 1 张为"标题幻灯片"版式，第 2～6 张为"标题和内容"版式，最后 1 张为"空白"版式。

（3）对编辑后的文档进行保存，并在桌面上另存一份以自己姓名命名的演示文稿。

【实训指导】

（1）创建演示文稿"产品展示"

① 选择"开始"菜单中的"WPS Office"程序，或者双击桌面上的"WPS Office"快捷图标，启动"WPS Office"；单击标题栏的"新建"按钮，或者选择"首页"下的"新建"按钮，在打开的窗口中选择"演示"，新建一个空白文档。

② 单击"快速访问工具栏"中的"保存"按钮，在弹出的对话框中选择文件保存位置，并输入文件名"产品展示"。

（2）幻灯片的创建与编辑

① 打开"产品展示"演示文稿，默认插入的幻灯片版式为"标题幻灯片"，如图 6-21 所示。在缩略图窗格中，选中幻灯片后单击鼠标右键，删除该张幻灯片。

② 选择"开始"选项卡的"新建幻灯片"下拉按钮，从列表中选择"新建"命令，选择"母版"版式，从下方版式中选择第一个"标题幻灯片"版式，如图 6-22 所示。

③ 选择"开始"选项卡的"新建幻灯片"下拉按钮，选择"新建"命令→"标题和内容"版式，创建第 2 张幻灯片。在缩略图窗格选择第 2 张幻灯片，单击鼠标右键，从弹出的快捷菜单中选择"复制幻灯片"命令，创建第 3 张幻灯片。用同样的方式创建第 4～8 张幻灯片，或者使用快捷键"Ctrl+C""Ctrl+V"复制、粘贴完成该操作。

图6-21 演示文稿窗口

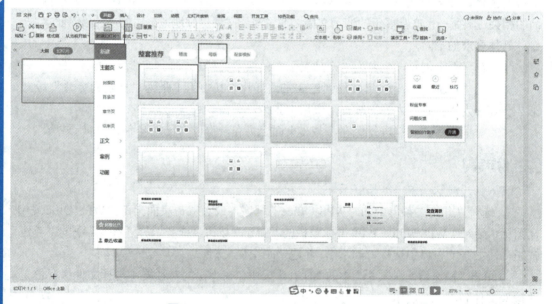

图6-22 创建"标题幻灯片"版式幻灯片

④ 在缩略图窗格中选择第 8 张幻灯片,单击"开始"选项卡中"版式"下拉按钮,从列表中选择"空白"版式的幻灯片,如图 6-23 所示。

(3) 幻灯片的保存

幻灯片创建完毕后,单击"快速访问工具栏"中的"保存"按钮,对文档进行保存,同时单击"文件"菜单下的"另存为"按钮,选择保存位置为"桌面",文件名为自己的姓名,进行保存。

注意:幻灯片的创建方式有多种,上述操作方法只是其中的一种,用户可以选择自己喜欢的方式创建幻灯片。

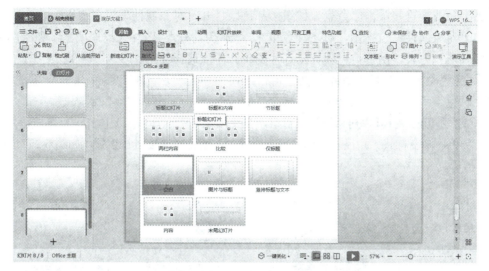

图6-23 修改幻灯片的版式

【学习项目】

盘锦市是中国重要的石油、石化工业基地,辽宁沿海经济带重要的中心城市之一。盘锦是"石化新城",缘油而建、因油而兴;以红海滩国家风景廊道为主的红海滩风景区是国家 4A 级景区、辽宁省优秀旅游景区。为更好地宣传盘锦,用户通过本节的学习,需制作"美丽的盘锦"的演示文稿。

(1)创建演示文稿"美丽的盘锦.dps",并保存到桌面上。

(2)为"美丽的盘锦"演示文稿插入 8 张新幻灯片。其中,第 1 张为"标题幻灯片",第 2~8 张为"标题和内容"幻灯片。

6.3
演示文稿的修饰

在幻灯片中添加了文字、图片、声音等对象后,可以对其进行进一步修饰和美化来增强艺术效果,使其更加生动、更具可视性。

6.3.1 幻灯片的背景

为了使幻灯片页面更丰富、美观,用户可以为幻灯片设置背景,几种背景设置方法如下。

① 选择需要设置背景的幻灯片,在缩略图窗格或编辑区空白处单击鼠标右键,在弹出的快捷菜单中选择"设置背景格式"命令,打开"对象属性"设置窗格。

② 选择需要设置背景的幻灯片,单击"设计"选项卡的"背景"下拉按钮,选择"背

景"命令,或者直接单击"背景"按钮,都可以打开"对象属性"设置窗格。

在"对象属性"窗格中,有"纯色填充""渐变填充""图片或纹理填充"和"图案填充"四种填充方式,用户可以根据幻灯片的设计需求选择使用。

① 纯色填充 打开"对象属性"窗格,在"填充"中选择"纯色填充"单选按钮,单击"颜色"下拉按钮,从列表中选择合适的颜色填充,如图6-24所示。

② 渐变填充 打开"对象属性"窗格,在"填充"中选择"渐变填充"单选按钮,可以对填充颜色、渐变样式、角度、色标颜色、位置、透明度和亮度进行设置,如图6-25所示。

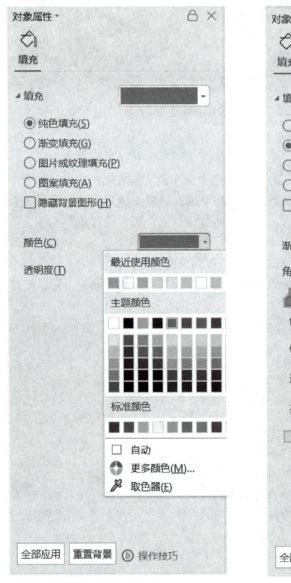

图6-24 纯色填充设置　　　　　　图6-25 渐变填充设置

③ 图片或纹理填充 打开"对象属性"窗格,在"填充"中选择"图片或纹理填充"单选按钮,下方会出现"图片填充"和"纹理填充"选项。"图片填充"提供了本地文件、

剪贴板和在线文件三种填充方式。"纹理填充"提供了 24 种预设的纹理图案,用户可以根据自己的需求进行相关设置,如图 6-26 所示。

④ **图案填充** 打开"对象属性"窗格,在"填充"中选择"图案填充"单选按钮,WPS 演示提供了 48 种不同的图案样式,还可以设置图案的前景色和背景色,如图 6-27 所示。

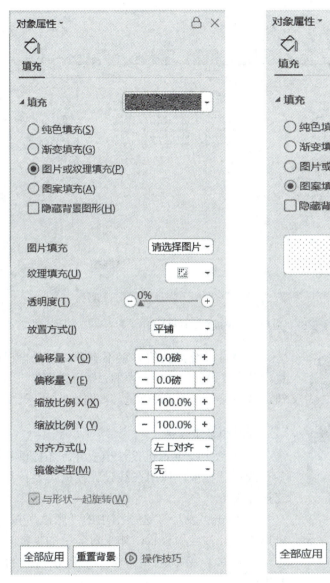 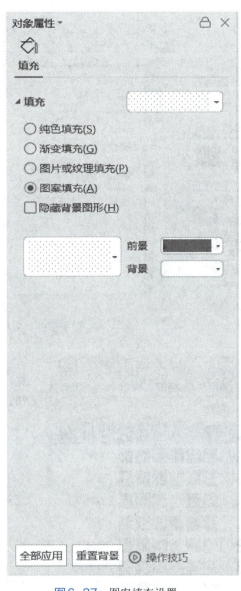

图6-26　图片或纹理填充设置　　　　图6-27　图案填充设置

6.3.2　幻灯片设计模板

使用 WPS 演示模板功能可以使演示文稿内各幻灯片格调一致、独具特色。通过设置幻灯片模板的套用,可以快速更改整个演示文稿的外观,而不会影响内容。

(1) 本机设计模板

单击"设计"选项卡中的"导入模板"按钮，在弹出的"应用设计模板"对话框中找到需要导入的模板后单击"打开"按钮，选中的模板就应用到演示文稿中，演示文稿的版式、背景、配色方案等都会发生改变，如图 6-28 所示。

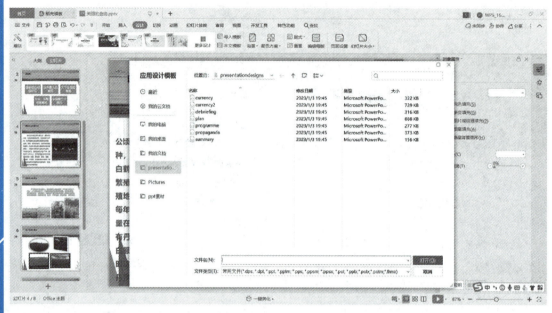

图6-28 "应用设计模板"对话框

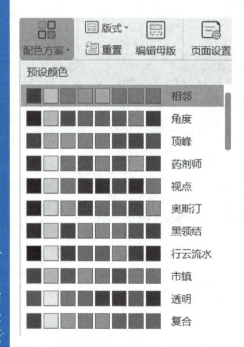

图6-29 "配色方案"中的预设颜色

如果对系统提供的方案不满意，可以自己配置，单击"设计"选项卡中的"配色方案"下拉按钮，从列表中选择预设颜色，如图 6-29 所示。

(2) 在线设计模板

WPS 除了提供本机设计模板外，还提供了很多在线设计模板，使用在线设计模板需要计算机连接互联网。

① 单击"设计"选项卡中的"魔法"按钮，可以为幻灯片套用模板，如果对套用的模板方案不满意，可以继续单击"魔法"按钮进行再次套用。

② 单击"设计"选项卡中的"更多设计"按钮，弹出"在线设计方案"对话框，在免费专区可以选择合适的模板，点击模板右下角的"应用模板"按钮即可。

③ 在 WPS 演示窗口最下方的任务栏中选择"一键美化"按钮，会在编辑区的下方弹出展示窗口，选择所需模板图标中的"立即使用"按钮即可，如图 6-30 所示。

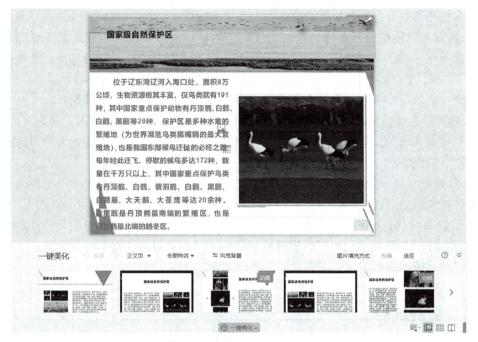

图6-30 "一键美化"设置

6.3.3 幻灯片母版

母版用于设置演示文稿中幻灯片的默认格式,包括每张幻灯片的标题、正文的字体格式和位置、项目符号的样式、背景设计等。母版有"幻灯片母版""讲义母版""备注母版",本小节只介绍常用的"幻灯片母版"。单击"视图"功能区选项卡,选择"幻灯片母版"按钮,就可以进入幻灯片母版编辑环境,如图6-31所示,母版视图不会显示幻灯片的具体内容,只显示版式及占位符。

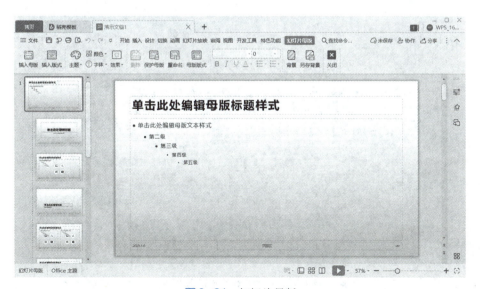

图6-31 幻灯片母版

通常使用幻灯片母版的以下功能。

① 预设各级项目符号和字体：按照母版上的提示文本单击标题或正文各级项目所在位置，配置字体格式和项目符号。设置的格式将成为本演示文稿每张幻灯片上文本的默认格式。

注意：占位符标题和文本只用于设置样式，内容需要在普通视图下另行输入。

② 插入标志性图案或文字（例如插入某公司的标识）：在母版上插入的对象（如图片、文本框）将会在每张幻灯片上相同位置显示出来。在普通视图下，这些插入的对象不能删除、移动、修改。

③ 设置背景：设置的母版背景会在每张幻灯片上生效。设置的方法和在普通视图下设置幻灯片背景的方法相同。

④ 设置页脚、日期、幻灯片编号：幻灯片母版下面有三个区域，分别是"日期区""页脚区""数字区"，单击它们可以设置对应项的格式，也可以拖动它们改变位置。

要退出母版编辑状态可以单击功能区的"关闭"按钮。

6.3.4 实训项目

WPS 演示文稿的修饰

【实训目的】

（1）掌握幻灯片背景的设置；
（2）学会为演示文稿设置统一的母版。

【实训要求】

在幻灯片母版中，统一设置幻灯片的背景、字体，效果如图 6-32 所示。

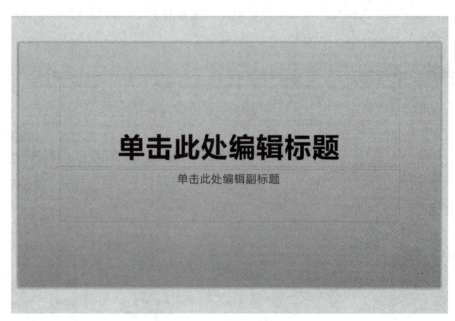

图 6-32　幻灯片母版效果图

【实训指导】

（1）打开 6.2.6 小节实训项目的结果"产品展示"文稿，单击"视图"选项卡下的"幻灯片母版"按钮，打开"幻灯片母版"窗口，"幻灯片母版"选项卡如图 6-33 所示。

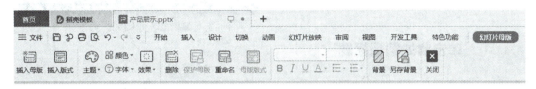

图 6-33 "幻灯片母版"选项卡

（2）单击缩略图窗格的第一张幻灯片，选择"幻灯片母版"选项卡的"背景"按钮，编辑区右侧打开"对象属性"窗格，选择"渐变填充"，"色标颜色"选择"矢车菊蓝，着色 2，浅色 40%"，"渐变样式"选择"线性渐变"，设置为"向上"，"透明度"设置为 10%，如图 6-34 所示。

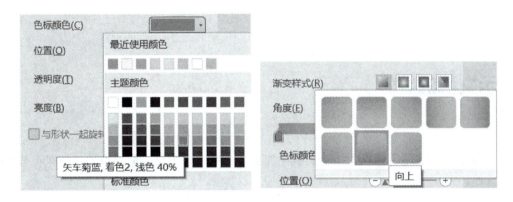

图 6-34 "渐变填充"背景设置

（3）单击"幻灯片母版"选项卡中的"字体"命令，从下拉列表中选择"微软雅黑"字体，"效果"选项设置为"行云流水"，如图 6-35 所示。

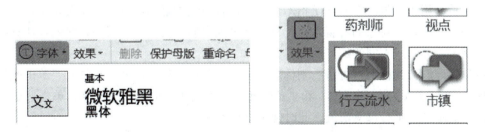

图 6-35 "字体""效果"设置

（4）单击"幻灯片母版"选项卡中"关闭"按钮，返回 WPS 演示文稿窗口。

【学习项目】

在幻灯片母版中，设计"标题幻灯片"版式和"标题和内容"版式，效果分别如图 6-36、图 6-37 所示。

图6-36 "标题幻灯片"版式母版

图6-37 "标题和内容"版式母版

6.4 演示文稿的编辑

对演示文稿的编辑可以使演示文稿更加丰富、生动、美观、具感染力,加深观赏者的印象。

6.4.1 文本的输入

在演示文稿中,所要表达的内容需要通过文字进行说明。要掌握文字的输入方法,需要了解占位符的概念。

占位符是用来占位的符号,是指幻灯片中带有虚线边框的部分,用来确定所要编辑的文字、图片、表格等对象的位置。占位符经常出现在演示文稿的模板中,将幻灯片分成若干个区域,使之形成不同的幻灯片版式。

占位符一般分为标题占位符、副标题占位符和项目占位符,并分别含有"单击此处添加标题""单击此处添加副标题"和"单击此处添加文本"的提示性文字,单击选定的占位符后,提示性文字会自动消失,此时便可以输入文本。

在占位符内输入的文字可以在大纲视图中显示预览,并按级别不同位置有所不同,如图6-38所示。

用户可以通过大纲视图选中文字进行格式化操作,可以直接改变所有演示文稿中的字体、字号、颜色等。

文本框指用文本框工具画出来的,用来编辑文字的框。它与占位符有相似之处,但也略有不同,相同之处就是都能完成文本内容的输入,不同之处在于在占位符内输入的内容可以在大纲视图中出现，而在文本框中输入的内容则不会出现在大纲视图中。如果要在占位符之外的区域输入文字，可以使用文本框来实现。具体步骤如下。

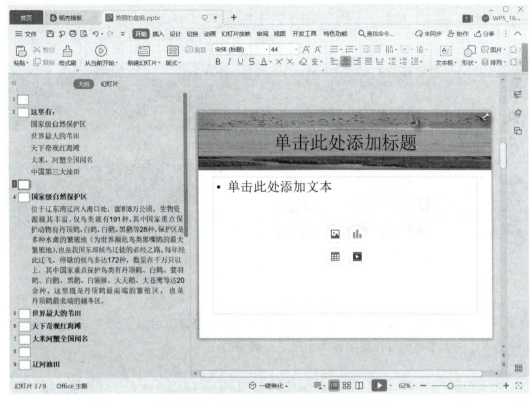

图6-38　大纲视图中预览占位符内的文字

① 单击"插入"选项卡，在"文本"功能区中单击"文本框"按钮，根据需要选择"横向文本框"或者"竖向文本框"，如图6-39所示。

图6-39　插入文本框

② 单击要放文本框的区域，出现文本框和光标后，便可以输入文本。
③ 设置文本的格式，操作方法与 WPS 文字相同。

6.4.2　插入艺术字

艺术字是一种文字样式库，用户可以将艺术字添加到演示文稿中，做出富有艺术效果的文字。插入艺术字的方法与在 WPS 文字中的操作类似，单击"插入"选项卡，在功能区中点击"艺术字"按钮，从"预设样式"列表中选择一个合适的艺术字样式，即可在幻灯片中插入一个艺术字文本框，在该文本框中输入文本内容即可，如图 6-40 所示。

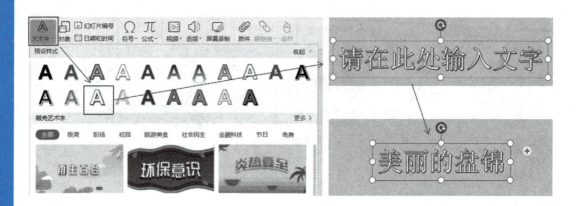

图6-40　插入艺术字

在幻灯片中插入艺术字后，在功能区选项卡中增加了"绘图工具"和"文本工具"选项卡，在"文本工具"选项卡中可以对艺术字格式进行设置，如图 6-41 所示。在 WPS 演示中艺术字的大小是通过设置字体大小来进行调整的。

图6-41　"文本工具"选项卡

6.4.3　插入图片

为了使演示文稿更具感染力和说服力，在应用过程中经常插入图片对所叙述的内容进行说明。只有文本内容的幻灯片难免枯燥乏味，适当插入多媒体信息则更加生动形象。

在 WPS 演示中，用户不仅可以插入本地图片，还可以分页插入图片以及插入屏幕截图。幻灯片中插入图片后，可以对图片进行相关编辑操作，例如裁剪图片、抠除图片背景，还可以对图片进行美化设置。

（1）插入本地图片

在"插入"选项卡中单击"图片"下拉按钮，从列表中选择"本地图片"选项，打开"插入图片"对话框，从中选择需要的图片，单击"打开"按钮，即可将所选图片插入到幻灯片中，如图 6-42 所示。

图6-42 "插入图片"对话框

除了可以在"插入"选项卡中插入本地图片之外,还可以在占位符内的"图片"标签中进行"本地图片"的插入操作,如图6-43所示。

图6-43 在占位符内插入本地图片

(2)分页插入图片

在"插入"选项卡中单击"图片"下拉按钮,从列表中选择"分页插图"选项,打开"分页插入图片"对话框,从中选择多张图片,单击"打开"按钮,即可将所选的多张图片插入到幻灯片中，如图 6-44 所示。

图6-44 "分页插入图片"对话框

（3）插入屏幕截图

在"插入"选项卡中单击"截屏"下拉按钮，从列表中选择需要的截屏选项，最好把"截屏时隐藏当前窗口"选项选上，按住鼠标左键不放，拖动鼠标，选取截屏区域，选好之后在下方弹出一个工具栏，单击"完成"按钮，即可将截取的图片插入到幻灯片中。

6.4.4 插入表格及图形

（1）插入表格

单击"插入"选项卡，在功能区选择"表格"按钮，弹出下拉列表框，可以选择不同的方式插入表格，与 WPS 文字中的表格插入方法相同。

（2）插入图形

WPS 演示中有多种类型的图形可供用户选择，如常用的形状、图标、智能图形等，这些都在图形分组中。其中形状和智能图形是日常工作中最常见的图形，接下来重点介绍这两种图形。

① 形状

在 WPS 演示中预设了"线条""矩形""基本形状""箭头总汇""公式形状"以及"流

程图"等 9 种形状样式,如图 6-45 所示。在"插入"选项卡中单击"形状"的下拉按钮,从列表中选择一个合适的形状,将鼠标光标移动到幻灯片编辑区变成黑色十字图标,按住鼠标左键不放,拖动鼠标,即可绘制一个形状。

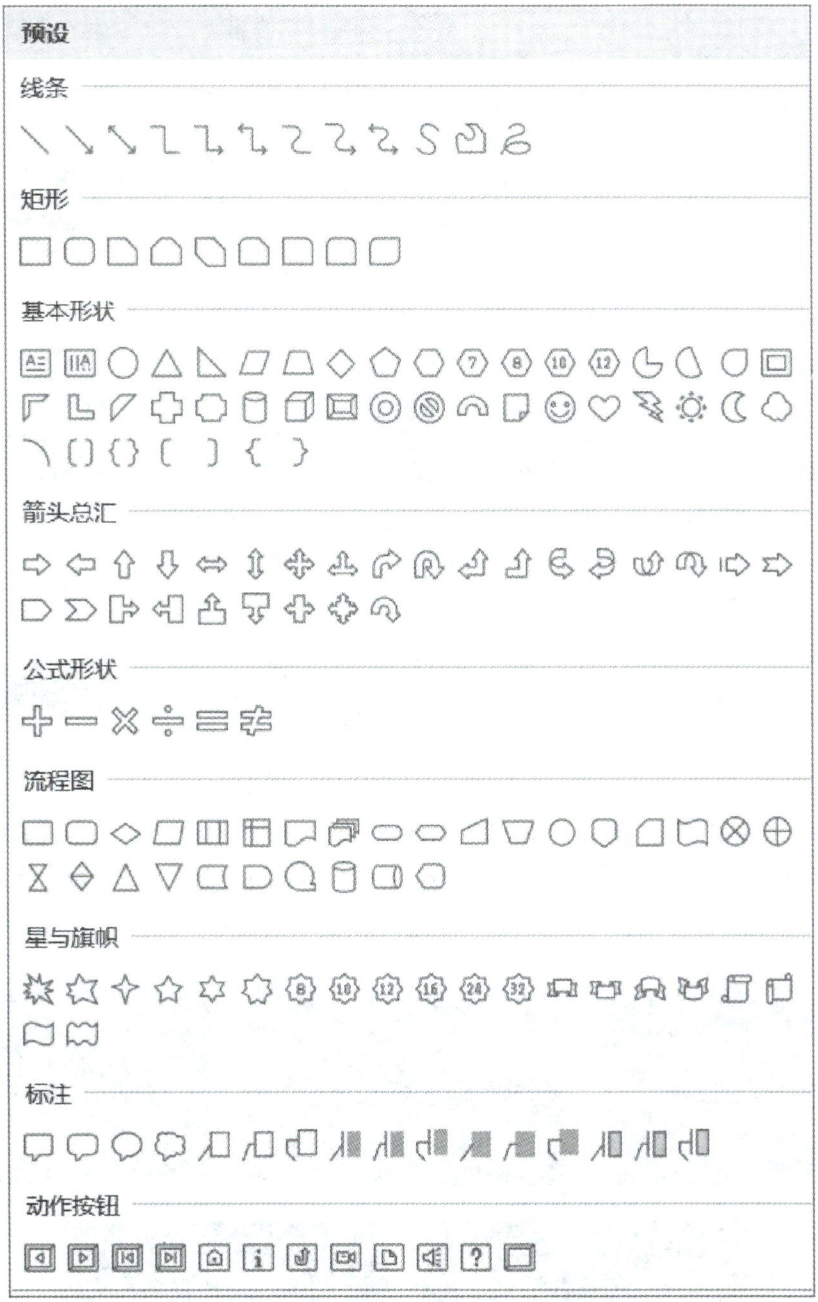

图6-45 "形状"样式

② 智能图形

智能图形是信息的视觉表示形式,它能将信息以专业设计师水准的插图形式展示出来,能更加快速、轻松、有效地传达信息。WPS 演示中提供了 8 种智能图形,包括列表、流程、循环、层次结构、关系、矩阵、棱锥图和图片。用户可以根据需要插入并编辑智能图形。

a. 在"插入"选项卡中单击"智能图形"按钮，打开"选择智能图形"对话框，如图6-46所示。

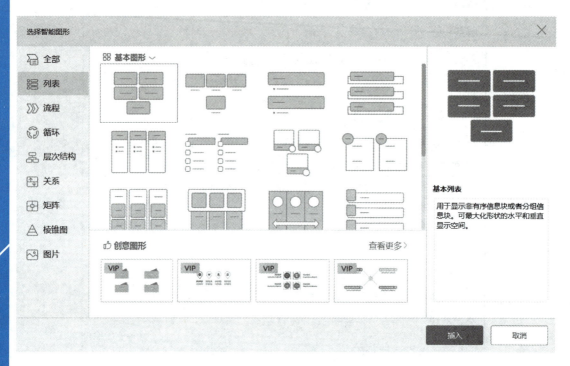

图6-46 "选择智能图形"对话框

b. 根据要表达的信息内容，选择合适的布局，例如要用列表布局的方式表达盘锦市的特色，可以选择"列表"选项面板中的"基本列表"样式，再单击"确定"按钮，单击文本占位符，输入文字，最终效果如图6-47所示。

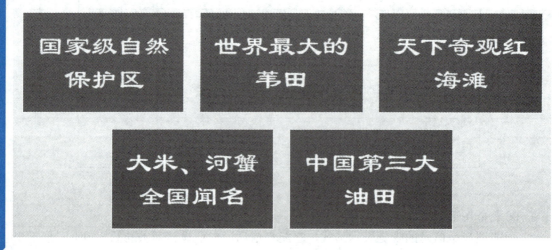

图6-47 智能图形效果

当智能图形处于编辑状态时，在功能区选项卡中会出现"设计"和"格式"选项卡，单击"设计"选项卡，可以进一步增加项目、美化图形等，如图 6-48 所示。

图6-48　智能图形"设计"选项卡

6.4.5　插入图表

用户除了可以在 WPS 表格中插入图表外，在 WPS 演示中也能实现该操作，并且还可以在图表中编辑数据。

在"插入"选项卡中单击"图表"按钮，打开"插入图表"对话框，从列表中选择一种合适的图表类型，单击"插入"按钮即可。例如选择"簇状柱形图"插入到幻灯片中，如图 6-49 所示。

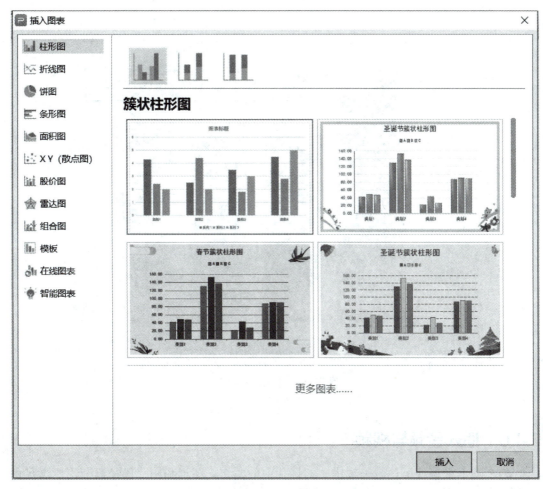

图6-49　"插入图表"对话框

插入图表后，用户需要对图表中的数据进行编辑，才能制作出符合要求的图表。在图表上单击鼠标右键，从弹出的快捷菜单中选择"编辑数据"命令，打开WPS演示图表给定的数据源，如图6-50所示。输入图表所需相关数据后，删除多余数据，关闭工作表即可，如图6-51所示。

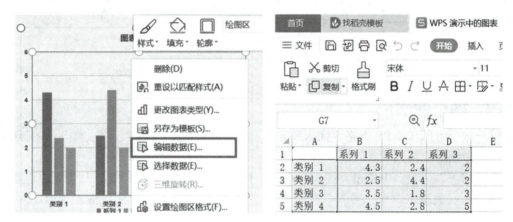

图6-50 图表数据源

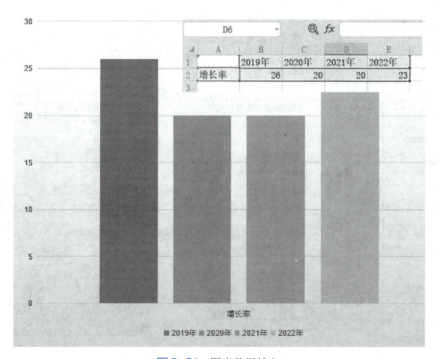

图6-51 图表数据输入

6.4.6 插入音频与视频

WPS演示文稿的用途越来越广，幻灯片中的文字、图形和图片已经逐渐不能满足用户的需求，需要插入音频、视频等多媒体对象来提升演示文稿的效果，丰富多样、图文并茂的幻灯片越来越受用户的欢迎。

（1）插入音频

在编辑幻灯片时，可以插入音频文件作为背景音乐，或者作为幻灯片的旁白。在 WPS 演示中，支持 WAV、WMA、MP3、MID 等音频文件格式。WPS 演示文稿插入音频文件有四种选择：

① 嵌入音频；

② 链接到音频；

③ 嵌入背景音乐；

④ 链接背景音乐。

嵌入和链接的区别主要是：

"嵌入"是指将音频文件保存在 PPT 内。如果制作演示文稿与播放演示文稿的电脑不是同一台，或演示文稿需要发送给其他人，音频播放也不受影响。

"链接"是指链接到本地电脑位置所保存的音频，这是一个地址，音频没有加入到演示文稿内。如果制作演示文稿与播放演示文稿的电脑不是同一台，会出现链接失败的情况。所以建议插入音频的时候选择"嵌入音频"。

"嵌入音频"是指把音频文件插入到某张幻灯片里，幻灯片播放至该张幻灯片，音频才进行播放，或者音频在当前页开始播放后到指定幻灯片页面停止。

"嵌入背景音乐"是指在非第一张且当前页无背景音乐的幻灯片里插入音频时，WPS 演示会提醒用户是否从第一页开始插入背景音乐，选择"是"按钮，音频图标会自动嵌入到演示文稿的第一页中；如果选择"否"，音频图标会嵌入到当前页中，幻灯片播放时，背景音乐将从插入音频图标的幻灯片页面开始播放。

以下"嵌入音频"为例，介绍在演示文稿中插入音频的过程。

① 单击"插入"选项卡中"媒体"功能区的"音频"下拉按钮，从列表中选择"嵌入音频"，如图 6-52 所示；

② 在弹出的"插入音频"对话框中找到指定的音频文件，单击"打开"按钮，就在幻灯片中添加了音频图标，如图 6-53 所示；

图6-52 "音频"下拉列表

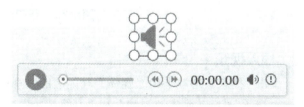

图6-53 添加音频图标

③ 音频文件插入后，功能区出现"音频工具"选项卡，如图 6-54 所示，在该选项卡中，用户可以对音频进行编辑，例如设置音频播放参数、裁剪音频等。

图6-54 "音频工具"选项卡

a. 设置音频播放参数

选择音频图标,在"音频工具"选项卡中单击"播放"按钮,可以直接播放音频。点击"音量"下拉按钮,可以将音量调整为"高""中""低"以及"静音"。单击"淡入""淡出"右侧的加、减按钮来控制音频进入、退出几秒内的淡入、淡出效果。单击"开始"下方的下拉按钮,可以将音频设置为"自动"播放或"单击"播放。在功能区最后一个按钮是"设为背景音乐",此功能可使选中的音频对象在"嵌入音频"和"嵌入背景音乐"两者之间进行相互切换。

在"音频工具"选项卡中,选中"当前页播放"单选按钮,插入的音频只能应用于当前的这一张幻灯片;选中"跨幻灯片播放"单选按钮,音频可以从当前页幻灯片开始播放,直至指定页幻灯片停止;勾选"循环播放,直至停止"复选框,重复播放插入的音频;勾选"放映时隐藏"复选框,幻灯片播放时隐藏音频图标;勾选"播放完返回开头"复选框,音频播放完后自动返回音频开头。

b. 裁剪音频

当用户想使用音频中的一段作为播放的音频时,需要对插入的音频进行裁剪。选择音频图标,在"音频工具"选项卡中单击"裁剪音频"按钮,打开"裁剪音频"对话框,通过拖动"开始时间"和"结束时间"滑块,对音频进行裁剪,其中两个滑块之间的声音被保留。也可设置好"开始时间"和"结束时间"后,单击"确定"按钮,即可将音频裁剪成指定时间长度,如图6-55所示。

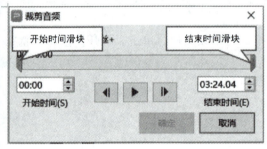 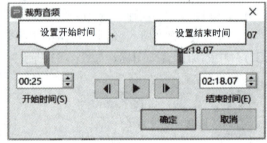

图6-55 裁剪音频

(2)插入视频

单击"插入"选项卡中"媒体"功能区的"视频"下拉按钮,从列表中可以选择"嵌入本地视频""链接到本地视频"和"网络视频",这里选择"嵌入本地视频"选项,打开"插入视频"对话框,从中选择需要的视频文件,单击"打开"按钮,即可将所选视频插入到幻灯片中。

用户也可以对插入到幻灯片中的视频进行裁剪,裁剪方式和裁剪音频的方法相类似。另外在"视频工具"选项卡中可以设置视频封面。选择视频,在视频下方的工具栏上单击

"图片"按钮,打开"视频封面"任务窗格,可以设置"封面样式"和"封面图片",如图 6-56 所示。

图 6-56　设置视频封面

6.4.7　实训项目

WPS 演示文稿的编辑

【实训目的】

（1）掌握 WPS 演示幻灯片中艺术字的编辑方法；
（2）掌握 WPS 演示幻灯片中图片的编辑方法；
（3）掌握 WPS 演示幻灯片中表格与图形的编辑方法；
（4）掌握 WPS 演示幻灯片中图表的编辑方法；
（5）掌握 WPS 演示幻灯片中音频、视频的编辑方法。

【实训要求】

打开 6.3.4 小节实训项目的结果"产品展示"演示文稿,要求各张幻灯片设置效果如图 6-57 所示。

具体要求如下：

（1）所有幻灯片右上角插入公司标识。
（2）第 1 张幻灯片为"标题幻灯片"版式,插入标题、副标题、公司名称文本框及图片。
（3）第 2 张幻灯片为目录页,分 5 个方向介绍产品。
（4）第 3 张幻灯片使用"智能图形"进行品牌简介。
（5）第 4 张幻灯片为主要产品外观展示。
（6）第 5 张幻灯片以表格方式介绍产品参数。
（7）第 6 张幻灯片介绍产品面向哪些终端客户。
（8）第 7 张幻灯片以图表的方式呈现中国光学镜头的供需现状。

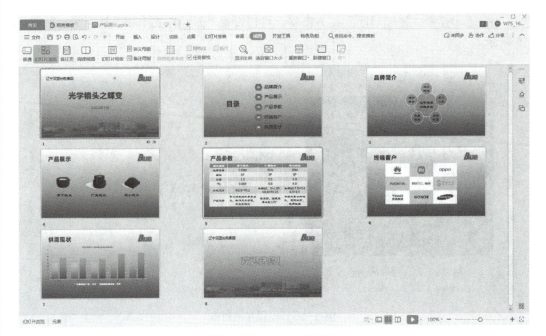

图6-57 幻灯片效果图

（9）结尾页插入艺术字。

（10）插入背景音乐，幻灯片放映时，音频图标隐藏，背景音乐跨幻灯片播放，并在第 8 张幻灯片停止，所有素材编辑完成后保存演示文稿。

【实训指导】

（1）打开"产品展示"演示文稿，选择"视图"选项卡下的"幻灯片母版"命令，打开"幻灯片母版"窗口，单击缩略图中第 1 张幻灯片，选择"插入"选项卡下的"图片"命令，在展开窗格中选择"本地图片"命令，在弹出的对话框中选择素材文件夹中的图片"LOGO.png"，单击"打开"，图片插入到幻灯片中，鼠标指针拖动图片放置于幻灯片右上角，如图 6-58 所示。完成后单击功能区的"关闭"按钮。

（2）打开第 1 张幻灯片，标题中输入"光学镜头之蝶变"；副标题中输入当前日期，字号为 28 磅。

单击"插入"选项卡中的"文本框"下拉按钮，在幻灯片编辑区左上角绘制一个横向文本框，输入文字"辽宁深蓝光电集团"；字体设置为微软雅黑，字号为 28 磅。

单击"插入"选项卡中的"图片"下拉按钮，在展开窗格中选择"本地图片"命令，在弹出的对话框中选择素材文件夹中的图片"公司大楼 .png"，单击"打开"，图片插入到幻灯片中，移动图片至幻灯片左下方，拖动图片水平方向控制键，拉伸填充整张幻灯片。效果如图 6-59 所示。

（3）打开第 2 张幻灯片，标题占位符内输入文字"目录"，字号为 54 磅，移动占位符至幻灯片左侧中间位置，删除添加文本占位符。

单击"插入"选项卡中的"形状"下拉按钮，从列表中选择基本形状"六边形"，在幻灯片编辑区绘制一个正六边形图形，在"绘图工具"选项卡下显示"大小和位置"任务窗格，锁定纵横比，高度调整为 1.7 厘米，如图 6-60 所示。

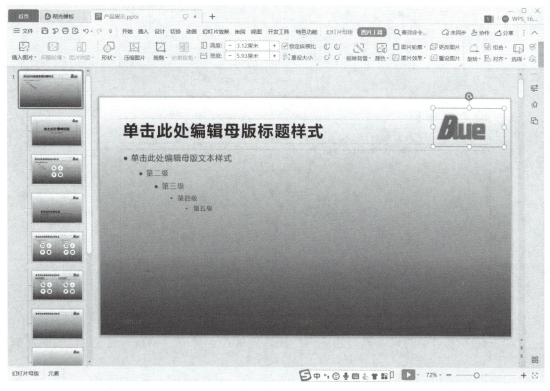

图6-58 "幻灯片母版"中插入图片

图6-59 "标题幻灯片"版式效果图

图6-60　设置正六边形大小

单击任务窗格中的"填充与线条"选项，设置纯色填充：钢蓝，着色2。如图6-61所示。

选中正六边形，单击鼠标右键，从弹出的快捷菜单中选择编辑文字，输入"01"，字体设置为华文琥珀，字号为18磅。

单击"插入"选项卡中的"文本框"下拉按钮，在幻灯片编辑区绘制一个横排文本框，输入文字"品牌简介"，字体设置为微软雅黑，字号为36磅。

按住"Shift"键，同时选中正六边形和文本框，单击"绘图工具"选项卡下的"组合"按钮，把形状和文本框组合到一起，如图6-62所示。

图6-61　设置正六边形填充颜色

图6-62　形状和文本框的组合

在组合后的图形上单击鼠标右键,从弹出的快捷菜单中选择"复制"命令,在编辑区进行粘贴,重复四次,修改序号和文字,即可完成第2张幻灯片内容的编辑,效果如图6-63所示。也可以使用快捷键"Ctrl+C""Ctrl+V",进行复制、粘贴。

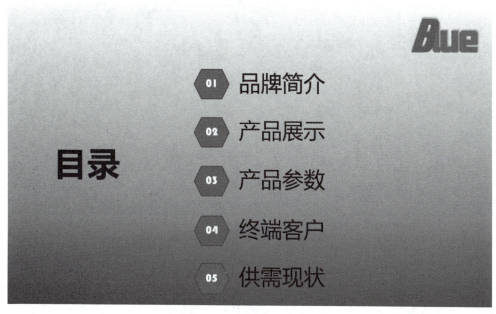

图6-63　第2张幻灯片效果图

（4）选择第 3 张幻灯片,标题占位符中输入"品牌简介";单击"插入"选项卡中的"智能图形"按钮,在弹出的对话框中选择"关系"列表中的"射线维恩图",单击"插入"按钮,如图 6-64 所示。在文本编辑区输入相应文字,调整智能图形大小,效果如图 6-65 所示。

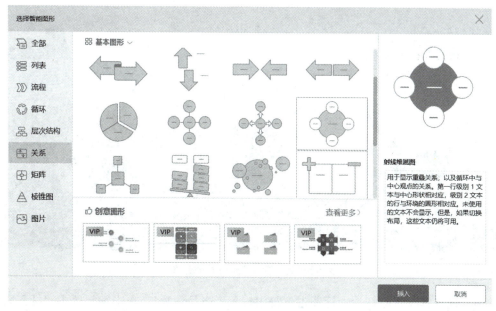

图6-64　"选择智能图形"对话框

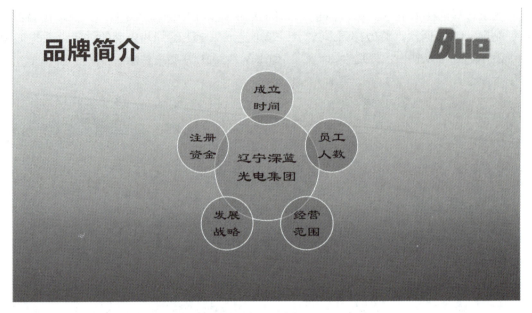

图6-65 第3张幻灯片效果图

（5）选择第4张幻灯片，标题占位符中输入"产品展示"；单击"插入"选项卡中的"图片"下拉按钮，在展开窗格中选择"本地图片"命令，在弹出的对话框中选择素材文件夹中的图片"屏下镜头.jpg"，单击"打开"，图片插入到幻灯片中。点击"图片工具"选项卡中的"抠除背景"下拉按钮，从列表中选择"设置透明色"命令，鼠标变成滴管形状，在图片背景处单击鼠标左键，图片背景变为透明色。

同样方式完成其他两幅图片的设置，插入三个文本框，输入图片对应的名称，调整大小和位置，效果如图6-66所示。

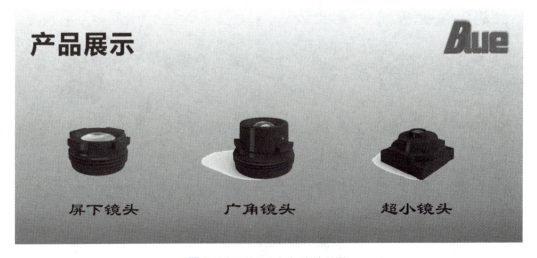

图6-66 第4张幻灯片效果图

（6）选择第5张幻灯片，标题占位符中输入"产品参数"；单击编辑区中"插入表格"标签，插入一个7行4列的表格，表格内输入图6-67所示文字。

镜头类型	屏下镜头	广角镜头	超小镜头
使用像素	0.03M	32M	20M
结构	3P	6P	5P
光圈	1.3	2.2	2.3
TTL	3.885	5.6	4.0
外观尺寸	M3.9*P0.2	头部φ5，D=1.85，M6.8*P0.25	头部φ2.7，D=0.6，6.5*6.5
产品优势	可大幅度提升屏幕占比，操作更加方便，识别更稳定	像素高，拍摄角度达到129°	常规前置小镜头，适配性高、通用性强

图6-67　表格内容

（7）选择第6张幻灯片，标题占位符中输入"终端客户"；文本占位符内选择"插入图片"标签，打开"插入图片"对话框，选择素材文件夹中的图片"华为.png"，调整图片位置。依次从素材文件夹中插入另外8张图片，如图6-68所示。

图6-68　第6张幻灯片效果图

（8）选择第7张幻灯片，标题占位符中输入"供需现状"；单击"插入"选项卡中的"图表"按钮，从弹出的"图表"对话框中选择"簇状柱形图"，单击"插入"按钮，幻灯片编辑区内出现一个"簇状柱形图"的模板；选择"图表工具"选项卡，单击"编辑数据"按钮，弹出WPS表格，按照如图6-69所示内容修改单元格内容，调整数据范围，创建符合要求的图表，修改图表布局及图表标题、系列颜色，效果如图6-70所示。

（9）选择最后一张幻灯片，单击"插入"选项卡的"艺术字"按钮，从列表中选择"填充-亮天蓝色，着色2，轮廓-着色2"的样式，如图6-71所示。

图6-69 图表数据源　　　　　　　　图6-70 图表效果图

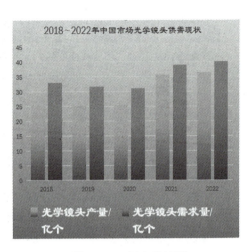

图6-71 "艺术字"预设样式

输入文字"欢迎选购！"，字体设置为华文琥珀，字号为72磅；在"文本工具"选项卡中单击"文本效果"按钮，下拉列表中选择"阴影"设置为外部"左上斜偏移"，选择"发光"将发光变体设置为"矢车菊蓝，11pt 发光，着色2"，如图6-72所示。同时将第1张幻灯片的文本框和图片复制给最后一张幻灯片，如图6-73所示。

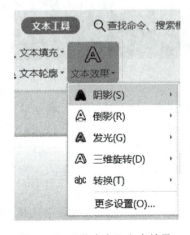

图6-72 "艺术字"文本效果　　　　图6-73 结尾页效果图

（10）选择第 1 张幻灯片，单击"插入"选项卡的"音频"按钮，从列表中选择"嵌入音频"，从素材文件夹中选择音频文件"葫芦丝.mp3"，单击"打开"按钮完成插入。设置音频参数：选择"音频工具"选项卡，选中"跨幻灯片播放"单选按钮，输入至"8"页停止；勾选"循环播放，直至停止""放映时隐藏"复选框；单击"开始"下方的下拉按钮，将音频设置为"自动"播放。如图 6-74 所示。

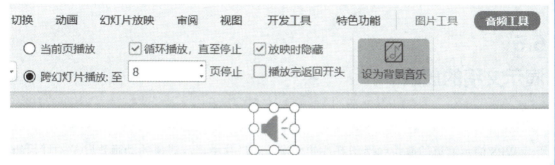

图 6-74　音频参数的设置

【学习项目】

打开"美丽的盘锦"演示文稿，设置 1～8 张幻灯片的文本、艺术字、图片等对象格式，效果如图 6-75 所示。

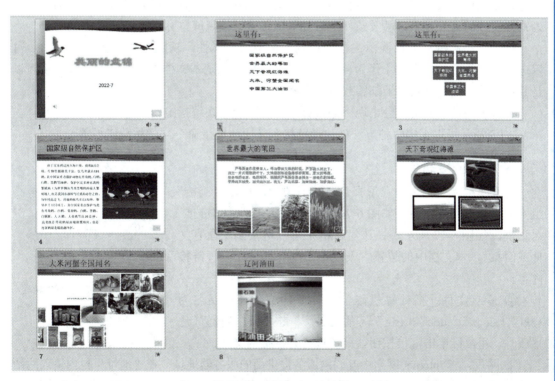

图 6-75　学习项目效果图

要求如下：

（1）第 5 张幻灯片中插入素材文件夹中的关于芦苇的文本及四幅芦苇图片，并将图片并列摆放；

（2）使用"屏幕截图"功能将网页中搜索到的"大米"和"河蟹"图片插入到第 7 张幻灯片中；

（3）第 8 张幻灯片上，使用"插入"选项卡中的"图片"功能，展示辽河油田。

6.5 演示文稿的放映

WPS 演示文稿的放映包括幻灯片的切换，幻灯片中播放对象的动画效果及幻灯片的放映方式等。

6.5.1 超级链接

超级链接简称"超链接"。应用超链接可以为两个位置不相邻的对象建立连接关系。超链接必须选定某一对象作为链接点，当该对象满足指定条件时触发超链接，从而引出作为链接目标的另一对象。触发条件一般为鼠标单击链接点或鼠标指针移过链接点。

适当采用超链接会使演示文稿的控制流程更具逻辑性，功能更加丰富。WPS 演示可以选定幻灯片上的任意对象作为链接点，链接目标可以是本文档中的某张幻灯片，也可以是其他文件，还可以是电子邮箱或者某个网页。

设置了超链接的文本会出现下划线标志，并且变成系统指定的颜色。

WPS 演示可以采用两种方法创建超链接：使用超链接命令，使用动作设置。

（1）使用超链接命令

打开"插入"选项卡，选择超链接对象后，单击"链接"组中的"超链接"按钮，如图 6-76 所示，弹出"插入超链接"对话框，如图 6-77 所示，在该对话框中可以链接到"原有文件或网页""本文档中的位置"及"电子邮件地址"三种链接内容。

图6-76 "超链接"按钮

① 原有文件：指计算机磁盘中存放的文件（扩展名为".txt"".docx"".doc"".exe"等的文件），链接后，当幻灯片播放时，用鼠标单击链接按钮，就可以打开链接的文件；

② 网页：指 Internet 网络中互联网服务提供商的服务器地址，在"地址"栏内输入网站地址（URL），链接后，当幻灯片播放时，用鼠标单击链接按钮，就可以打开链接的网页；

③ 本文档中的位置：指当前编辑的演示文档中的幻灯片，在"插入超链接"对话框中"本文档中的位置"选项下，可以设置链接到本文档中的第 X 页上，如图 6-78 所示；

图 6-77 "插入超链接"对话框

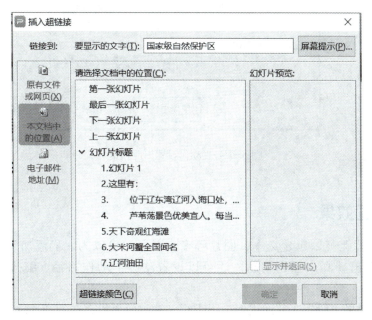

图 6-78 "本文档中的位置"选项

④ 电子邮件地址：指链接内容为 E-mail 邮箱，当链接设置后，会从链接按钮启动收发邮件软件 Microsoft Outlook。

（2）使用动作设置

动作设置是一个与超链接十分相似的功能设置，在动作设置中可以实现超链接能够完成的各种链接操作，另外在"动作设置"对话框内还可以设定选定对象运行程序、运行 JS 宏及设置播放声音等。

选择要设置动作的幻灯片，单击"插入"选项卡中"形状"下拉按钮，从列表中选择所需的动作按钮，在幻灯片编辑区按住鼠标左键拖动绘制动作按钮，弹出"动作设置"对话框，进行设置，如图 6-79 所示。

图6-79 "动作设置"对话框

6.5.2 动画效果

一张幻灯片上可以包含文本、图片等多个对象，可以为它们添加动画效果，包括进入动画、退出动画、强调动画，还可以设置动画的动作路径，编排各对象动画的顺序。

设置动画效果一般在"普通视图"下进行，动画效果只有在幻灯片放映时或"阅读视图"下有效显示。

（1）设置动画效果

为对象设置动画效果应先选择对象，然后单击"动画"选项卡，在"动画样式"列表中选择合适的动画样式（图 6-80），进行各种设置。可以设置的动画效果有如下几类。

① "进入"效果：设置对象以怎样的动画效果出现在屏幕上，当幻灯片播放时，设置进入动画的对象不显示在窗口中，当动画播放时，对象按"进入"效果进入幻灯片。

② "强调"效果：对象将在屏幕上展示一次设置的动画效果，当幻灯片播放时，设置强调动画的对象显示在窗口中，当动画播放时，对象在窗口中按"强调"效果播放。

③"退出"效果：对象将按设置的动画效果退出屏幕，幻灯片播放时，设置退出动画的对象显示在窗口中，当动画播放时，对象从窗口中按退出效果"退出"幻灯片。

④"动作路径"：放映时，对象将按设置好的路径运动，路径可以采用系统提供的，也可以自己绘制。当幻灯片播放时，设置动作路径的对象显示在窗口中，当动画播放时，对象在窗口中按设置路径播放。

图6-80 "动画样式"列表

当为幻灯片中的对象（文本、图形、图片、艺术字等）添加动画效果后，单击"动画"选项卡中的"自定义动画"按钮，编辑区右侧会出现"自定义动画"窗格，可以对添加的动画作详细设置，例如可以设置动画开始的方式和速度等。

在"自定义动画"窗格上部有"选择窗格"按钮，单击此按钮在"自定义动画"窗格左侧会出现一个"选择窗格"，显示当前幻灯片中的所有元素。用户可以选择显示一部分元素或显示全部元素,方便用户在设置动画时选择对象,对象较多时可以调整对象的叠放次序,还可以给对象重新命名,如图6-81所示。

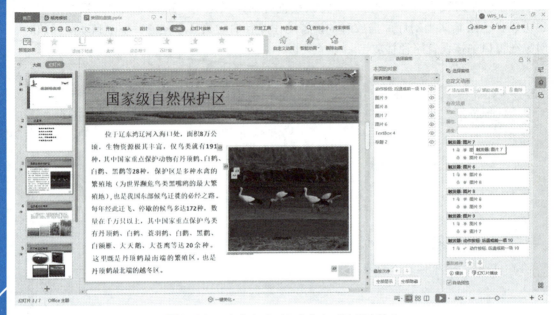

图6-81 "自定义动画"窗格和"选择窗格"

(2)编辑动画

用户对动画效果不满意,还可以重新编辑。

① 调整动画的播放顺序 设有动画效果的对象前面具有动画顺序标志,如"1、2、3"这样的数字,它表示该动画出现的顺序,选中某动画对象,单击"自定义动画"窗格中下方"重新排序"右侧的向上或向下的图标进行动画播放的前后顺序调整。

② 更改动画效果 对已有动画效果作出变更,选中动画对象,在"动画"选项卡的"动画样式"列表中另选一种动画效果即可。

③ 删除动画效果 如果有需要删除的动画效果,可以在"自定义动画"窗格的列表中选择需要删除的动画,点击"自定义动画"窗格中上方的"删除"按钮删除,或者点击"动画"选项卡中的"删除动画"按钮删除,还可以直接按"Delete"键删除。

④ 动画增强效果 为了使动画的效果更明显,可以对动画效果进行更加详细的设置。在"自定义动画"窗格中选择需要设置的动画对象点击其右侧的向下按钮,在弹出的折叠框中选择"效果选项"或"计时"命令。

a. "效果选项"命令设置(图6-82)

"方向"选项:根据选择的动画效果,设置相应的进入方向,制作出让用户满意的动画效果。

"声音"选项:设置动画播放过程中是否添加声音,如果添加声音,可以选择系统提供的预设声音,也可以添加用户自己准备的音乐。

"动画播放后"选项:可以设置动画播放完成后的显示效果,有"其他颜色""不变暗""播放动画后隐藏"和"下次单击后隐藏"四个选项。

"动画文本"选项：可以设置文本类动画的进入方式，有"整批发送"和"按字母"两个选项，"按字母"方式可以设置字母之间进入的延迟时间。

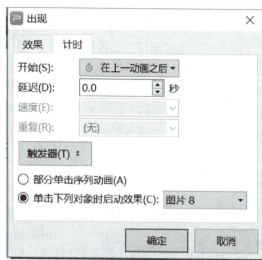

图6-82 "效果选项"命令设置　　　　图6-83 "计时"命令

b. "计时"命令设置（图6-83）

"开始"选项：可以设置动画启动的方式，有"与上一动画同时""在上一动画之后"和"单击时"三种方式。

"延迟"选项：设置当前动画结束后和下一动画开始前的延迟时间，单位为秒，数值可以输入也可以手动选择。

"速度"选项：设置动画播放的速度，单位为秒，有五种选项可选，也可以手动输入时间。

"重复"选项：设置动画播放次数，有八种选项可选，也可以手动输入数值。

"触发器"选项：单击"触发器"按钮，出现"部分单击序列动画"和"单击下列对象时启动效果"两种选项。前者相当于任意单击启动动画，后者需要设置触发的对象，才可以启动动画。

6.5.3　切换效果

幻灯片的切换效果是指放映演示文稿时从上一张幻灯片切换到下一张幻灯片的过渡效果。为幻灯片间的切换加上动画效果会使演示文档放映更加生动自然。

在添加幻灯片切换效果之前，建议先将演示文稿以默认的方式放映一次，以便体会添加了切换效果之后的不同之处。

设置幻灯片的切换效果，首先选中要设置切换效果的幻灯片，然后单击"切换"选项卡，功能区出现设置幻灯片切换效果的各项命令，如图6-84所示。具体操作如下。

图6-84　设置幻灯片切换效果

① 选择切换效果：例如需要"轮辐"效果，则在"切换效果样式"列表内单击"轮辐"命令，列表框右侧有"效果选项"按钮，单击"效果选项"下拉按钮可以看见更多的效果选项。这里设置的切换效果只针对当前幻灯片。

② 设置切换"速度""声音"等效果：可以指定切换效果播放的速度，如单击"声音"下拉按钮可以选择幻灯片切换时出现的声音。

③ 设置换片方式：默认为"单击鼠标时换片"，即单击鼠标时才会切换到下一张幻灯片，可以勾选"自动换片"前面的复选框，在其右侧文本框中设置换片时间。

④ 选择应用范围：单击"应用到全部"按钮，使自动换片方式应用于演示文稿中的所有幻灯片；若不单击该按钮则仅应用于当前幻灯片。

6.5.4 放映方式

放映幻灯片是制作幻灯片的最终目的，放映方式在幻灯片放映时才会真正起作用。

（1）启动放映与结束放映

放映幻灯片有以下几种方法。

① 单击"幻灯片放映"选项卡中"开始放映幻灯片"组中的"从头开始"命令，从第一张幻灯片开始放映；或者单击"从当前开始"命令，从当前幻灯片开始放映。

② 单击窗口右下方的"幻灯片放映"按钮，从当前幻灯片开始放映。

③ 按"F5"键，从第一张幻灯片开始放映。

④ 按"Shift+F5"组合键，从当前幻灯片开始放映。

放映时幻灯片占满整个计算机屏幕，在屏幕上单击鼠标右键，弹出的快捷菜单中有一系列命令可实现幻灯片翻页、定位、结束放映等功能，单击屏幕左下方的几个透明按钮也能实现对应功能。为了不影响放映效果，建议演说者使用以下常用功能的快捷键。

a. 切换到下一张（触发下一对象）：单击鼠标左键，或者使用"↓"键、"→"键、"Page Down"键、"Enter"键、"Space"键之一，或者鼠标滚轮向后拨动。

b. 切换到上一张（回到上一步）：使用"↑"键、"←"键、"Page Up"键、"Backspace"键皆可，或者鼠标滚轮向前拨动。

c. 鼠标功能转换："Ctrl+P"键转换成"绘图笔"，此时可按住鼠标左键在屏幕上勾画作标记；"Ctrl+A"键还原成普通指针状态。

d. 结束放映："Esc"键。

在自动放映状态下放映演示文稿时，幻灯片将按序号顺序播放直到最后一张，然后电脑黑屏，退出放映状态。

（2）设置放映方式

用户可以根据不同需要设置演示文稿的放映方式，单击"幻灯片放映"选项卡中的"设置放映方式"命令，弹出对话框，如图 6-85 所示。在该对话框内可以设置放映类型、需要放映的幻灯片的范围等。其中"放映选项"组中的"循环放映，按 ESC 键终止"适合于无人控制的展台、广告屏等，它能让演示文稿反复循环播放，直到按"ESC"键终止。

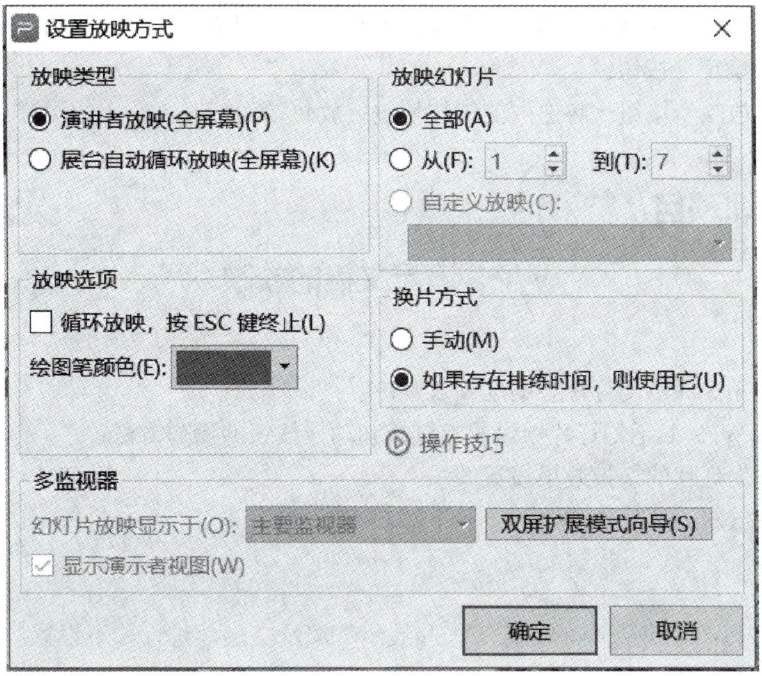

图6-85 "设置放映方式"对话框

WPS 演示提供了两种放映类型。

① 演讲者放映

"演讲者放映"是默认的放映类型，是一种灵活的放映方式，以全屏幕的形式显示。演说者可以控制整个放映过程，也可用"绘图笔"勾画，适用于演说者一边讲解一边放映，如会议、课堂等场合。

② 展台自动循环放映

展台自动循环放映以全屏幕的形式显示。放映时键盘和鼠标的功能失效，只保留了鼠标指针最基本的指示功能，因而不能现场控制放映过程，需要预先将换片方式设为自动方式或者通过"幻灯片放映"→"排练计时"命令设置时间和次序。该方式适用于无人控制的展台。

（3）自定义放映

自定义放映，是用户可以在已经编辑好的幻灯片中，选择需要给观众展示的幻灯片页进行播放，选择对象可以是幻灯片中的部分或全部。具体操作如下。

a. 打开"幻灯片放映"选项卡，单击"自定义放映"按钮，如图 6-86 所示；

图6-86 "幻灯片放映"选项卡

b. 在弹出的"自定义放映"对话框中，选择"新建"命令按钮，弹出"定义自定义放映"对话框，从"定义自定义放映"对话框左侧窗格中将需要播放的幻灯片添加到右侧窗格中，单击"确定"按钮；

　　c. 单击"放映"按钮，将选中的幻灯片进行放映。

6.5.5　实训项目

WPS 演示文稿的放映

【实训目的】

（1）掌握 WPS 演示幻灯片中的动画设置；
（2）掌握 WPS 演示幻灯片中设置超链接和动作按钮的操作方法；
（3）掌握幻灯片的切换效果设置方法；
（4）掌握放映幻灯片的方法。

【实训要求】

　　打开 6.4.7 小节实训项目的结果"产品展示"演示文稿，进行如下设置。

（1）幻灯片中的超链接

　　第 2 张幻灯片为目录页，将第 3～7 张幻灯片超链接到第 2 张幻灯片对应文字上，并在第 3、4、5、6、7 张幻灯片右下角插入动作按钮"■"，以返回第 2 张幻灯片。

（2）幻灯片中对象的动画设置

　　① 为第 1 张幻灯片的主标题、副标题文字设置"飞入"动画，方向为"自底部"，速度为"快速"；文本框设置"盒状"进入动画，方向为"自外部"，动画文本为"按字母"。播放顺序为：文本框→主标题→副标题。

　　② 为第 4 张幻灯片中三个文本框设置"翻转式由远及近"的动画效果，要求三个文本框同时出现，单击文本框显示图片"棋盘"动画效果。

　　③ 为最后一张幻灯片的艺术字设置切入、切出的动画效果。

　　④ 为第 2、3、5～7 张幻灯片设置不同的动画效果，提高幻灯片的观赏性以突出主题。

（3）幻灯片的播放

　　① 设置幻灯片切换方式。

　　a. 第 1 张幻灯片切换效果为"水平""百叶窗"；
　　b. 第 2、4、6 张幻灯片切换效果为"溶解"；
　　c. 第 3、5、7 张幻灯片切换效果为"棋盘"；
　　d. 第 8 张幻灯片切换效果为"形状"。

　　② 设置幻灯片放映方式为"展台自动循环放映"。

　　③ 设置放映方案为播放第 1、2、3、5、8 张幻灯片。

【实训指导】

（1）设置超链接

　　① 选中第 2 张幻灯片中的文字"品牌简介"，单击"插入"选项卡的"超链接"按钮，

打开"插入超链接"对话框，如图6-87所示。选择左侧"本文档中的位置"，在"请选择文档中的位置"列表中，选择第3张幻灯片，然后点击"确定"按钮。

图6-87 "插入超链接"对话框

② 类似操作为其他4个文本框文字建立超链接。

③ 选择第3张幻灯片，单击"插入"选项卡中的"形状"按钮，从列表中选择第一个动作按钮，在幻灯片的右下角绘制图形，弹出"动作设置"对话框，如图6-88所示。选

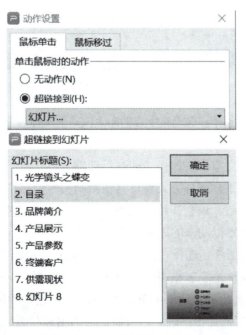

图6-88 "动作设置"对话框

择"超链接到"单选按钮,在下拉列表中选择"幻灯片",然后在弹出的对话框中选择"目录"页幻灯片,连续单击"确定"即可。

④ 再选定"■"单击鼠标右键,在弹出的快捷菜单中选择"复制"命令,然后分别到第4、5、6、7张幻灯片中单击鼠标右键粘贴。

(2) 设置动画

① 设置第1张幻灯片动画

a. 选中主标题占位符,选择"动画"选项卡,在"动画样式"列表中选择"飞入"的动画效果,在"自定义动画"任务窗格中设置方向为"自底部",速度为"快速",如图6-89所示。同样的方式设置副标题动画。

b. 选中"辽宁深蓝光电集团"文本框,选择"动画"选项卡,在"动画样式"列表中选择"盒状"的动画效果,在"自定义动画"任务窗格中设置方向为"自外部",选择该动画右侧的向下按钮,在弹出的折叠框中选择"效果选项",设置动画文本为"按字母",单击"确定"按钮,如图6-90所示。

图6-89 "自定义动画"窗格　　　　图6-90 "效果选项"对话框

c. 在"自定义动画"窗格中,按窗格下方的向上或向下图标调整动画顺序,如图6-91所示。

② 设置第4张幻灯片动画

a. 选中"屏下镜头"文本框,选择"动画"选项卡,在"动画样式"列表中选择"翻转式由远及近"的动画效果,同样方式设置其他两个文本框。在"自定义动画"窗格中选择"广角镜头"文本框动画,设置开始选项为"与上一动画同时",如图6-92所示。同样方式设置"超小镜头"文本框动画的进入方式。

b. 选中"屏下镜头"图片,选择"动画"选项卡,在"动画样式"列表中选择"棋盘"的动画效果。在"自定义动画"窗格中选择该图片动画右侧的下拉按钮,在弹出的折叠框中选择"计时"命令,在弹出的对话框中单击"触发器",选择"单击下列对象时启动效果"下拉列表中的"文本框7",点击"确定"按钮,启动图片动画,如图6-93所示。

c. 同样方式设置余下两张图片的动画。

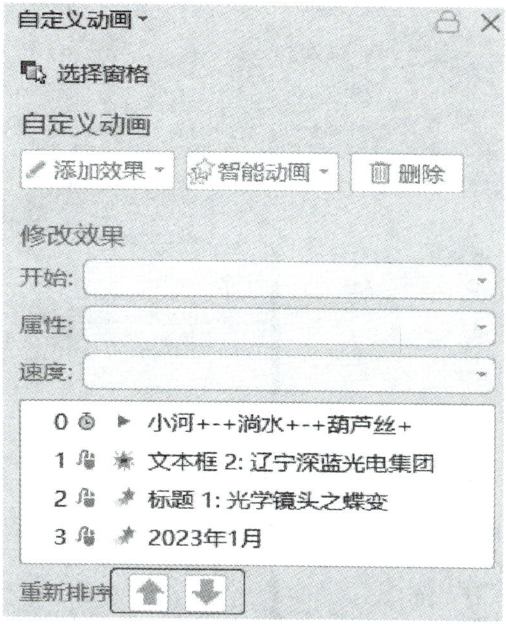

图6-91 调整动画顺序 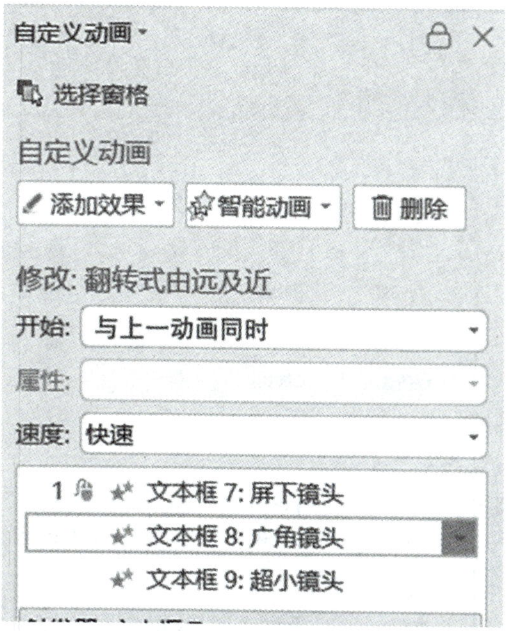　　　　　图6-92 设置动画开始方式

图6-93 触发器触发动画设置

③ 设置最后一张幻灯片动画

选中艺术字,选择"动画"选项卡,在"动画样式"列表中选择"切入"的动画效果,在"自定义动画"窗格中设置方向为"自顶部"。单击"自定义动画"窗格的"添加效果"按钮,在弹出的"动画样式"列表中选择退出的"切出"动画效果,如图6-94所示。这样就为一个对象设置了多个动画。

④ 设置其他幻灯片动画

参照以上设置动画的方法,为其他幻灯片设置不同的动画。

图6-94 多重动画设置

(3) 设置幻灯片播放

① 幻灯片切换

a. 选择第 1 张幻灯片,单击"切换"选项卡,选择"百叶窗"切换效果,效果选项设置为"水平",如图 6-95 所示。

图6-95 "切换"选项卡

b. 在缩略图窗口按住"Ctrl"键,同时选中第 2、4、6 张幻灯片,单击"切换"选项卡,选择"溶解"切换效果。

c. 在缩略图窗口按住"Ctrl"键,同时选中第 3、5、7 张幻灯片,单击"切换"选项卡,选择"棋盘"切换效果。

d. 选中最后一张幻灯片，单击"切换"选项卡，选择"形状"切换效果。

② 幻灯片放映

单击"幻灯片放映"选项卡中的"设置放映方式"按钮，弹出对话框，在其中设置放映类型为"展台自动循环放映"，如图 6-96 所示。

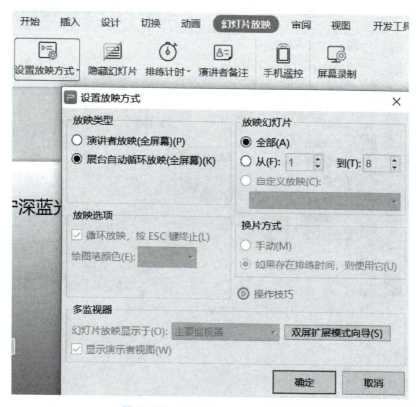

图 6-96 "设置放映方式"对话框

③ 幻灯片放映方案

选择"幻灯片放映"选项卡，单击"自定义放映"按钮，弹出"自定义放映"对话框，单击"新建"，将演示文稿中的第 1、2、3、5、8 张幻灯片添加到右侧"在自定义放映中的幻灯片"中，单击"确定"按钮，如图 6-97 所示。

【学习项目】

设置"美丽的盘锦"演示文稿的放映。

（1）设置动画效果。

① 设置第 1 页标题的动画效果为"飞入"，方向为"自底部"。

② 设置第 4 页图片的动画效果为"轮子"效果选项为"四辐轮"。

③ 其他幻灯片页的动画效果根据个人喜好自行设置。

（2）设置全部幻灯片的切换效果为"梳理"，速度为 3 秒。

（3）设置演示文稿的放映类型为"演讲者放映"，放映幻灯片为"全部"，换片方式为"手动"。

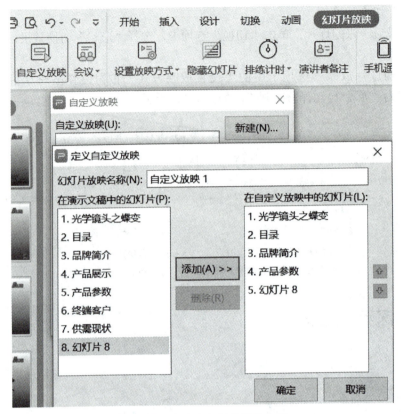

图6-97 自定义幻灯片放映方案

6.6 演示文稿的其他操作

WPS演示中制作完成的演示文稿，可根据不同的使用情况，将其输出为其他格式。WPS演示提供的输出方式有：输出为视频、输出为PDF、输出为图片、文件打包和打印等。

6.6.1 WPS演示文稿输出为视频

选择"文件"菜单，在下拉列表中选择"另存为"的扩展按钮，点击"输出为视频"命令，弹出"另存文件"对话框，设置视频的保存位置，单击"保存"按钮，开始输出，视频输出完成后弹出一个窗格，单击"打开视频"或者"打开所在文件夹"按钮，可以浏览视频。

WPS演示文稿输出为视频的格式为".webm"，是一个开放、免费的媒体文件格式，电脑上需要安装对应插件才能输出视频。

6.6.2 WPS演示文稿输出为PDF

选择"文件"菜单，在下拉列表中选择"输出为PDF"命令，打开"输出为PDF"对话框，如图6-98所示。

该对话框下面有"输出设置"和"保存目录"两个选项，设置完成后点击"开始输出"按钮，即可完成PDF文件的输出。

若用户是WPS会员，在输出PDF文件时，可以选择多个演示文稿同时输出，以及可以设置输出为"纯图PDF"，确保输出的PDF文件中的文本内容不可编辑和复制，"高级设置"中可以进行输出内容的选择和密码保护的一些设置。

图6-98 "输出为PDF"对话框

6.6.3 WPS演示文稿输出为图片

选择"文件"菜单，在下拉列表中选择"输出为图片"命令，打开"输出为图片"对话框，如图6-99所示。

在"输出为图片"对话框窗口中有以下选项。

输出方式："逐页输出"和"合成长图"两种方式。

水印设置："无水印""自定义水印"和"默认水印"三种方式。

输出页数："所有页"和"页码选择"两种方式。

输出格式："JPG""PNG""BMP"和"TIF"四种格式。

输出品质："普通品质"和"标清品质"两种方式。

输出目录：保存位置。

图6-99 "输出为图片"对话框

根据用户需要选择并设置好输出图片的保存位置,点击"输出"即可。

6.6.4 打印演示文稿

将演示文稿打印出来不仅方便演说者,也可以发给听众以供交流。在打印输出时用户需要设置幻灯片的大小、页眉和页脚。

(1) 设置幻灯片大小

演示文稿中的幻灯片默认大小为"宽屏(16∶9)",用户可以根据需要更改幻灯片的大小。在"设计"选项卡中单击"幻灯片大小"下拉按钮,在列表中可以将幻灯片设置为"标准(4∶3)"大小,还可以在"页面设置"对话框中自动调整宽度和高度,如图6-100所示。

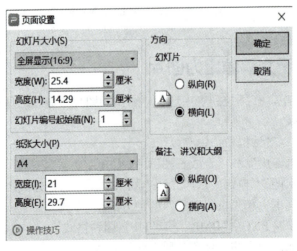

图6-100 "页面设置"对话框

（2）页眉和页脚

页眉和页脚通常用于打印文档。在演示文稿的"页眉和页脚"中包括日期和时间、幻灯片编号、页脚等内容。

点击"插入"选项卡中的"页眉和页脚"按钮，弹出"页眉和页脚"对话框，设置日期和时间、幻灯片编号、页脚等内容，如图6-101所示。

点击"文件"菜单，在下拉列表中选择"打印"命令，弹出"打印"对话框，如图6-102所示，在选项面板中设置好打印信息，例如打印份数、打印机、要打印的幻灯片范围、每页纸打印的幻灯片张数等，点击"确认"即可。

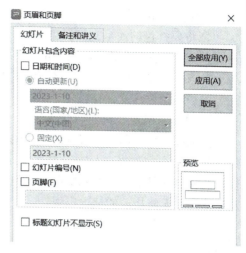

图6-101 "页眉和页脚"对话框

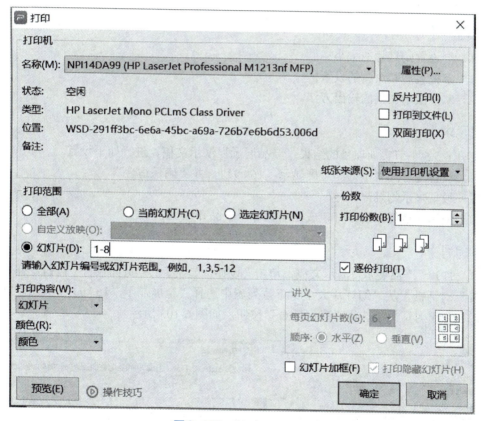

图6-102 "打印"对话框

6.6.5 打包演示文稿

WPS 演示的打包功能，是将演示文稿和文稿内的所有音频和视频文件存储在同一个文件夹或压缩文件内，方便储存。

具体操作步骤如下。

① 将要打包的演示文稿保存。

② 点击"文件"菜单，从下拉列表中选择"文件打包"，点击右侧的扩展按钮选取"将演示文档打包成文件夹"或"将演示文档打包成压缩文件"命令。

③ 弹出"演示文件打包"对话框，选取文件保存位置，键入文件夹名称或压缩文件名。

④ 单击"确定"，在指定的路径下生成一个文件夹或压缩文件。

打包成文件夹和打包成压缩文件的区别就是：一个将演示文稿和插入的音频、视频文件打包成一个文件夹；另一个是将演示文稿和插入的音频、视频文件打包成一个压缩文件。两种方式都避免了演示文稿在其他电脑上播放过程中，插入的音频、视频文件因位置发生变化而无法播放的情况出现。

6.6.6 实训项目

WPS演示文稿的输出

【实训目的】

（1）会设置幻灯片的大小；
（2）掌握页眉和页脚的设置；
（3）掌握演示文稿的输出方法。

【实训要求】

打开6.5.5小节实训项目的结果"产品展示"演示文稿，进行如下设置。

（1）设置幻灯片大小为"全屏显示（16∶9）"，并"确保适合"。
（2）设置显示幻灯片编号。
（3）演示文稿保存后，打包成压缩文件"产品介绍.zip"。

【实训指导】

（1）打开"产品展示"演示文稿，单击"设计"选项卡的"页面设置"按钮，弹出"页面设置"对话框，从"幻灯片大小"下拉列表中选择"全屏显示（16∶9）"，单击"确定"按钮，在弹出对话框中选择"确保适合"按钮，如图6-103所示。

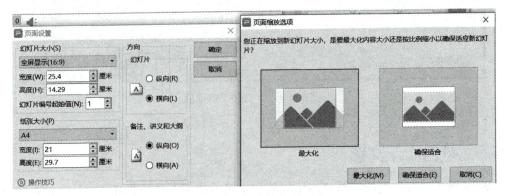

图6-103 设置幻灯片大小

（2）单击"插入"选项卡中的"页眉和页脚"按钮，在弹出的对话框中勾选幻灯片编号。

（3）保存演示文稿，点击"文件"菜单，从下拉列表中选择"文件打包"，点击右侧的扩展按钮选取"将演示文档打包成压缩文件"命令，如图 6-104 所示，在弹出对话框中选择保存位置，输入文件名"产品介绍"，单击"确定"。

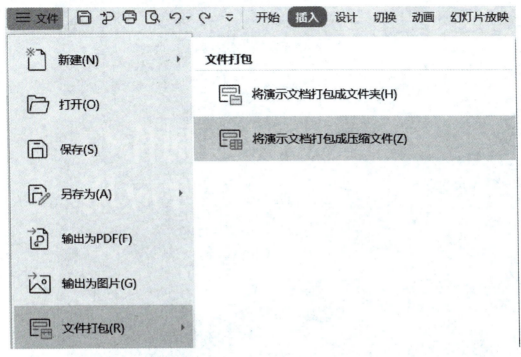

图 6-104　演示文稿打包

【学习项目】

打开"美丽的盘锦"演示文稿，进行如下设置。

（1）设置幻灯片大小为"宽屏 16∶9"。

（2）为第 4 页幻灯片设置显示固定日期：2022-7-25。

（3）保存演示文稿，输出为 PDF 格式。

第七章

短视频制作与社交软件应用

本章学习内容

- 了解短视频概念
- 掌握短视频的特点
- 掌握制作短视频的方法
- 社交软件的应用

　　短视频即短片视频，是一种互联网内容传播方式，随着移动终端的普及和网速的提升，短平快的大流量传播内容逐渐获得各大平台、粉丝和商家的青睐，短视频制作者和用户群体庞大，相应的软件得到了广泛的应用。

　　社交平台已经不是一个简单的交友平台了，而是成为很多人工作和生活都离不开的空间，它逐渐改变了人们的工作和生活方式，对现代人的影响是非常大的。学习并掌握短视频的制作和社交软件的应用，对一个人的学习、工作与生活都有重要作用。

7.1 认识短视频

7.1.1 短视频的概念和特点

（1）短视频的概念

一般来说，短视频是指视频长度以秒计数，总时长在 5 分钟之内，主要依托于移动智能终端进行快速拍摄和剪辑，并能在社交平台上进行分享的一种视频形式。下面简单介绍 vlog 短视频。

Vlog 全称为 video blog，即视频博客，是指用视频记录个人生活的短视频形式。Vlog 的内容包括个人的工作、生活、旅游、心情等主题，内容较生活化和片段化。初次尝试短视频的用户，一般都会选择 vlog。"油管"（YouTube）是 vlog 的发源地，是全球较大的视频网站。哔哩哔哩（bilibili）是国内知名的视频弹幕网站，国内尝试 vlog 比较早的 vlogger 大多都在上面出现，该平台上视频观看量高的发布者还会获得收益。

（2）短视频的特点

① 视频时长很短，受众可以用碎片化时间看完；
② 制作简单，不需要创作者具备专业知识，手机用户就可以快速完成一个短视频的拍摄、剪辑和发布；
③ 传播速度快，适应移动互联网的特点和优势；
④ 互动性强，创作者和观看者可以有良好的交流；
⑤ 具有强大的社交属性，短视频与移动社交有完美的结合度，直观、丰富、生动、形象的短视频使用户的社交体验更好；
⑥ 具备强大的营销能力，目前，短视频具有很高的热度，吸引了众多用户，聚集了巨大流量，一部分企业（商家）和个人都在用短视频进行营销，很多都取得了比较好的效果。

7.1.2 熟悉几种热门短视频

（1）美食短视频

美食一直都是短视频的热门内容，包括美食展示、美食教学，该类视频的特点是美食探店内容较多，关注者众多。

（2）生活技能短视频

生活技能短视频涉及人们的衣食住行，是常态化的热门视频内容，比如有段时间大家热衷的"制作面皮"视频。生活类的短视频是生活的好帮手，增加了人们的生活乐趣，也给一些具有某项生活技能的人提供了一个展示的平台和机会。

（3）艺术短视频

艺术类短视频中可充分展示个人的才艺，比如音乐、舞蹈、情景剧等。考虑到播放效果，这类视频有时由一个团队来完成，分别有专人负责拍摄、灯光和道具等。

（4）销售类短视频

销售类短视频是目前较广泛且数量较多的一类短视频，它改变了以往传统的销售模式，其直观性和互动性使得商品更易于被人们接受。

7.1.3 熟悉热门短视频平台

不同的短视频平台有不同的规则和特点，了解不同平台之间的差别，有利于创作者根据不同的群体，更好地展示和宣传视频内容。

（1）抖音

抖音是音乐创意类社交平台，它的定位是年轻、潮流，平台上面有大量的音乐创意内容，容易吸引年轻受众和群体，拥有巨大的网络流量。

（2）快手

快手更强调多元化，用户更分散。快手中技术、教育方面的内容更丰富一些。

（3）哔哩哔哩

早期的哔哩哔哩是创作和分享动漫、游戏类的视频网站，现在逐渐演变为一个多内容的社交平台。

（4）小红书

小红书是一个生活方式分享平台，平台定位清晰，最初分享跨境购物经验，后来演变为集运动、穿搭、旅游、家居和美食为一体的分享平台，备受女性用户的青睐。

（5）微信视频号

微信视频号是一个以短视频为主的内容记录和创作平台，用户可以在平台上发布不超过1分钟的短视频。

以上是目前主流的几个社交短视频平台，各有特点和侧重，用户可以根据自己创作的短视频内容选择适合的平台进行发布。

7.2 短视频制作流程

本节以抖音为例，探索制作短视频的流程。用户首先要了解平台的相关规则，在此基础上,要熟悉制作的整个过程,包括策划、拍摄、剪辑和发布,下面分别进行介绍。

7.2.1 熟悉抖音平台规则

在社交平台上发布短视频前,必须要了解平台的相关规则,以免违规受到处罚。

在手机"应用商店"下载"抖音"应用软件,注册后登录。

点击屏幕右下角"我"→"抖音创作者服务中心"→"学习中心"→"规则与机制"→"全部课程",了解相关规则。

掌握规则十分重要,可以避免短视频制作完成后无法发布、造成重大损失的情况出现。

7.2.2 策划拍摄内容

(1)创建账号,设置头像、标签和相关说明

创作者的头像、标签和说明表明了短视频的内容属性,便于用户了解创作者的创作方向、特点等。

(2)撰写脚本

① 搭建内容框架,根据选题确定人物、角色、场景、道具等;
② 确定内容主线,逻辑清晰,简练不拖沓;
③ 设计场景,把控时间;
④ 分镜头拍摄。

7.2.3 拍摄、剪辑并发布短视频

要拍摄好视频,必须掌握摄影器材的特点和使用方法,以便制作出高质量的短视频。下面介绍几种器材的特点和使用方法。

(1)器材选择

① 智能手机

随着科技的发展,智能手机本身的拍摄功能不断增强,画面清晰度和成像效果都能够满足拍摄短视频的要求,加之手机小巧轻便,利于拍摄,所以目前手机是拍摄短视频的首选工具。

② 数码相机

数码相机成像质量要比智能手机更高,如果要追求高画质、高质量,可以选用数码相机拍摄,它的缺点是体积较大,不利于携带。用户可选择微单相机,便于携带。

③ 运动相机

用于记录运动过程的数码相机,体积小,易于携带,支持广角拍摄,具有防水能力。

④ 无人机

具有航拍能力，能够突破空间限制，拍摄画面宏大，可达到具有震撼力的效果。要求拍摄者具有操控无人机的能力，同时要遵守一些地域的空域管制规则。

⑤ 手机稳定器

用于解决手持手机拍摄时的画面抖动问题，还具有目标跟踪拍摄功能。

⑥ 拾音设备

相机和手机本身具有收音能力，但因为拍摄时场地、人员等因素，难以保证音质效果，一般需要专门的拾音设备。目前常用的拾音设备有枪式话筒和领夹式话筒，枪式话筒常用于室外，安装在拍摄像机上，对准音源方向进行收音；领夹式话筒一般夹在人物身上，使用方便灵活，特别适合拍摄一些生活场景时使用。

⑦ 其他设备

包括三脚架、各种灯光、补光设备等。

（2）剪辑短视频

拍摄视频，只是完成短视频的第一步，创作者还要根据创意，完成短视频的后期剪辑制作。

剪辑短视频的软件很多，以下主要介绍"剪映"的操作方法。

在手机"应用商店"中下载安装"剪映"，打开剪映，如图 7-1 所示。

① 点击"开始创作"，出现选择视频、照片的窗口，选择剪辑素材，如图 7-2 所示。

② 控制窗口中的白色线条（时间轴定位），即可剪辑视频内容，如图 7-3 所示。

③ 视频剪辑完成后，将时间轴定位到视频的最前端（左端），然后点击"关闭原声"，再点击"添加音效"，可以添加各种音效。当然，也可以录制一段音频添加进去。

图 7-1　"剪映"窗口界面

图 7-2　选择剪辑素材

图 7-3　剪辑视频

（3）发布短视频

短视频制作完成后，创作者就可以将其发布到短视频平台上。

短视频发布时需要有一个设计封面，以便于用户进行选择和创作者进行管理。创作者制作完短视频后，点击窗口右上角"导出"按钮，如图7-4所示。

图7-4 导出

视频导出完成后，创作者即可选择封面，进行发布，设置标题，吸引用户进行观看，至此，一个完整的短视频便制作完成了。

参考文献

[1] 童强，任泰明. 计算机基础及 WPS Office 应用教程 [M]. 北京：化学工业出版社，2022.

[2] 石忠，杜少杰. 计算机应用基础 [M]. 北京：北京理工大学出版社，2021.

[3] 张赵管，李应勇. 计算机应用基础教程 [M]. 天津：南开大学出版社，2014.

[4] 蒋宇航. 计算机应用基础 [M]. 广州：中山大学出版社，2013.

[5] 郑纬民. 计算机应用基础 Excel 2010 电子表格系统 [M]. 北京：中央广播电视大学出版社，2012.